Trespassing on Einstein's Lawn

爱因斯坦草坪上的不速之客

Amanda Gefter

[美] 阿曼达·盖芙特 著

王菲 译

外语教学与研究出版社

北京

献给我老爸，

是他给了我整个宇宙。

我们曾经认为，世界“就在那里”，是独立于我们存在的。我们这些观察者安全地躲在三十多厘米厚的玻璃板后面，不介入，只观察。但是与此同时，我们已经得出结论，这并不是世界运作的方式。事实上，我们得打破玻璃，进入其中。

——约翰·阿奇博尔德·惠勒

（John Archibald Wheeler）

关于作者

阿曼达·盖芙特是物理学和宇宙学作家，也是《新科学家》杂志的顾问。她曾担任图书和美术编辑。她的作品在《新科学家》、《科学美国人》、《天空和望远镜》、天文网和《费城询问报》上刊登。盖芙特在伦敦政治经济学院学习了科学史和科学哲学，2012—2013年参加麻省理工学院奈特科学新闻奖学金项目。她住在马萨诸塞州的剑桥。这是她出版的第一本书。

目录

写给读者的话

你将要读的这本书，包含裹在个人回忆录中的尖端物理学，这些回忆横跨我人生中最近的十七年，因此不可避免地会受到人类记忆失效的影响。神经学家总是声称，记忆是极不可靠的。尽管如此，我在重建场景和对话的过程中，仍尽我所能地做到准确——通过查阅自己的笔记和照片，与当事人交谈，最重要的是询问我的母亲，她总能设法记住我的生活，比我记住的细致得多。我与物理学家的交谈都是从录音中转出来的，只是为了方便阅读和考虑到篇幅而进行了编辑。在某些情况下，我把对同一个物理学家的多次访谈合并在一起。为了能以合乎逻辑和有意义的方式呈现物理学，必要时，我对场景的时间顺序进行了调整。我花了十七年的时间漫步在一条曲折迂回的道路上，试图拼凑出对物理学和实在本质的深刻理解。我想尝试在一本比较简明易懂的书里介绍我学到的东西。当然，我本能够选择完美的准确性，但我觉得，那样的话，我恐怕会花相当多的时间去看烂电视节目，安静地阅读，或者连续睡上好几个小时。而且，那得花十七年的时间才能写出来，你们得花十七年的时间才能读完，我想最终我们都会同意，那恐怕并不是最好的选择。逻辑学家库尔特·哥德尔（Kurt Gödel）已经证明过，任何形式的自我指称都会被不确定性困扰，回忆录就是我能想到的最好的例子。尽管如此，我仍然努力写出一本看上去很真实的书。毕竟，我们追寻的是终极实在。

1.

闯进终极实在聚会

我不知道该从哪里开始，甚至不知道什么叫做开始。可以说，大约在1995年，我的故事在一家中餐馆里开始，当时，我老爸问了我一个关于“无”的问题。更有可能的是，故事始于大约140亿年前，据说那时，一个被称为宇宙的炽热厚重的东西诞生了。而且，我怀疑那个故事现在才刚刚开始。我知道这听起来怪怪的。不过相信我，更怪的还在后面。

我的故事，也许从我谎称自己是记者的那一天开始。但我当时并不知道这就是开始。我无法推测事情后来的发展方向——我很快就要和世界上杰出的物理学家待在一起，一次小小的欺骗改变了我的整个职业生涯。我也万万没想到，我会收到斯蒂芬·霍金的邮件，和诺贝尔奖获得者共进午餐，或跟踪一个戴巴拿马草帽的男人。我更不敢想象，我和老爸开车穿越沙漠去洛斯阿拉莫斯，也不敢想象我们会仔细阅读一不小心就会被弄坏的手稿，以期发现解答宇宙之谜的蛛丝马迹。即便我当时停下来想想，也绝不可能预料到，一个微不足道的谎言，一个涉足不属于我的地方的冲动决定，将引发一场对终极实在的竭力追寻。

但最奇怪的是，我不再相信上述任何一件事是故事的开端。发生了这么多，学到了这么多之后，我越发认为这个故事由你开始，开始于你打开这本书，听到书脊和书页发出轻响之时。别误会——这当然是我的故事，我的世界，我的书。但当我经历了这一切后，我确信，这也是你的故事。

谎言诞生的时候，我正在一家杂志社的办公室里工作。其实，这只是个想法——在“办公室”里“工作”。其实，我当时正在一间满是灰尘的一居室里装信封，房子的主人名叫瑞克。我的想法是，我为《曼哈顿》工作，但事实上，我为《曼哈顿新娘》工作。

《曼哈顿》报道纽约名流的慈善活动，但它在我找工作时已经濒临停刊，后来很快就寿终正寝了[a]；而瑞克刚创办不久的光面纸婚庆杂志反而运行得很好。尽管我在大多数日子里等着接听来自花店和蛋糕房的电话，对着蓬松得夸张的婚纱愁眉苦脸一个下午，我还是告诉别人我为《曼哈顿》工作，因为这听起来更有面子。

我待在办公室里，想着是否能骑着橡皮筋球飞回布鲁克林。这时，《纽约时报》上的一篇文章吸引了我：世界各地的物理学家正准备前往普林斯顿，为约翰·阿奇博尔德·惠勒——理论物理学的领军人物，生活中的诗人——庆祝九十大寿。“这个周末，”文章写道，“惠勒博士热爱的那些大问题将被摆上桌面，先

a　从谎言诞生时起，一本崭新的《曼哈顿》杂志出现了，不过与瑞克无关。——原注

锋科学家们将齐聚会议中心，举办一场名为‘科学和终极实在’的研讨会，这一命名毫不夸张。[1]”

这真是太巧了！我正有一个“大问题”，我迫不及待地想向惠勒请教——但我得先成为一个“先锋科学家”。我后仰着靠在座位上，茫然地凝视着挂在墙上的一幅《曼哈顿》的旧封面。

我想到一个绝妙的主意。

我眼巴巴地等到瑞克去吃午饭，然后迅速拿起电话打给会议公关负责人，用我能发出的听起来最职业的嗓音告诉他，我是《曼哈顿》杂志的记者，对报道这次会议很感兴趣。“哦，知道！欢迎你来。”他回答。

“好极了，”我说，“我和另一个人一起去。”

我敢打赌这位善良的公关界人士从未听说过《曼哈顿》杂志。纽约的大多数人从未听说过任何诸如此类的出版物，更不要说其他地方的人。但当我告诉人们我为《曼哈顿》杂志工作时，他们总是说：“哦，知道！”《曼哈顿》不过是一本你以为你知道，但其实你并不知道的杂志。我清楚地意识到，“曼哈顿”这个名字就是我进入“科学和终极实在”的入场券。

同样，我还敢打赌，这位公关界人士肯定以为我说的“另一个人”也是记者，要不然就是为我的大篇幅报道拍照的摄影师。我拿起电话打给老爸：“这个周末别安排事了。我们要去普林斯顿。”

我突然想和老爸一起闯进一场物理学会议，这种冲动可以追溯到七年前的一场对话。

那时我只有十五岁。我家在费城西郊，附近有一家我们特别喜欢的中餐馆，老爸带我去那里吃晚饭。通常我会和老爸、老妈、哥哥一起去，但那一次只有我和老爸。当我用筷子拨弄盘子里的一粒腰果时，他目不转睛地看着我，问道："你如何定义'无'？"

显然，在餐桌上提出这种问题太奇怪了。但这种奇怪的事情老爸绝对做得出来。作为二十世纪六十年代的知识分子兼嬉皮士，他对佛教也很感兴趣，他喜欢问一些类似禅宗公案的问题。

我是这样发现他的这一面的：有一天，我偶然间翻开他的大学年鉴，看到一张他的照片。照片中他没穿上衣，盘腿而坐，正在读艾伦·瓦茨（Alan Watts）的《就是这样》——这情景实在有点滑稽，要知道，当我看到这张照片时，他已是宾夕法尼亚大学放射科的医生，不光每天要穿衬衫，还常常要系上和衬衫相配的领带。他已经小有名气。他成功解释了一种真菌如何能引发多种肺部疾病，并发明了一次性乳贴——一种乳头罩，用来贴在病人的乳头上，这样当他们接受胸部X射线检查时，放射科医生不会把乳头的影子误当作肿瘤。那个藏在真菌和乳头后面的、盘腿而坐的、帅呆了的家伙正在等着开口。一旦开口，他绝对不会进行家长式的苦口婆心的说教。他说："你需要知道一些关于实在的事。我知道，看起来，你和你外面的世界是相互独立的。你能感受到这种分离的状态。但这只是幻象。里就是外，外就是里。"

作为一个热衷于怀疑一切的少女，我也在进行禅宗式的实践——在大人们告诉我该怎么做时神游天外，但只对我老爸除外。这可能是因为他和我说话时，不像是家长在发号施令，反而更像在坦白一桩秘密。**但这只是幻象。**此时此刻，他用平静却又强烈的语气说话，他倾斜着身子，以防邻桌在无意中听到他说的话，他问我怎么定义“无”。

我想，他问我这个问题，是不是因为他觉得我有少许虚无主义的特质。我是一个爱沉思却不安分的孩子，属于父母眼中“不听话”的那一类。事实上我认为我只是感到无聊，且与郊区生活格格不入。作为一个有抱负的、尚在学习中的作家，我读过杰克·凯鲁亚克的作品，憧憬着早日走上创作之路。雪上加霜的是，我还喜欢上了哲学。当你年方十五，厌倦生活，住在郊区，喜欢存在主义，你无异于一个麻烦人物。我觉得西西弗斯[a]不可能是幸福的，老实说，我从未想过费这个劲儿。科特·柯本（Kurt Cobain）都自杀了，我也不相信数学。我已经知道了1和2之间隔着无穷多个数字，我总是不停地想，你怎么才能数到2？我老妈是一名数学老师，她一门心思想辅导我学习几何，可我不领情。“好吧，我会学的，”我说，“只要你能说说你是怎么从1数到2的。”于是她举起双手，气急败坏地走了，任我继续为所欲为地考不及格。现在回想起来，从1到2的问题属于芝诺悖论，可惜当时没有人告诉我。

“我怎么定义‘无’？我想‘无’就是缺点儿什么东西，或什么都缺。干吗问这个？”

“很多年了，我对这个问题百思不得其解，”他说，“从‘无’到‘有’的问题。我认为我们肯定误解‘无’的含义了，虽然这听起来不可思议。直到有一天，我在机修工那里等着维修我的车，这时，我突然想到一件事。我终于明白了。”

“你明白什么是‘无’了？”

---

a　西西弗斯，希腊神话中科林斯国的国王，因触怒众神，被罚入冥界做永无休止的推巨石苦工。——译注

他兴奋不已地点头。“你觉得该怎么称呼这样一种状态？它无穷、无界，又恰恰无处不在。”

我耸了耸肩膀。“难道是‘无’？”

“正确！想想看，一个物体是由其边界定义的。边界区分出这个物体和其他物体。这就是为什么当你画素描时，画出轮廓就可以了。轮廓就是物体的边。边定义物体。可是如果你面对一个完全均匀的、没有边的状态，并且这个状态是无穷的，没有其他东西能让你区分出它……这个状态中没有任何东西。它就是‘无’！”

我又盛了点米饭。“好吧……”

老爸继续滔滔不绝，兴奋之情溢于言表：“人们通常认为要去掉所有东西，才能到达‘无’。但如果‘无’指的是一种无限、无界的均匀状态，你什么东西都不用去掉，你只要把所有东西变为特定的组态，就能得到‘无’。这么说吧：你带了一台搅拌机到这个世界上，你搅碎了每一样东西，椅子、桌子、幸运饼干什么的，你搅碎了一切，直到所有东西都成了原子。然后你继续搅拌这些原子，直到剩下的结构都不存在了，直到宇宙中的所有东西看起来都一样，而这团完全看不出是什么的东西蔓延开来，无穷无尽，望不到边。于是一切都消失了，相同了。‘有’变成了‘无’。但是，在某种意义上，‘有’仍然存在，因为最初的所有东西都还在那儿。‘无’只不过是另一种形态的‘有’。”

“好吧，真酷，”我说道，“‘有’和‘无’不是对立的，它们是同一事物的两面。”

“说得太好了！”老爸喜笑颜开，“如果这结论是对的，那么从‘无’中得到‘有’看起来就更合理了。因为在某种形式上，

‘有’是一直存在的。这就像你在沙滩上堆了一个城堡，又把城堡推倒——城堡去哪了？城堡的“物性”是由它的形式定义的，是边界把它与沙滩的其余部分区别开来。当你推倒城堡，城堡便消失，变回沙滩的同质物。城堡和沙滩，‘有’和‘无’，只是同一事物的两种不同形式。”

一个念头从我的心底浮现。陷入存在主义的哲学沉思时，我也曾考虑过“无”的问题——不是吸引了老爸的那个超常的、同一的“无”，而是用冷漠和恐惧装饰过的海德格尔理论的变种。“无”是一种缺失，不光是物质的缺失，还有意义的缺失，一种广袤而无法穿越的黑暗，就像我在夜晚合上双眼后感到的虚无。这是一个概念，很容易把人绕晕。这又是一个单词，它的存在就是一个悖论。它的名字表示它是某种东西，但它又是“无”，不知何故，正是它定义了世界。既然“有”存在，它便是“无”的反义词，但“无”注定是一个要自毁长城的名词，一个完全与自我否定相伴的概念，它泰然自若地成为实在的界限，也是知识和语言的界限。海德格尔曾说，“什么是无”是所有哲学问题的根本[2]。“但没有人，”亨宁·根茨（Henning Genz）写道，“能给我们一个答案，阐述‘无’的确切定义是什么；人们只会用否定的形式描述它。[3]”而老爸试图做的正是而用“是”而非“不是”来定义“无”这个无限、无界的均匀状态。

“我喜欢这个说法。”我对他说。

他笑了。

接下来发生了一件事。

老爸盯着我——他年仅十五岁的女儿——用严肃得不能再严肃的口吻问道：“你觉得这能解释宇宙是如何诞生的吗？”

我张大了嘴要说话却停住了，张着嘴思考合适的话，任何话，只要能传递这样的意思：我越来越关心他的神志是否清醒。他是不是钻进我藏在床底下的罐子里了？“你问我宇宙是如何诞生的？”

“嗯，宇宙诞生之前是‘无’，为了得到宇宙，‘无’就要成为‘有’。这么多年我一直在想，它们一定是同一潜在事物——同一潜在实在——的不同状态，否则没有办法从一个转变成另一个。但是，‘无’怎么可能是‘有’的状态？现在我才意识到，‘无’是无限、无界的均匀状态。从这点来看，宇宙的起源问题至少变得可以想象了，甚至也许是能解决的。”

刚上老爸的贼船时，我还以为我们在玩哲学游戏“语义叠叠乐”，但现在他把宇宙都扯进来了？

“这不是像物理一样吗？”我问。

他点点头。

“我都没有选物理课。我与其他差生一起选了气象学的课程。我甚至说不出飓风是如何形成的，因为我在课上睡着了。”

他示意服务员买单。“好吧，我想我们应该弄清楚。”

我们应该弄清楚。这可不是家长该对孩子说的话，这是大人之间说话的方式。我完全被他的这句话迷住了。整件事听起来很疯狂，但疯狂无疑比无聊好。此外，如果有什么事是我知道的，那就是老爸是个人才。每个人都知道老爸是个人才，但他用英俊的外表和傻傻的幽默感淡化了这一点。你如果没有发现这一点，那也是可以原谅的，因为他总是走错路，说话说到一半就走神了；而且，根据家族中的传说，他还常忘了穿裤子。但毫不谦逊地说，主宰他这些心不在焉的行为的是大胆创新、富有洞察力的头脑，甚至只和他交谈了几分钟的人走开时都已知道自己遇到了一个非同寻常的人。如果你不得不选择一个人，用他疯狂的想法把你带下悬崖，你会选择他。似乎是几年来的第一次，我笑了。

“好吧。我们要怎样做？”

他耸了耸肩。“我们来做一些研究吧。”

于是我们开始找文献来读。只要有一本关于物理学或宇宙学的书，我们马上就会翻开看。我们阅读的内容包括大爆炸、暴胀、相对论、量子理论、星系形成、粒子物理学、热力学、额外维度、黑洞、微波背景。我们彻夜讨论这些思想，直到老妈来催我们上床睡觉。我们获得的每一个知识片段都带来上百个新问题，阅读成为一种无尽的寻宝游戏。我们疯狂地尝试仔细阅读大量书籍，以了解目前已知的、与宇宙起源有关的知识，以及如何从‘无’中生‘有’。这成了我们自己的秘密世界。

很快，我们就需要腾出整个房间用于放置物理书。幸运的是，我们有一处闲置的空间——在一次与魔术生日蜡烛有关的、不寻常的事故中被我烧毁的一间小卧室。我们清理了里面的灰烬，粉刷了墙壁，搭好书架。我们的书的数量呈指数级增加，顺着墙壁一直堆到了天花板，最终连地板上都摆满了。

老爸让我深信，宇宙诞生之前的“无”，是一种无限的、无界的、均匀的、无特异的、统一的同一性状态，这种状态延伸至永远。或者说，这种状态至少持续到宇宙诞生。这当然涉及极难回答的问题：为什么“无”会发生变化？被无情的同一性定义的东西，是如何变得不同的？为什么会出现像宇宙这样的东西呢？

这是个令人不安的困境。一方面，如果说“有”和“无”只是同一事物的不同结构形式，那么似乎可以解释如何从“无”中生“有”。另一方面，均匀状态的完美均匀性似乎排除了改变的可能性。

我们讨论的越多，我越是恼火，我不得不重复着“无限、无界的均匀状态”这句话，我想把它简称为“无”，语法上的歧义不可避免地使我们陷入一种“谁在一垒[a]”式的哲学演绎。“真的，”我跟老爸说，“如果我再说一次‘均匀状态’，我就找本物理书砸死自己。”

“我们得找个缩写，”老爸说，“H态[b]怎么样？”

我考虑了一会儿。“H态。我就指着它活了。”

为了搞清楚H态为什么会发生变化，我们需要知道为什么宇宙学家认为发生过大爆炸。究竟是什么样的物理过程，使得整个宇宙突然从“无”中产生？

在成堆的书中，我们发现了一些有趣的建议，但并没有答案。问题在于宇宙学并不是从“无”开始的。宇宙学始于万物，始于膨胀着的、充满物质和辐射的宇宙，然后倒推约140亿年并进行观察：随着宇宙的收缩，星系间的距离越来越近，直到整个可观测的宇宙缩成一个点，这个由相对大的东西缩成的原点可能会发生大爆炸，这是一粒无限热、无限密集、无限扭曲的宇宙种子。一个奇点。

奇点很容易被认为是非常小的，但是，我和老爸很快就了解

---

a “Who’s on First”是美国传统笑话中的桥段，本来是要问棒球队中在一垒的人叫什么名字，但那个人正好名叫“谁”（Who），所以“谁在一垒”的问答成了死循环。——译注

b 英文Homogeneous state的简称。——编注

到，这是菜鸟级的错误。它看起来很小只不过是因为你把它看成空间中的一点，就好像你站在它的外部看它。但奇点没有外部，它也不是空间中的一点，它**就是**整个空间。它是宇宙，它是一切。我们就**处在**这个点中。此外，它并不小——它是无形的。我在几何课上学过，尽管我难以接受。你也可以想象一个无穷大的点。**大爆炸在各处都发生着**，我在笔记本上草草地写下，**即使在郊区也有大爆炸。**

反过来观察宇宙演化过程，你看到一切都在奇点处化有为无。H态改变的原因就隐藏在那里。它隐藏得很好。整个膨胀的宇宙可由广义相对论的方程来描述，广义相对论是爱因斯坦关于空间、时间和引力的理论，但方程无法描述奇点。如果说广义相对论提供了宇宙图，那么奇点就是制图者不知道该如何画的未知的地方。**这里是怪事出没之处。**

极有可能是量子怪事。奇点的存在表明广义相对论最终会让位于一个更基本的理论，物理学家们对此已了然于胸。爱因斯坦的理论与描述极小尺度的量子力学不相容。物理学家们日复一日地无视这个问题，他们将两种理论分割使用，他们用广义相对论来描述大家伙——如行星和星系——如何扭曲时空，用量子力学来描述亚原子粒子的奇怪的骰子游戏。但是，这种分割不能解决最终的问题。时空和物质一直是彼此相关的。正如惠勒所说："物质告诉空间如何弯曲。空间告诉物质如何移动。"我们必须承认，这两种理论描述的是同一个宇宙。我们不得不放弃点什么。

宇宙图上的奇点并非一个物体，而是一个信息。实在的底层不能是时空，至少爱因斯坦是这样认为的。时空的下面有一些东西，比我们所知的时空更基本的东西，只有通过将量子力学和广义相对论结合在一起的理论——量子引力理论——才能揭示的东西。

理解奇点，理解“无”，需要量子引力，我在笔记本上记下来。我觉得这挺有趣的，在你得到一个关于“无”的理论之前，你需要一个“万有理论”。

我恍然大悟，如果说奇点是宇宙图上的占位符，那么大爆炸也是占位符。这是一个有着有力证据的重要理论——但这不是故事的全部，也不可能是。

所以我们继续阅读文献。最后，我们无意间发现了约翰·惠勒的几篇文章。我立刻被他的论文吸引了——这不像我见过的任何物理学论文。它更像诗歌：充满智慧的胆魄和挑战，充满异想天开且强有力的措辞。惠勒强调时空不可能是实在的最终成分，因为在它的最高分辨率下，量子力学和广义相对论合谋摧毁了它，它的几何被扭曲，直到不再是几何。惠勒怀疑，在这种奇怪的扭曲下，如果不考虑观察者的作用，可能无法了解大爆炸到底是如何发生的——“无”是如何变为“有”的。“难道只有正确理解‘观察者’的作用，才有希望在某一天搞明白‘创世记’？”他写道，“存在的结构是这样的吗——只有通过‘观察'，宇宙才存在？[4]”这个想法听起来是完全出格的，但我知道惠勒一直跟许多伟大的物理学家一起被视为天才，这一定是有原因的。然而，我们无法跳过最明显的问题：如果观察者是存在的必要成分，那么观察者从哪里来？我曾企图无视它，但是这个想法是如此奇怪，我不能就这么放过它。**惠勒说观察者在大爆炸中发挥作用**，我在笔记本上写道，**找出这句话可能的意思。**

和朋友一起参加聚会终究不如跟老爸一起在宇宙中冒险那样令人兴奋。那晚，我凌晨3：00回到家，发现老爸还在看书。我们坐在厨房的桌子边，吃着零食谈着物理，直到黎明。

我享受着那晚的每一分钟——很奇怪，要知道我对科学从来都没有太大兴趣。实际上，我只有两次真正思考过科学。一次是我七岁时，有人给了我一套儿童科学书，其中只有关于空气的那一本引起了我的兴趣。我连续几个月都随身带着这本书，我对里面那些似无还有的思想很着迷——它们复杂而重要。另一次是十年级的化学课。我的老师麦克福斯先生是那种难得的充满激情而且很酷的高中老师，即使是最愤世嫉俗的学生（比如我），也可以感受到他的热情。有一天，他在给我们讲原子结构的时候，跳到了讲台上，用一小段舞蹈说明电子能级的动力学过程，那是一段扭动的舞蹈，随着电子陷入较低的能级而逐渐变软。但是课堂上真正引起我注意的是他提到原子内部超过99%的部分是空白，并非空气之空（空气里有原子），而是像“无”一样一无所有。“这张桌子，”他笑着告诉我们，用拳头敲打着木头，向我们展示它骗人的坚固，“大部分是‘无’组成的。”这句话好几个星期都萦绕在我的心头。让我感到惊讶的是，某种看起来实实在在的东西，其实大部分是“无”。世界背后是另一个世界——在可见的世界背后，隐藏着不可见的东西。

也许，关于“无”的问题是最不可能让人沉醉的问题，但我却沉醉其中；同样，世界上最普通的东西也将是与众不同的。我发现“无”的问题也让老爸深陷其中，这令我感到奇怪。那时候，我总看到他在出神思索，他可能正在深入地思考“无”的问题。

除了这两次特例之外，我从来没有关心过科学——因为在我与老爸进行宇宙探险之前，我不知道科学是什么。没有人告诉过你。你坐在教室里，老师开始向你列举大量事实，你记住它们并机械性地重复，但是你不知道为什么。老师将整个事情呈现在你眼前，就好像这是一个已经完成的任务，一系列事实一起构成一种自然而然的教学手册。但是说明书还没有写好。爱因斯坦说："我们面前站着的这个庞大的世界，就像一个伟大的永恒的谜语。"为什么我的老师不曾告诉我这些？"听着，"老师本可以说，"没人知道这是怎么回事。我们在这个世界之中醒来，我们不知道为什么我们在这里，也不知道万物是如何运行的。我的意思是，看看四周，看看这一切是多么奇怪！所有这些到底是什么？实在是一个巨大的谜，你可以选择。你可以选择逃避，用童话故事来安抚自己，假装一切正常；或者你直视这个谜，并设法解决它。如果你是个勇敢的人就会选择后者，欢迎选择科学。科学可以解决永恒之谜。我们还没有完成这件事，但发现了一些很酷的线索。这门课的目的是让你了解已经得到的线索，让你利用这些线索在世界中闯荡，寻找更多重要的线索。谁知道呢，也许你会成为最终解开永恒之谜的人。"如果我的老师中有任何一位这样说过，我就不会选气象学了。

幸运的是，老爸让我了解到科学的奥秘。所以，虽然我上学时老师们让我觉得自己只不过是一个不起眼的孩子，但是晚上我一回到家就进入了一个隐蔽的世界，在那里我成为去完成最终任务的人选，这是一个需要强化训练的任务，在这个任务中，宇宙本身正处在紧要关头。

"有一天，当我们找到宇宙的答案，我们应该写一本自己的书，”有天晚上老爸对我说，我们当时正在一堆新收集的宇宙学书籍中搜寻资料，“我们读这些书是为了寻找答案，但也许我们正在寻找的书还没有写出来。也许需要**我们**来写这本书。”

“一本物理书？”

“你一直想成为作家。”

“是的，没错，”我说，“但我想写诗和短篇故事。”

“有什么能比宇宙的答案更有诗意？”

我禁不住对写书的前景咧嘴而笑。我不知道老爸是否真的相信我们有一天会找到宇宙的答案，但他的乐观主义是极具感染力的。不久以前，我的整个世界都是毫无意义的、冷漠的。如今宇宙中的每一个原子都成了谜，每一个词都成了线索。眨眼间，老爸就把我的世界变成了寻宝之旅，而且好像这还不够，他已经揭示了其中的曲折之处：我们必须自己绘制藏宝图。

“等我们写出自己的书，我要把这些书都清出去，”他边说边挥舞着手臂走进装有数百本书的房间，“用我们的书替换掉这些书。我们将拥有一个全是同一本书的图书馆。”

与老爸一起学物理所带来的那种智力上的兴奋使我对高中的感觉比以前更麻木。那个地方越发让我感到无聊，我早早地修够了学分，提前一年毕业了。我当时的宏大计划是搬到纽约去当作家，同时继续与老爸一起追寻实在。我考入了新学院，我喜欢他们不强制学生选修数学，还有各种替代数学的文学艺术课程。当我哥哥几年前去几所心仪的大学参观时，新英格兰的绿色校园给我老妈留下了深刻的印象。此次，她很想陪同我去纽约参观新学院。我们煞有介事地开始了校园之旅，与其他几个也打算报考这里的学生一起挤进了一个小电梯，他们染着彩色的头发，文身，戴着耳环、鼻环。整个旅程就是我们不男不女的导游平淡无奇的四句话："这是一楼。这是二楼。这是三楼。有什么问题吗？"老妈抓狂了，我感觉被骗了。

回到家，我并没有参加毕业典礼。完成高中学业对我来说不算什么成就，还不足以让我穿上那身俗气的毕业礼服。不过，老爸老妈还是在家里举办了一个小聚会为我庆祝。在聚会中，老爸把我拉到一边，给了我一个蓝色的文件夹。

当大家在隔壁房间里说着笑着的时候，我坐在楼梯上打开了这个文件夹。

你最初的几年如此沉默。
等待，等待着你说话。

我笑了。他写了一首节拍跳动的诗，正符合我当时的文学口味，老爸用这诗记载了我的成长历程：我学会阅读的时间，我离家出走的那一晚，还有所有让生活变得更有价值的书和思想。

凯鲁亚克和《在路上》，
节奏，词语的节奏。
金斯伯格与"嚎叫"和"卡第绪"，
吟唱的节奏。
克西和伯勒斯，菲茨杰拉德和普鲁斯特，
词语、词语。
娄·里德和地下丝绒，

节奏、节奏、节奏、节奏和词语。
禅宗和存在主义，瓦尔登和梭罗，
意义、原因，词语的意义。
转眼纽约、新学院，
村镇和华盛顿广场。
世界的一大本空白日记，
等待着你的话语，
让所有人听到这节奏，你话语的节奏。

在我十七岁生日后的几天，我收拾好东西，从郊区搬到了纽约的东村。在新学院，学生不用“选专业”，只需要“选一条路”。我选择了两条路：哲学和创意写作。我对很多思想感兴趣：柏拉图的理念论，斯宾诺莎的上帝，以及维特根斯坦那些我们不可说的理论。我很想知道人们是如何采纳这些想法并将它们编织成故事的，我想知道人们如何通过叙述为宇宙带来意义。

在新学院，哲学课令人兴奋，但写作课充斥着后现代的社会政治议题，即使对我来说也太过自由了些。我的世俗犹太家庭是超自由的，但我们仍然坚持一些基本的标准——比如“事实”和“拼写”。当一位教授把我的一篇故事退给我，用一个大红圈标注女人（women）这个词，并且注明要拼写为womyn，以避免英语中的父权主义时，我觉得我已经受够了。我转到纽约大学加勒廷个性化学习学院，距我原来的地方只有几个街区。当我毕业时，我沦为一名挨饿的作家，为了保持我的零食供给，我在一家杂志社找到了一份不稳定的工作，杂志不出名，但幸运地叫做“曼哈顿”。

当“科学和终极实在”研讨会举办的那个周末来临时，我一大早就坐上了从纽约到普林斯顿的火车。老爸在车站等着我。我们一起开车去会议中心，准备向惠勒请教我们亟待解决的问题。

我们自信地走进大厅。我从来没有参加过物理学会议，不知道会发生什么。尽管眼前都是物理学界的明星，但我还是猜测会有某种类型的观众，一群普通的、不那么重要的人。也许，会有一群傻子拿着他们的茶点和咖啡到处乱转，盯着物理学家们看。但是并非如此。只有两个傻子。

我们就站在那里，就像两只被门萨级的车头灯照到的目瞪口呆的笨鹿。在这个充斥着世界顶尖物理学家和有采访资质的记者的房间里，显然只有我们俩是外人。

“记者，”我跟老爸嘀咕着，“记住，我们是记者。”

他点点头。他看起来很帅，穿着合身的海军蓝西装。我看着他，在我看来，他在这片中年白人男子的同质化海洋中并不显眼。当然，最煞风景的就是有一个紧张不安的二十一岁的女孩站在他旁边，盯着他。

“我们不需要某种胸牌吗？”他低声说。

“胸牌！是。我会得到胸牌。你在这里等着。”

如果被人问起来，我就说自己是《曼哈顿》杂志的记者，但我不知道该如何解释我老爸的身份。这是位记者？是的，太奇怪了，他看起来跟我长得一模一样。岁数足够做我老爸？你觉得呢？

我径直走向登记处的桌子，悄悄瞄着桌上的胸牌，终于发现了我的名字。我扫了一眼我胸牌上的字，上面写着：**阿曼达·盖芙特，《曼哈顿》杂志**。旁边紧挨着的就是为我准备的一个空白胸牌。当我靠过去想要拿这两个胸牌时，我不小心碰到了旁边男人的肩膀。"对不起。"我边说边悄悄瞥了他一眼。我脸红了，赶紧冲向老爸。"哦，我的天啊！"我尖叫着，"我刚刚碰到布莱恩·格林（Brian Greene）了！"

当我们在会场里坐下时，我们吃惊地看着周围，我们俩不时用胳膊肘互相捅捅，低声惊叹着："哇！那是阿兰·古斯（Alan Guth）！""马克斯·泰格马克（Max Tegmark）就坐在我们前面！"我们太惊讶了，这里星光熠熠，太让我们震惊了。这些人是这些年来我们谈话中的主角，现在我们就坐在他们中间。我轻轻推了推老爸，给他指，就在那儿，前排座位坐着的那位，就是约翰·阿奇博尔德·惠勒，这里所有的人都是来为他祝福的。

物理学家、哲学家、诗人、先知、传奇人物。即便已年届九十，惠勒的脸上仍充满孩子气，眼睛里闪着调皮的光芒。惠勒年轻时曾跟随尼尔斯·玻尔（Niels Bohr）在哥本哈根研究量子物理学，并在普林斯顿大学开设了第一门关于广义相对论的课程，在那里他与爱因斯坦漫步在绿荫小道上讨论实在的本质。他协助玻尔研究了核裂变物理，此后他在曼哈顿计划中参与研制原子弹和氢弹。他创造性地提出了**黑洞**和**虫洞**这两个术语。他带领无数学生发现了具有深远意义的东西——他的学生包括理查德·费曼（Richard Feynman）、休·埃弗雷特（Hugh Everett）、雅各布·贝肯施泰因（Jacob Bekenstein）和基普·索恩（Kip Thorne）。他强调“思想之思想”的重要性，面对神秘无所畏惧。

这次研讨会的灵感来自四个著名的惠勒之问：量子何为？万物源于比特？参与性宇宙？存在何为？（Why the quantum？ It from bit? A participatory universe? How come existence?）老爸和我确信，回答这四个问题将是解决谜团的关键。

量子何为？这是关于量子力学的问题，量子力学提供了一种与我们所知道的世界似乎并不一致的实在图像：这是一种有果无因的图像，由观察者来决定观察到的结果，到处都是充斥着既死又活的猫的盒子。那么，也许量子力学根本没有提供任何实在的图像。也许，它只是从我们这里拿了几张图片，然后将这些图片变模糊，让我们认不出来而已。这个理论允许物理学家作出非常准确的预测，但是单靠预测并不能得到整件事的线索。惠勒经历过量子理论的创立，作为物理学家，他一直像玻尔、费曼、埃弗雷特和爱因斯坦一样，力求理解摆在他面前的奇怪事实。物理学家最成功的理论没有任何原理支撑，只是在那里徘徊，看上去特别怪，怪到有许多人放弃了，他们摇着白旗嘴里嚷着“闭上嘴计算吧”。但惠勒拒绝投降。他知道粒子看似任意的行为肯定是某种线索。怪事一定会告诉我们一些东西。

万物源于比特是惠勒提出的口号，他认为物理宇宙不是由物质组成的，而是由信息组成的。在量子理论中，进行观察相当于提出是或否的问题。粒子是在这里还是在别处？猫是死的还是活的？惠勒认为，正是问题的提出**创造**了信息，信息是实在的基本构成部分。“宇宙及其包含的所有东西（‘**万物**’）可能来自无数的是-否测量选择（‘**比特**’），”惠勒写道，“信息可能不只是我们对世界的了解。世界很有可能是由信息**构成**的。[5]”这是一个非常奇怪的想法，我们的直觉是，物质的基本单位只是较小的物质，如原子。当然，麦克福斯先生教过我，原子内部超过99%的部分是空白。不过，你肯定希望那微不足道的1%足以构筑世界。但根据惠勒的说法，这1%不过是观察者在选择是或否。**一间房子是用砖盖成的，但砖却是由信息构成的？**我在笔记本上写道。当我们仔细观察物质世界时，我们却发现有些东西不是物质，好像整个宇宙是一种虚拟实在，这怎么可能呢？而且，物质世界与虚拟实在区别何在？“物质”到底是什么意思呢？

参与性宇宙？如果像惠勒所猜测的那样，宇宙是通过测量一点点地被构建起来的，那么观察者就以某种方式参与到了对实在的创造中——这是一种激进的想法，如果真的是这样，那就意味着我们的宇宙是参与性宇宙。正如物理学家保罗·戴维斯（Paul Davies）写道：“惠勒想……颠覆‘物质→信息→观察者’这种传统的解释关系。他将观察者置于解释链的基底：观察者→信息→物质。[6]”这对老爸和我来说就是和弦般动听的概念——是不是观察者在某种程度上将“无”变成“有”？这个想法似乎不太可能，观察者从哪里来？什么可以算作观察者？当然，观察者不必是有意识的，或不必是人……但观察者是什么呢？

最后，**存在何为？**这是一个大问题。为什么“有”存在，而“无”不存在？这是多年来困扰老爸的问题，正是这个问题使我们的旅程发生了变化，导致我们在这次会议上匆忙地寻找答案。存在何为？何为，的确。

“我‘有幸’在去年一月份第一次也是唯一一次心脏病发作。”最后，当惠勒走上讲台时，他告诉听众。他说得很慢，很轻，他的声音颤抖着，这不仅是因为他的年纪大了，还因为他讲话具有紧迫感。“我称之为‘好运’，因为这使我明白我剩余的时间有限，我更加关注这样的问题：存在何为？量子何为？也许这些问题听起来哲学味儿太浓，但也许哲学太重要了，不能留给哲学家。”

当会议结束时，一群物理学家把惠勒围住，惠勒坐在前排，向每一个排队坐下与他交谈的物理学家微笑和点头。我们耐心地在我们的座位上等候，等待属于我们的时间。最终，轮到我们了。惠勒周围的人群变得稀疏，于是我们走下后排的阶梯到前排去。是时候了，这就是我们来到这里的原因。

我们向前探着身子，都与惠勒握了手。“我是沃伦·盖芙特；这是我的女儿，阿曼达。她在这里为《曼哈顿》杂志报道此次会议。我们非常高兴见到您。”老爸说。惠勒点点头，但是他似乎并没有听清，只是出于礼貌点了点头。所以老爸靠得更近，并且大声说：“我们有一个一直想请教您的问题。”他把每个字都说得很清楚：“如果说观察者创造实在，那么观察者来自哪里呢？”

惠勒笑了。“来自物理，来自宇宙。我喜欢说，”他停顿了一下，试图找到合适的说法，“宇宙是一个自激回路。”

老爸赞赏地点点头，然后陷入沉思地问：“所以一切源于‘无’？”

惠勒似乎又没听到，所以老爸更大声地又一次问：“所以一切源于‘无’？”

惠勒点点头，慢慢地说：“有一个原理认为边界的边界是零。”

有些物理学家转过来与他说话，所以我们对他表示感谢，告诉他我们深感荣幸，然后赶紧笑着走开了。

当天的会议结束了，我们决定去外面转转，在普林斯顿周围散散步。春天的空气格外清新。我们走在街上，谈论着我们见到的人和我们听到的想法，我们觉得我们现在是某个重要事件的一部分了，尽管我们没有受到邀请。

“我们跟惠勒说话了！”老爸说。他看起来很茫然，似乎不敢相信这件事。

“天哪，真的，我们做到了！”我们击了一下掌。

我们找到了去莫色尔大街的路，爱因斯坦在普林斯顿时就住在这条安静的街上，他和惠勒在这里散步，讨论伟大的宇宙奥秘。这让我突然感到非常有趣，爱因斯坦曾经就住在新泽西。新泽西？这就像发现莎士比亚在温迪餐厅吃了一个汉堡，或者发现柏拉图其实不是希腊人而是加拿大人一样有趣。

我们找到了爱因斯坦住过的房子——莫色尔大街112号。我们并排站在一起，凝视着前方。我们敬畏地站着，而房子却端庄地立在那里。这房子古雅而低调，是小镇常用的那种不起眼的白色。但房子似乎正在进行某种整修，房子前方被黄色带子拦起来，就像封锁谋杀现场一样。

老爸指着带子。“也许那个在他的思想实验中总是从屋顶上落下的家伙终于厄运难逃。”

我知道爱因斯坦专门要求普林斯顿把这座房子当作普通住宅，不要把它当成某种地标或博物馆。“这座房子永远都别成为朝圣者朝拜圣徒遗骨的地方。”爱因斯坦曾经说。我觉得还不算糟。有黄带子拦着，我们几乎连前廊都朝拜不到。而且，为爱因斯坦做尸检的病理学家偷了他的大脑。相比之下，满怀崇敬地站在他家门前的草坪上根本算不上什么冒犯。

老爸曾经给我看过一本爱因斯坦撰写的关于相对论的旧版精装书，这是老爸小时候，老爸的老爸送他的书。他告诉我，当他只有十岁或十一岁时，他如何尝试着读懂这本书，以及他如何假装理解其中的内容。整个童年时期，他都把这本书放在卧室的书架上。他会盯着它，翻看它的页面，他多么希望理解其中的奥义，因为他确信这书中一定有些散发着光芒的真理。现在，我盯着这座房子，太阳照耀着白色的油漆，我觉得自己好像灵魂出窍，走到了某种比我大得多的东西中。我看着老爸，我能感觉到，他终于走到了他渴望已久的那条路上。而我呢？我只想跟着他。

我们专心地看着房子，仿佛爱因斯坦随时会走出大门，向我们吐舌头，大声叫喊着把我们从他的草坪上赶走。

这房子真的是由信息构成的吗？我想知道。那些信息是我创造的？是我们创造的？任何东西都是看上去的那样吗？这些都是真实的吗？

我知道世界肯定超出它看上去的样子。物理学清楚地巩固了这种观点——毕竟，一张桌子的大部分是空的空间，如果你贴近细察空的空间，它会化成别的东西，未知的东西。如果足够仔细地去观察任何东西，我们所知道的一切似乎都会消失，剩下来的……是什么呢？客观实在的基本成分？像信息一样无形的东西？我不需要科学来告诉我外观是具有欺骗性的——我深入骨髓地知道这一点。自从老爸告诉我一切都是幻象的那一天起，我就已经知道了。我知道这种想法，没有这种想法，我简直要活不下去了。我不能忍受实在的概念止于婚礼蛋糕、橡皮筋球，以及田园之家。如果我眼前的世界就是一切，我想，还是算了吧。我需要神秘感。我需要知道还有更多的故事。

我怀疑我老爸也需要这些。虽然他永远也不会承认，但是我发现他的工作和安静的郊区生活并没有消磨掉他的反叛精神。他在骨子里仍是个反叛者——一个赤裸着上身盘腿而坐，冥想自我和存在的性质的嬉皮士；一个被职业压力和成年人世界中那些专断的要求压迫着的沉默者。他正在寻找一线生机。他在物理学中，在我这里，瞥见了这个机会。

我们坐在房子前面的人行道上。

"一个自激回路……"我喃喃自语。

我老爸点点头。"边界的边界是零……"

"他是谁，尤达大师[a]？"我问，"那家伙在打哑谜。你觉得他是什么意思？"

老爸笑了。"我没有什么想法。"

我们在浩大且膨胀着的宇宙中的新泽西的普林斯顿，我们兴奋地闯到这里，在半梦半醒中意识到，以前只是爱好的东西如今已成为使命。

我们在深深的沉默中坐了几分钟。一辆车开过来停在路边，我们逃离了。

---

a 《星球大战》里的重要人物，德高望重的绝地大师，培养了一代又一代的绝地战士。——译注

2.

完美借口

回到纽约后，我顿悟了。

我盯着挂在电脑上方的墙上的“科学和终极实在”研讨会的胸牌，我把它看作会议纪念品，印在我名字下方的大大的“《曼哈顿》杂志”已经成为我们私下的笑话。胸牌上有个很特别的球形图案，上面每个像素都标记着0或1。我非常确定这是惠勒的画作——但这是什么意思呢？我在笔记本上快速地画下它，提醒自己弄清它的意思。

这种东西的力量是惊人的。一个胸牌就可以让你进入终极实在的内部圈子？这就像是宇宙学巧克力工厂的金奖券——只要得到一张，你就赢得了参加每次讲座的机会，可以与每个物理学家交谈，甚至享受午餐和宴会。

如果我们想冲进终极实在聚会，希望从中找到一些答案，那么拥有一张记者证显然正是实现这个愿望的途径。不过，我也很清楚我的小把戏玩不了多长时间。最终肯定会有人去查阅《曼哈顿》杂志，并发现它与物理学根本没有任何关系，还会察觉杂志的本体状态⋯⋯好吧，任何窥视那个盒子的人都会找到一只死猫。

要是有其他方式拿到记者证该多好。

一只卡通灯泡在我头顶上点亮。

我给老爸打电话。“我想成为一名记者。”

“好吧⋯⋯”

“想想吧！如果我们想要了解实在的本质，我们就需要接近顶尖的物理学家，最前沿的数据、会议、期刊等等。如果你是记者，这些就都是你的！当我们有关于宇宙学的问题时，我们不必在二十多本书里挖答案，我们去问一位宇宙学家就行了！这简直就是超完美的借口！”

“这是一个好主意，”他说，“也许你可以试试去实习。要不然先拿个学位？”

“不，不，”我说，“你没理解我说的话。我今天就想成为一名记者。”

“对不起，你说什么？”

“我想打电话给《科学美国人》，问问我能否为他们写一些关于这次研讨会的东西。如果可以的话，我们可就值钱了。”

“听着，”他说，“我不想破坏你的梦想，而且我觉得你有一天会成为一名伟大的记者，但你不能就这样给《科学美国人》打电话。”

“哦，这样啊？”我说，“看我的吧。”

我知道我有点顽固。毕竟，我没学过新闻专业。更糟的是，我从来没有选过物理课。但是管它呢，我想，我在工作中学习就行了。而且，我不需要学位，不需要实习，也不需要工作经验。我并不想拿普利策奖，我只想骗到记者证。

我挂了电话，拨了《科学美国人》的新闻编辑的电话号码，接通后是语音信箱。当我听到哔哔声，我赶紧清了清喉咙，然后尽可能说得像一个同行而不是一个二十一岁的女孩。“哦，嗨，菲尔，我是阿曼达·盖芙特，我在《曼哈顿》杂志工作，我给你打电话是因为我参加了昨天在普林斯顿举行的向约翰·惠勒致敬的研讨会，不知道你是否需要有关这次研讨会的信息。我们《曼哈顿》并不报道科学故事，不过物理学是我自己的一个爱好。总之，我这儿有些好材料，如果有需要，请随时给我打电话。”

我留下了我的电话号码并挂上电话。如果我们想这样做，我们就应该做好，这意味着从顶端做起。

第二天，《科学美国人》的菲尔给我回了电话。“我们有一位编辑参加了这个研讨会，”他告诉我，“所以我们基本上掌握了会议的信息。不过如果你能想出一些有趣的角度，可以通过邮件发给我。”

有趣的角度？没问题。我坐下来，看着我的会议记录。关于会议报告的文章不行——任何参加这次研讨会的人都可以写出来。当然，惠勒的奇怪信息——**宇宙是一个自激回路，边界的边界是零**——是个可选的角度，但我不知道这到底是什么意思。我现在得找找别的东西。

我注意到一个主题。在研讨会上，有一个问题一直徘徊不去：人择原理（anthropic principle）。

人择原理援引我们自己的存在来解释宇宙的某些特征——

它的大小，它的物理常量，星星和星系的存在。这些特征哪怕有丁点儿变化，我们都不会存在于此研究它们了。在最坏的情况下，人择原理是一种空洞的同义反复：我们存在，因此宇宙是那种是允许我们存在的地方。在最好的情况下，它能解释为什么许多宇宙特征具有如此令人意想不到的值——令人意想不到，但对生命来说非常适宜。

我坐在电脑前给菲尔写了一封电子邮件，我写了一条名为“物理学家无法回避的A开头的词[a]”的小新闻。在科学和终极实在研讨会上，我写道，物理学家安迪·阿尔布雷希特（Andy Albrecht）一开口就告诉听众：“我是不会用这个A开头的词的。”

人择已经成为一个人们不愿意听的词，因为它越来越令人不舒服地接近宗教，我解释道——就好像由于某种原因，宇宙是专为我们而建的。这一看法的前提是，没有别的宇宙。就像地球，我们的家园星球与太阳保持完美的距离，这使液态水得以在地球上存在；再近一点，水就会变成气体；再远点，水又会冻结。如果地球是唯一的行星——在太阳系中飘着的唯一的岩石——那么它那可以令水存在的位置真的很惊人；但是还有七个行星在太阳系中徘徊，我们发现自己处在一个适合生存的行星上算不上奇迹——我们在这里，因为这里是我们唯一能待的地方。同一种人为选择偏见可以解释宇宙“存在生命”这一特征，原因是人类在几万亿个额外的宇宙中无法生存。这不是能让所有人都满意的解释。物理学家想通过逻辑和数学必要性来解释宇宙。他们希望世界正在以唯一可能的方式运行。但根据人择原

---

a　即Anthropic。——编注

理，任何事情都会发生。

另外，在这个场合回避这个A开头的词似乎有点奇怪。毕竟，我写道，是惠勒公开地把宇宙描述为“参与性”的，并提出：“可理解的宇宙只能建立在对可理解性的需求上。”惠勒不相信宇宙是为我们设计的，也不认为我们的宇宙是广阔的多元宇宙中的一个小岛。他认为宇宙适合观察者，因为观察者以某种方法创造了宇宙。

我提到，在这次会议上，物理学青年学者竞赛的10,000美元奖金颁给了弗蒂尼·马库普卢（Fotini Markopoulou），她在加拿大圆周理论物理研究所从事圈量子引力研究工作。在她的获奖论文中，她认为宇宙学必须按照处在宇宙之中的观察者所看到的那样来描述宇宙。最终似乎是这样：我们越是追寻宇宙中最深层的奥秘，我写道，我们就越接近自己。

我点击了“发送”。

菲尔很快回了信。他解释说，《科学美国人》有一个关于人择原理的版块，但这个板块的兴趣点是弗蒂尼·马库普卢。“你了解圈量子引力吗？”他问。

我了解圈量子引力吗？大概……根本不懂。我给老爸打电话，给他念了电子邮件。

“哦，好吧，”他说，“你试过了。”

“试过？”我说，“这还没完。这是我们的第一击！”

“好吧，但是——”

“我们有一个晚上的时间学习圈量子引力理论。”

“你在开玩笑吧，”老爸说，“为什么是一个晚上？”

“如果我明天不回复，他们会觉得我在专门花时间查这些东西。我得让他们觉得我对这些东西了如指掌。我们没有太多时间了——开始读文献，几个小时后回电话！”

我尽己所能吸收着我读过的东西。圈量子引力理论试图统一广义相对论和量子力学——两大正确但互不相容的现代物理学支柱理论。这种统一是宇宙起源的关键，宇宙的源头是一个占位符，在那里，“无”变为“有”，H态成为世界。理解奇点，理解“无”，需要量子引力，我曾在我的笔记本上写道。圈量子引力理论的方法是贴近空间细察，凝视自然的最小尺度，看看潜伏在那里的是什么怪事。

自然的最小尺度是相当难以把握的。我无法理解这个概念：如果我贴近一个较小的空间细察并不断深入，我最终会到达一个比整个可观测宇宙更远的地方——并且不知何故，那就是我的指尖。一个比宇宙更大的宇宙，尽在我的掌握之中。但你无法永远细察下去。在某个极小的尺度上，你就触及了实在之底。不好意思，兄弟们，你们已经到头了——这里是宇宙中极细微尺度的边缘。

空间在那里以所谓的普朗克尺度结束，因为这里是量子力学和广义相对论共同迫使时空弯曲，直至它断裂的地方。巨大的引力密度产生了大量的黑洞，惠勒称之为“时空泡沫”。

这是一种反直觉的概念——通常当你处理小物体时，引力可以忽略不计。引力作用于质量，需要有很大的质量，你才会注意到它的作用。即使在人的尺度上，引力也是微不足道的。一个只能吸起一枚曲别针的冰箱贴的磁力就超过了整个地球的引力。

在质子和电子的尺度上，引力几乎不存在。

但是奇怪的是，继续贴近细察下去，事情就会发生逆转。量子力学的规律包含一个漏洞，允许巨大的能量波动从真空中爆发出来，这种爆发持续时间不长。在越来越短的时间尺度上，能量以短暂的形式或“虚粒子”的形式出现和消失。虚粒子的位置越具局限性，其动量越大，其动量越大，其能量也越大。由于 $E = mc^2$，能量越大意味着质量越大。因此，随着你的观察距离越来越小，虚粒子的质量就越来越大，直到达到普朗克尺度，引力会与其他力一样大。引力本身就是一种能量，引力逐渐增强会产生失控的反馈灾难，足以将一个大约 0.45×10^{32} 千克的恒星挤压成一个黑洞。在小于普朗克尺度的距离上，引力反馈变得不正常。宇宙开始攻击自己，自我消灭。实在的一切将在夹缝中爆裂。前融入后，此征服彼，距离和时间让位于错乱和混乱，空间和时间消失。方程嘶嘶地迸着火花，数学分裂为“无”。总之，一切都将下地狱。这就是世界的尽头。

圈量子引力是引力将空间撕成碎片之前，空间在普朗克尺度上的模型。李·斯莫林（Lee Smolin）是该理论的提出者之一，他也供职于圆周理论物理研究所，他已经意识到，如果空间像物质一样具有一种原子结构，那么情况就会稳定下来。这样的话，当你贴近空间细察其中的一个区域时——看到小，更小，再小的东西——你最终会碰到一个路障：一个不能进一步分割的空间，一个空间的“原子”，小到不能再小。斯莫林认为，只要空间的原子不小于普朗克尺度，引力就是可控的，其能量增长就不至于失控，其破坏力也不会造成巨大的灾难。

当我翻出斯莫林关于这一主题的著作时，一个章节吸引了我的注意。他写道，宇宙必须被视为一个封闭的系统。“是的，宇宙因其错综复杂的结构而美丽。但它不可能被存在于它外面的任何东西创造，因为根据定义，宇宙即一切，在它之外没有任何东西。而且，根据定义，在宇宙诞生之前，没有任何导致它出现的东西，因为如果有的话，它一定已经是宇宙的一部分。所以宇宙学的第一性原理必须是‘宇宙之外为空’。[1]”我不禁想，这种原则也适用于老爸的H态，因为根据定义，“无”是无限、无界的。“无”没有外面。

老爸在大约凌晨4点放弃了阅读，但是我读了一个通宵，并在清晨尽我所能写了封电子邮件，给出了关于圈量子引力的鲜活的即兴解释。

但有些事情让我念念不忘，在研讨会上，马库普卢的谈话不仅与原子几何有关，还与观察者在量子宇宙中的意义有关。“物理宇宙理论的观察者必须在宇宙之中。”她曾说，以呼应斯莫林的看法。我们所能得到的最好结果是大量局部内视图，而不是从外部进行的对宇宙的单一描述。她认为，量子引力理论应该是一套在它们之间进行转换的规则。马库普卢的内部宇宙观由观察者的有限视角构成，这提醒了我，惠勒怀疑观察者在宇宙的诞生中发挥了某种作用。马库普卢的圈量子世界与惠勒的自激回路之间有什么联系吗？我知道如果我能写完《科学美国人》的文章，我就有机会找到这种联系。

当菲尔的电子邮件从我的收件箱中弹出时，我正在《曼哈顿新娘》的办公室里，坐在自己的电脑前。我往旁边扫了一眼，确认瑞克正忙着在他的电脑上排版，然后我打开邮件：**你好，阿曼**

达。谢谢你的文章。你是否有兴趣撰写一篇介绍弗蒂尼·马库普卢的文章？

我给老爸打电话，我把电话紧紧地贴在脸上，捂着嘴，所以瑞克听不见。“我在为《科学美国人》写东西，”我低声说，“我们成功了。”

我计划几个月后在弗蒂尼·马库普卢去纽约时与她会面。第二天早上，我走进办公室辞职。

“我不想保密，”我告诉瑞克，“我辞职是因为我想写些关于物理学的文章。”

“也许我可以想个办法让你在这里写。”他说。

我眨了眨眼说：“为一本婚庆杂志写？”

一小时后，我坐上了开往布鲁克林的地铁。当列车在市中心朝华尔街方向行驶时，我惊讶地发现，我的辞职可能太冲动了。无论有多激动，一篇文章根本不够付账单，也并不等于我对终极实在的追求。但是当我抵达东河时，我确信我做对了。在我心里，我深知这是某种大事业的开始。先有一个飞跃，冒险将随之而来。如果我们要做这件事，我们就一直要冒险。

当我打电话给老爸老妈时，兴奋已经变为紧张。“我知道，从收入上来说，这个决定不划算。”我羞怯地说，“但是我感觉这么做是对的。”

“你得相信你的直觉。”老爸说，“钱有用，但这件事更重要。”

我听到老妈叹了口气说：“你最好祈祷自己能嫁给医生。”

不必去担心白天的工作，我把所有时间用在阅读和思考物理学上。不幸的是，对我的好朋友和当时的男朋友来说，“思考物理学”听起来几乎相当于“无所事事”。当我向他们解释时，所有人都礼貌地点点头，但他们提的问题却暴露出他们深信我失去了理智。“好吧，你从来没有选过一门物理课就将一生投入到物理学中，你不觉得这十分困难吗？”他们问。

“不，”我说，“小意思。”

为了维持生计，我每周在我哥哥的曼哈顿夜总会工作几个晚上，专门负责接客人的外套。这是一个不错的工作。在嘻哈音乐震耳欲聋的砰砰声中，我穿着超短裙和高跟鞋，坐在地板上，靠在堆积如山的名贵大衣上，默默地阅读着有关宇宙的文献。

天气转暖的时候，我跟凯西蒂整个下午坐在外面的门廊上。凯西蒂是我的狗，一条黑色拉布拉多猎犬。我们沐浴在阳光下，思考实在，为我与弗蒂尼·马库普卢的会面做准备。

我知道物理学家需要量子引力理论，因为广义相对论和量子力学不能在一个宇宙中和平共存。但是到底是什么使它们如此令人绝望地不兼容？在我看来，具体而言，相对论的世界是连续的，量子世界则是离散的；相对论对于时空中的位置有着清晰的定义，而量子理论则使之模糊。这些肯定都是障碍，但这些对我来说就像是夫妻争吵，并非深刻不可弥补的鸿沟；就像相对论喜欢巧克力味，量子理论喜欢香草味——而不是说相对论是一个新教徒，量子理论是一只鸭子。

相对论的核心与不同观察者对空间和时间的观察有关。它始于一个曾让十六岁的爱因斯坦迷惑不解的简单问题。如果你以光速在光束旁边飞行，光束看上去会是什么样子？当你以相同的速度与一辆车并行时，那辆车看上去就像是静止的，光束也会像这样看上去是静止的吗？詹姆斯·克拉克·麦克斯韦（James Clerk Maxwell）的电磁学方程组要求电磁波——光可被认为是一种电磁波——总是以每秒约30万千米的速度传播。爱因斯坦立即看到了这个问题。对于以每秒约30万千米的速度行进的观察者来说，光的速度将下降到零。然后呢？电磁学会不复存在？宇宙会崩溃吗？

爱因斯坦意识到，为了宇宙的一致性，为了电磁学的规律适用于所有观察者，不能存在任何光在其中静止的参考系。虽然看起来不可能，但他知道只有一种方法可以使上述规则成立：观察者必须始终测量到光以每秒约30万千米的速度移动，**而不管观察者本身相对于光的移动有多快**。不管你跑得多快，你永远无法捕捉光束。即使你与光并驾齐驱，它仍然会以每秒约30万千米的速度离开你，一个视界以你接近它时的速度退去。

我们很容易忽略上述说法的疯狂之处。速度是衡量在特定时间内，某种东西穿过多少空间的量。对于光，不管观察者在测量光速时移动多快，光总是以相同的速度移动，**而空间和时间本身必须随不同的观察者变化**，以弥补差异。在空间和时间组合中的总间隔对于所有人来说都是相同的——统一的四维时空。观察者根据个人视角以不同的方式将该四维时空分割开来，选择一些坐标称为“空间”，而将其他坐标称为“时间”。

爱因斯坦知道，在所有不同的视角之间必须有一些转换的方法，以弄清同一时空如何呈现在不同观察者的面前，因为很可能只有一个宇宙。当他发现这一方法后，他将之命名为狭义相对论——叫“狭义”是因为它只为匀速运动的观察者提供转换方法。狭义相对论并不包含以匀速运动着的，或者说以惯性运动着的观察者与加速运动着的观察者之间的转换规律——一个人以恒定的速度在贝德福德大道兜风，他会发现自己与旁边那个开车的家伙处在不同的宇宙中，尽管他们俩都在布鲁克林。

对爱因斯坦来说，这无异于一个悲剧。他深信，宇宙的真实性质不应取决于坐标的选择。实在应是统一和单一的，应超越我们的碎片化视角。无论谁在看或看的时候是如何运动的，世界应该按照某种方式真实地存在。他渴望剥离虚假的表象，得到隐藏在其下的真相。这意味着要找到一种在惯性观察者和加速观察者之间进行转换的方式，这个使命使他创造出杰作：广义相对论。

我回想起最终搞懂广义相对论的那个晚上。那是我高中时的一个深夜，我和老爸坐在厨房的桌旁。那可真是完美的时刻，大脑中有些东西敲击着你，那种时刻是绝无仅有的。

我已经读了所有通常的解释。空间和时间通过恒定的光速被缝合在一起成为四维时空。这个时空中的质量或能量导致这个时空的度规性质变形，形成我们称为引力场的山谷和山坡景观。在我们看来，引力的力量实际上是空间的隐藏着的几何。

好吧，所以引力并不是力，它是时空曲率。谈到这一点，大家好像觉得，接下来就应该听到我的双膝跪地之声了。但我没觉得这有什么大不了。当然，“时空曲率”听起来神秘而深奥，但“引力”也一样，就像是用一个鬼替换了另一个鬼。

“这样去想，”老爸边说边从他常用来写字的黄色拍纸簿里翻出一张新纸，“这是一张宇宙图，”他边说边画了一个L形坐标系，标记纵轴为时间，横轴为空间，“这里的这个区域，”他说着，用手扫过两个轴围成的黄色参考系，“是四维时空。现在，我以一个恒定的速度在时空中运动，所以这里是我。”他在纸上画出一条对角线，“你正在以另外一个恒定的速度运动，所以这里是你。”他以略微不同的角度画出第二条直线，“但我们都看着同一个世界。对于我们每个人来说，世界可能看起来有所不同，我们将测量出不同的距离和时间，你的空间在我看来可能是时间……但说到底这是以两个不同视角描述同一个世界，对吧？所以狭义相对论给你方程，让你把我在时空中的路径转变得与你的路径一致。这就是洛伦兹变换。你可以移动一个，直到它与另一个吻合——这实际上是告诉你，我们正在看着同一个世界。”

“好吧。”我说。我好奇地等着看下一步。

老爸卷起黄纸，翻出一张新纸，他在上面快速地画出新的坐标轴。“好，这里还是我，”他一边说着，一边以一个角度画出一条直线，“但这一次，你正在以变化的速度运动，你在加速。时空中一段加速的路径是一条曲线，没错，因为你要在更短的时间内穿过更多的空间，”他说着，同时画了一条曲线，“现在，想象旋转你的曲线，直到它与我的直线完全一致。”

我想了一会儿。“这是不可能的，”我说，“一条曲线永远不可能与一条直线一致。”

“这是可能的，”他说，“爱因斯坦知道这必须是可能的，因为仍然只有一个宇宙。如果你不能让那条曲线与那条直线一致，就意味着，仅仅因为我以恒定的速度运动，而你在加速，你和我就会看到完全不同的世界。”

“爱因斯坦想出了如何让一条曲线与一条直线一致的办法？”

“没错，”老爸笑着看着我说，“让纸弯曲。”

突然间，一切都变得明了起来，如同一种只能被描述成宗教经验的感觉。某处有一个合唱团在唱“哈利路亚”。**让纸弯曲！**如果你以正确的方式把纸弄皱，你可以将曲线变成直线。褶皱就是引力，连接整个世界。广义相对论既深刻得令人难以置信，又简单得令人难以置信，一个经典的跳出框框思考的案例。“爱因斯坦是一个怪异的天才，是吗？”我说。

“纸的弯曲——时空的弯曲——被称为微分同胚变换，”老爸说，“你必须能够弯曲时空，以确保每个人都看到同样的实在。在空间和时间的低维世界中，我们将曲率视为引力。”

当我们通过不同的视角将实在分割成碎片时，我们该如何将实在重新缝合在一起？广义相对论就是对此进行解释的理论。我们可以在惯性观察者和加速观察者的视角之间进行转换——我们只需要引力。有引力场的惯性系与没有引力场的加速系是不可区分的。这意味着加速系没有什么独特之处，所有观察者，无论其运动状态如何，都是平等的。从一个视角到下一个视角观察宇宙，宇宙看起来完全不同，但归根结底，只有一个终极实在。

量子理论有点复杂。我读过的所有物理书都告诉我，如果我的大脑在试图理解量子理论的时候烧断了保险丝，千万不要感到气馁。**如果量子理论看起来太疯狂，不要担心，它就是这样。**然后这些物理书会引用一些著名量子物理学家的话，告诉我没有人理解量子物理学，希望能让我感觉好点，如果这不还足以安慰我，它们就会抛出爱因斯坦的反对意见来助阵。

但我不喜欢被人安慰，不喜欢听到“不要担心”。难道量子以神秘的方式工作？这科学吗？

在阅读了足够多的所谓的理论解释之后，我清楚地认识到，理解量子力学的全部希望就寄托在一个实验上：双缝实验。它的过程是这样的：

物理学家让激光通过两条平行狭缝，照射在一个感光板上，你可以看到光落在哪里。如果光是由粒子构成的——爱因斯坦已经证明了这一点——你应该看到对应两条狭缝的两条光斑，但你看到的却不是。你会看到一系列的明暗相间的垂直条纹，就像条形码。

物理学家意识到，如果光子集体以波的形式传播，在狭缝挡板上分裂，穿过两条狭缝，然后在另一侧重新叠加在一起，这种条形码就可以被理解了。当波重新叠加时，有一部分是异相的。在两列波同相处——波峰对波峰，波谷对波谷——它们彼此增强，从而在感光板上产生亮的条纹。在它们异相处——波峰遇波谷，波谷遇波峰——它们抵消，只留下暗的条纹。

好吧，这有点奇怪，但比起下一步将发生的事只是小巫见大巫。物理学家重复这一实验，降低激光的强度，直到每次射出单个光子。他们射出一个光子，看到感光板上出现一个光点——就像你所期望的那样。他们再发出另一个光子，会出现另一个点。他们发出一个又一个光子，慢慢地，它们开始呈现出一个确定的图形——与上述“条形码”相同的、由明暗条纹组成的干涉图样。

书上总结认为，干涉表明光“既是粒子也是波”，即所谓的波粒二象性。但是当你测量它时，光却总是粒子。单个光子总是显示为单个光点。只有当你算出粒子落在感光板上任意给定点的概率时，你才会发现波。

描述量子粒子的波是数学上的波，波函数。物理波以其振幅承载能量，而数学波函数承载概率。将波函数在位置空间中任意点处的振幅平方，你就能得到在那里找到粒子的概率。足够多的测量和光点将给出整个分布。

据我所知，粒子的概率分布可以由波表示出来，这并不奇怪。奇怪的是单光子实验显示出的干涉图样。由明暗条纹表示出的概率分布不是在单光子波函数中被编码的分布，而是在两个波函数的干涉下产生的分布，就像单个光子同时穿过两条狭缝，它的波函数分裂成了两部分。当这两部分在另一侧重新叠加时，它们是异相的，并且彼此干涉形成新的波函数。单个光子只能落在叠加波函数的概率分布所允许的位置，因而形成条纹。

如果关闭第二条狭缝并再次进行实验，每次将一个光子打到感光板上去，干涉图样消失。此时，在感光板上出现的斑点都是单光子波函数所允许的，单光子波函数与其本身同相。只有当两条狭缝都开放时，条纹才出现。

最后，这些书都告诉我，物理学家试图捕捉光子同时穿过两条狭缝的实验有另一个版本。他们打开两条狭缝，但这一次，他们装备了探测器，当光子通过狭缝时探测器会被触发。然后他们打开激光，一次射出一个光子。原本，两条开放的狭缝总会产生干涉图样，但这次却没有。这一次，感光板上只有单个光子的波函数分布，就好像光子知道它正在被观察。

好吧，我想，这是光子在警告我：“我的神经元正在发出嘶嘶声。”它知道自己正在被监视？

显然，光子什么都不知道。但是你如何解释这一切呢？如果光子没被观察，它就同时处在两个地方？如果被观察，它就只出现在一处？对我们来说，观察意味着什么？为什么我们的观察会使结果完全不同？

双缝实验的关键点是，我在我的笔记本上写道，**为什么单光子的概率分布会描绘出干涉图样，就好像光子同时沿着两条路径传播？为什么当你试图测量光子到底从哪个路径通过时，干涉图样会消失？**

不同的物理学家有不同的看法。例如，费曼认为，当我们不观察时，粒子的确通过多条路径。另一方面，玻尔认为，如果我们不观察，我们没有权利说粒子如何如何。在我们进行测量之前，玻尔说，粒子是没有位置的。在我们进行测量之前，它甚至不是一个粒子，它什么都不是。但是在被测量之前，如果粒子不是粒子，那么干涉图样到底是由什么干涉而成的？明显的反事实条纹？可能而非肯定出现的散射堆积？

显然，当我们进行测量时，发生了一些事情——观察光子通过哪条路径，此时干涉图样消失。但是量子理论本身没有描述任何这样的事情，量子理论对于测量从来没有说过一个字。根据量子理论，一切都由波函数描述：光子、狭缝、探测器、感光板，甚至进行实验的物理学家。根据该理论，当光子通过狭缝处的探测器时，其波函数与探测器的波函数叠加并干涉探测器的波函数；实验所记录的并不是单一事件。光子加探测器的组合系统现在被它们的组合波函数描述，同时处在光子通过这个路径和没有通过这个路径的状态。根据量子理论，当物理学家检查探测器的读数时，他的波函数与光子加探测器的组合波函数叠加，这是概率的混合堆积，是平行的潜在实在的阴霾：物理学家看到探测器A记录了一个光子和物理学家看到探测器A没有记录光子。

根据量子理论，宇宙只是叠加的叠加，但我们从来没有见过这种叠加。当然，我们在矛盾的干涉条纹中看到了叠加的遗迹。但我从来没有同时在曼哈顿和布鲁克林发现自己，或者检查某人的外套，却发现它挂在多个衣架上。如果世界真的符合量子理论，那么所有那些既死又活的猫在哪里呢？

物理学家们把上述问题称为测量问题：波函数对一系列可能的状态进行编码，但我们只测量过一种。在测量过程中发生了什么，使得波函数的概率分布坍缩为单一的结果？如何从光子概率分布所允许的众多给定位置中选中一个？选择似乎真的是随机的——一种没有原因的结果。宇宙在根本上真是随机的吗？爱因斯坦不这么认为，但宇宙似乎根本不在乎。

玻尔认为，量子现象，比如粒子，只有在测量后才具有真实性质，甚至不要问它们测量前的状态。没有神秘的坍缩，他说，因为没有什么可以坍缩。玻尔不相信观察者能神奇地影响实验的结果或通过他们的意识创造实在——这只是客观上相对于测量设备参考系的测量结果，无论测量设备是探测器还是感光板或是人类的眼睛。

这并不是说玻尔没有意识到整个事情有多么奇怪，他写道："这彻底修正了我们对物理实在问题的态度。[2]"但在某种意义上，认为性质是相对于观察者而言的与爱因斯坦的相对论并不冲突，在爱因斯坦坚持认为量子理论不可能完全地描述实在之后，玻尔曾非常高兴地指出这一点。“我更愿意认为即使我不看月亮，月亮也在那里。”爱因斯坦曾经说。作为回应，玻尔写道：“量子理论可能与想法的根本性修正并行，这些想法与广义相对论带来的物理现象的绝对特性有关。[3]”换句话说，没错，**量子理论与实在有染，但开启它的是你。**

再者，量子力学有个明显比相对论更奇怪的地方。至少在相对论中，有基本的实在——统一的四维时空——只是相对于不同的观察者，它看似是不同的，爱因斯坦已经提供了诸如洛伦兹变换和微分同胚变换之类的工具，用于在不同的视角之间进行转换。但量子理论中的基本实在是什么？就好像根本没有实在，直到有人进行了测量。

当然，如果这是真的，你首先就不会有进行测量的观察者。观察者必须生活在某种实在中。这是玻尔观点的问题所在。如果测量是实在的仲裁者，那么测量装置必须位于实在之外——即使在量子力学的奇异宇宙中，这也是完全不可能的。此外，任何测量设备、人，或其他东西，最终是由亚原子粒子构成的，所以，在这些东西与实在之间绘制出某种本体论的界线只能是精神分裂式的想法。

当你意识到粒子的某些属性不能同时被测量时，认为粒子在测量之前没有任何“真实”属性的看法就变得特别奇怪。这意味着某些属性不能同时存在，比如位置和动量。没有任何实验可以同时准确地测量粒子的位置和动量。如果你想精确测量位置，你需要一个刚性固定的测量设备，当粒子撞击它时，它不会移动，否则设备的运动将会把对位置的测量抹去。但是，如果你想精确测量动量，你的设备最好方便移动，这样当粒子碰撞它时，它的反冲可以记录由粒子传递的动量。

无论你如何设置，两种测量是相互排斥的。你对位置知道得越准确，你得到的动量就越不准确。这不只是一个实际测量问题，也不只是说你不能同时测量这两者。位置和动量之间的不确定性关系构建在理论的数学结构中。粒子位置的波函数和它的动量波函数是彼此的傅里叶变换——观察同一事物时两种同样真实但相互排斥的方式。选择其中一种方式，你就放弃了另一种。在波函数中被编码的概率分布反映了这种相互排斥性。如果你假设粒子同时具有两种属性，你的概率分布就不符合实验结果。换句话说，你可以假装整个事情只是一个实际应用问题，只不过反映了测量的极限而不是实在的极限，但是你会得到错误的答案。

所以实际情况就是，粒子不具有明确的位置和动量，但观察者可以以完美的精度测量其中任意一个量，并且可以自由选择测量哪一个。故事的中心思想是清楚的：在量子场景背后的实在并不正常，并没有一个客观的、无论谁看都坐在那里的爱因斯坦的世界，只有被我们测量的东西。整个事情就像悖论一样，但正如费曼所说，这种“悖论”只是实在与你心目中的实在“应该怎样”之间的冲突[4]。

我很清楚，在追求终极实在的时候，我和老爸需要准备好立足之地。根据量子理论，实在并不是我们以为我们知道的、具有稳定月亮的平常世界。但是我也清楚，玻尔和他的追随者并没有给出这一理论的最终解释，因为观察者和被观察者之间的区别是不会持续存在的。如果这条疑错的分界线标明了实在的发源地，那么弄清楚当分界线模糊时实在会怎样是至关重要的。

还有一点很清楚，我们需要仔细考虑“观察者”的一般意义和作用。相对论和量子理论都改变了观察者在物理学中所起的作用——并不是指像人类或有意识的生物那样的观察者，而是不同视角的观察者。相对论告诉我们，如果不首先指定参考系，我们就不能谈论空间或时间。独立于观察者，那些术语就失去一切意义，因为一个观察者的时间是另一个观察者的空间。量子力学告诉我们，如果不首先指明我们正在测量的对象——例如，物质的位置或者动量——就不能谈论物质的性质。这两种理论的核心呈现出相同的本质：视角问题。由于一些未知的原因，视角不仅决定我们如何看待事物，而且还决定着事物是怎样的。

无论如何，这是相对论和量子理论的共同特征。那么它们不相容的核心到底是什么呢？为什么这两个熊孩子玩儿不到一块儿呢？

当我最终见到弗蒂尼・马库普卢时，纽约的夏天已经来临。我们约定在特丽贝卡大酒店的休息室见面。我想我们可以找一个安静的地方谈话，那里会有空调——我越来越喜欢的一种奢侈品。在布鲁克林，我的公寓里就没有这种奢侈品，为了能凉快点，我得在浴缸里读书写作。

我早早到了酒店好提前休息一下，我在角落里占了一张桌子。此时距晚餐时间还早，所以整个房间几乎是空的，只有几个人零星地散坐着，聊天，看杂志，喝冰镇饮料，或者躲在昏暗的房间里逃避无情的暑热。

马库普卢穿着一席长长的、飘逸的裙子和一双凉鞋走进房间，比我记忆中她参加“科学和终极实在”研讨会时的样子更漂亮。她有着醒目的希腊面容和发亮的黑色长发，看上去很年轻。她比我大十岁，但我觉得没几个人能看出来，以她三十出头的年纪，她在她的领域里实际上应该算是一个新人。所有人都说，她不是你想象中的物理学家。当我告诉别人我要研究物理学时，他们通常都有点惊讶，我在想象马库普卢知道了会是什么样子。我暗自发笑，我知道任何瞥见我们两个的人都会以为我们在谈论男生或时尚，而不是时空的微观结构。我并不是不喜欢谈论男生和时尚，但今天要谈的是圈量子引力。

我起身问候马库普卢，握了握她的手，告诉她终于能与她见面我有多么荣幸。她没有表现出来是否介意我的年龄。她在我旁边坐下，我们点了一些冷饮。在一些常规的问候之后，我提出了一连串的问题。我确信她能够看出我有多菜，但我不在乎。能从一个物理学家的口中直接学习物理学太令我激动了。谁知道我以后是否还会有这样的机会？

马库普卢向我解释了统一广义相对论与量子力学时遇到的臭名昭著的障碍。惠勒首先认真思考了这种统一的必要性，也正是惠勒将量子理论整体应用于宇宙，实现了大胆的飞跃。你可能会觉得这样的壮举毫无必要，因为量子理论是关于微小的事物的理论，而不是关于宇宙的理论。但是，玻尔自己也承认，并不存在一条明确的界线来分隔量子世界与经典世界，没有写着“欢迎来到非量子领域”的分界牌。是的，量子力学要求分清量子系统和其周围的环境，分清被观察者和观察者，内和外。但是这个理论从来没有告诉我们分界线在哪里。这条线是一个可移动的标靶；它可以画在任何地方，移动到越来越大的尺度。实在没有极限——这就是量子力学的世界。

当然，在普通的量子力学中，你至少可以假装划分出观察者和被观察者，任意地将宇宙分成两部分，称一侧为经典测量装置，另一侧为量子系统。但是当将宇宙作为一个整体来分析时，你就不可能再把这套假装的程序进行下去。根据定义，宇宙是整个时空，是一切存在的完全集。它没有外部。没有外部，没有观察者。

当惠勒不得不在两次飞行之间消磨时间时，量子宇宙学诞生了。那是1965年，他在北卡罗来纳州转机。他的朋友，物理学家布赖斯·德威特（Bryce DeWitt）正巧住在附近，惠勒请他陪自己在机场待了几个小时。在那里，他们写下一个方程，惠勒称其为爱因斯坦-薛定谔方程，其他人都称其为惠勒-德威特方程，而德威特自己却称其为“那个该死的方程”。

那个该死的方程旨在解决一个问题，这个问题阻碍着将广义相对论量子化的早期尝试。在量子力学中，时间总是在系统外部；时钟生活在一个阴暗的经典王国中——“环境”——观察者所在处。波函数描述的是瞬时的物理系统，根据薛定谔方程，波函数**随时间演化**。再说说时空——**在瞬时**，并没有时空这样的东西，因为时空包含**所有瞬间**。你不能让时空**随时间**演化，因为它**就是**时间。唯一的前进的方法似乎是这样：将四维时空打破为三维空间和一维时间，然后将空间部分用波函数来描述，相对于被称为“时间”的维度来说，这个波函数是可以演化的。

然而，在这个过程中，关键的东西丢失了。广义相对论的关键特征被称为广义协变性，根据这一特征，分割时空的优先方式并不存在。所有参考系都是相对于其他参考系存在的，没有哪个参考系是更基本的。不同的观察者可以用不同的方式分割时空。因此，当我们决定只量子化空间的三个维度时，我们必须选择某些坐标，称它们为“空间”，而称另外的坐标为“时间”。但这是谁的空间，谁的时间？进行任何种类的选择都表明存在一个观察者，他对实在的视角比所有其他观察者的视角更真实。但是这行不通。爱因斯坦的完整观点是：**物理定律必须对每个人都是一样的。**

惠勒和德威特找到了一条出路。只要量子空间的演化是按照他们那个该死的方程——一种为时空准备的薛定谔方程——进行的，广义协变性就不会有问题，所有观察者将保持平等，物理定律对每个人都是一样的，并且在量子宇宙中总是正确的。但是这个计划中有一个小问题。这个方程要求宇宙的总能量精确地为零。

本身，这不算太奇怪——如果宇宙真的源于“无”，它的总能量就必须为零。但量子力学从来不会如此具有确定性。正如位置和动量被不确定性绑在一起——你对其中一个知道得越精确，对另一个知道得就越不精确——时间和能量也是这样一对关系。你一旦精确地确定了量子宇宙的能量，你就跟时间说拜拜了。

惠勒和德威特成功挽救了将时空量子化的尝试，但是代价是：他们最终得到了一个时间冻结的量子宇宙，卡在了单一的、永恒的瞬间。这是一个被搁置的宇宙——实在的边缘不会挂着巨大的时钟，没有精确地走过一秒又一秒的指针，在这个世界中，时间并不意味着什么，任何事情都不会发生变化。

显而易见，当你开始思考这一点时，你从一开始就会发现，没有任何可能的方式使得广义协变与一个随时间演化的宇宙共存——这两个想法是相互排斥的，因为如果宇宙作为一个整体随时间演化，它必须相对于宇宙之外的参考系演化，那个参考系就会成为一个从优参考系，而你也就违反了广义相对论。顾此失彼——你不可能有一个不断演化的宇宙，同时又吃掉它。

马库普卢说，“宇宙作为一个整体”的概念可能同样在劫难逃。你能抛弃不可能存在的、宇宙之外的参考系来讨论“宇宙作为一个整体”的概念吗？

惠勒和德威特冻结宇宙的问题与量子力学中的测量问题密切相关。量子系统在观察者或测量装置进行测量之前，就像悬浮在一种“几乎存在”的幽灵状态之中，测量使可能性的波函数坍缩成单一的实在。但是假如量子系统是宇宙本身，谁能令波函数坍缩呢？此外，这个问题还导出这样一个事实：谁都无法站在宇宙之外转身回望。“这整个是个棘手的问题，”马库普卢说，“看宇宙的是谁？”宇宙是一只半死半活的猫。只有“几乎”，没有“肯定”。

马库普卢解释说，她已经开始着手解决量子宇宙学的问题，尽量不落入那个该死的方程设置的陷阱。她遵循斯莫林的名言：“宇宙学的第一性原理必须是‘宇宙之外为空’。”没有时钟，没有观察者，没有上帝视角。令我觉得奇怪的是，宇宙是唯一一个有内部但没有外部的物体。这让我想起博尔赫斯诗歌中的一句：**有正面而没有反面，单面的硬币，只有一面的事物**……宇宙是一枚单面的硬币。宇宙不是一个物体，而是一个不可能的物体，就像埃舍尔[a]的楼梯或彭罗斯[b]的三角形。量子宇宙学是一种研究不可能的物体的科学。

尽管如此，马库普卢相信有一种推进的途径，它意味着拥抱一个全新的观点。“任何令人满意的量子宇宙学理论都必须参考宇宙内的观察者可进行的观察。”她说，“没有惠勒-德威特方程，也没有宇宙的波函数。”她解释说，她所说的“观察者”，并不是指人类或有意识的生物，而是仅指参考系，可能的视角。仅仅涉及内部观察者参考系的量子宇宙学需要我们改变一种似乎根本不可改变的东西：逻辑。

你会认为“逻辑就是逻辑”是有逻辑的，是永恒而牢不可破的。但如果这是真的，普通逻辑就不需要名字。可是它有名字：布尔逻辑。这是通过无数“如果问题，那么答案”式的语句来编码的逻辑，是我们谈论这种逻辑的此时此刻，世界各地的、以哲学为专业的学生正在记的东西。布尔逻辑是二进制逻辑，是或否，0或1，真或假，黑或白的逻辑。

但是量子宇宙学需要灰色地带，马库普卢解释说，这是因为有一个简单但深刻的重要事实：光的速度是有限的。每当我们观察某物时，光必须从物体运动到我们的眼睛，这不会在瞬间发生。光每秒走大约30万千米。阳光要花八分钟才能到达地球——抬头看太阳就像跳进一个八分钟的时间机器。抬头看星星，你等于回望数千年；抓起一个望远镜，你就可以看到过去几十亿年。但关键是：从大爆炸时起，有些星星的光要到达我们这

---

a 莫里茨·科内利斯·埃舍尔（Maurits Cornelis Escher，1898—1972）：荷兰版画家，其画作中有鲜明的数学性，有多种数学概念的形象表达。——编注

b 罗杰·彭罗斯（Roger Penrose，1931— ）：英国数学物理学家，对广义相对论和宇宙学进行过深入研究。——编注

里，时间还不够长。等待足够长的时间之后，有些光就会到我们这里。但是由于光速是有限的，总会有一部分宇宙是我们看不到的。

马库普卢解释说，我可以看到的那部分宇宙称为我的光锥——随时间增长的空间球面。如果你把光锥画在我老爸的时空坐标上，你会看到一些嵌套的球面，当它们沿着时间轴向上移动时，直径在膨胀，形成一个锥体。如果一个事件在我的过去光锥中，我可以看到它；如果不在其中，我就无法看到。我知道我的光锥一定是相当大的，因为光从宇宙诞生以来已经享有约140亿年的旅行时间。但这仍然会让人感到有点幽闭恐惧。

“我们谈谈具体事件，比如说，超新星爆炸，”马库普卢说，“它可以有两个可能的值：是或否。发生或没有发生。这种对可观测量的思考遵循布尔逻辑。但我们要问，对特定观察者来说，是否存在超新星爆炸？现在有以下可能性。如果超新星在观察者的过去光锥中，我们可以说‘有’。另一种可能性是，超新星不在观察者的过去光锥中，但如果观察者等待的时间足够长，也会看到它。所以这是‘有，但是是在将来’。还有一种可能性是，超新星离他很远，他永远不会看到它，所以是‘没有’。超新星发生了什么事并不重要，因为问题是，是对这个观察者来说吗？在旧的思维方式中，只有两个可能的值，是和否，但现在有了全方位的可能性。”她说，这种新的非布尔逻辑被称为直觉逻辑。这是一个让我窃笑的名字，因为这太反直觉了。它在数学家中作为一种逻辑游戏存在，马库普卢是第一个将其应用于宇宙学的人。

我开始理解她所做工作的主旨了，她的工作给物理学青年学者竞赛的评委们留下了深刻的印象。她把微小的光锥连接到量子空间的原子格上，让光锥结构决定原子格如何随时间演进，把直觉主义逻辑的规则应用于被称为海廷代数的数学形式中，为从一个观察者的视角到另一个观察者的视角的转换制定了一些规则——这就是量子宇宙学的一个理论，这一理论不需要观察者或时钟潜伏在空间和时间之外。当然，这是一种不同的量子宇宙学。它不是宇宙的量子描述，它是**每个观察者**的宇宙的量子描述。

时间过得飞快，我看了看手表，几个小时已经过去了。占用她这么多时间，我感到很内疚，但这是我第一次与物理学家一对一谈话，而且很有可能是我的最后一次机会，所以我尽我所能地学习一切。我很高兴她并没打算通过量子隧道摆脱我不断提出的问题。最后，我问她怎么看待“科学和终极实在”研讨会。

“我从来没有参加过这样开明的会议，”她说，“人们站起来，说出他们真实的想法。这太少见了。这一切都是因为约翰·惠勒。他不仅坚持研究大问题、重要的问题，还始终接纳别人。通常我们不太善于鼓励人们冒险。我们的文化总是说，某个东西看起来是错的。这就是科学——一个想让自己看起来很聪明的不成熟的男孩。”

我们都笑了，然后走出去，在阳光下说再见，我们走向相反的方向。我到SOHO商业区去乘回布鲁克林的地铁。我想赶快躺到浴缸里写作。

当我走向地铁站时，我脑子里已经嗡嗡叫了。我已经知道，相对论和量子力学都试图告诉我们同样的事情：当我们试图从一个不可能的上帝视角，一个根本不存在的视角来描述物理学时，我们遇到了麻烦。我们必须指定一个参考系，一个观察者。现在我终于找到了两种理论之间的真正紧张之处。全部混乱可以总结为一个问题：观察者在哪里？

在广义相对论中，观察者必须在系统内部——因为“系统”就是全部时空——这一理论解释了因视角不同而产生的所有怪现象，系统是一个封闭的、独立自足的整体。量子力学却是关于开放系统的——观察者必须在系统外，以便进行测量，并将可能的转化为实在的。如果你想将它们统一成单一的理论，你必须弄清楚观察者在哪里：里面还是外面？量子引力将不得不给出危险的“第二十二条军规[a]”：让观察者在宇宙之外，你就违反了广义相对论；让观察者待在宇宙内部，宇宙的波函数就永远不会坍缩。

很明显，第一个选项根本算不上选项：你不可能有一个站在空间和时间之外的观察者。所以问题似乎是，你在封闭系统中如何处理量子力学？但话又说回来，也许量子力学并非罪魁祸首。也许量子宇宙学会告诉我们，没有封闭系统。毕竟，在马库普卢的模型中，宇宙只是开放系统的集合，每个系统由其观察者定义。但是如果没有单一的封闭系统，实在会是什么样子？作为一个整体的宇宙又会是什么样子？

把宇宙作为一个整体来谈论有意义吗？还是说这个概念需要

---

a　源自美国作家约瑟夫·海勒的长篇小说《第二十二条军规》。在小说中，根据第二十二条军规，精神失常的人要停止飞行，必须由本人提出申请，而一个人在面临真正的迫在眉睫的危险时，对自身安全表示关注，就证明他不是疯子。于是就产生了如下逻辑：如果你能证明自己发疯，那就说明你没疯。——译注

一个不可能存在的上帝视角呢？也许我们把宇宙看作一个东西，一个名词，一个该有的——比如外部——都有的物体的想法出了错。但是如果宇宙不是一个“东西”，它是什么呢？各种视角的混合物？如果是这样的话，是什么样的视角呢？

这个问题让我想起了我上高中时与老爸的一次夜谈。我们当时在谈论弯曲时空。“等一下，”我说，“如果时空就是一切，怎么会弯曲呢？它得相对于外部的某些东西才能弯曲，它必须被嵌进一个高维空间中。”我骄傲地笑着，我觉得十五岁的自己刚刚发现了爱因斯坦理论中长期被忽视的缺陷。

老爸当时笑了，他说：“数学允许你讨论内在曲率，所以你可以从时空内部来测量曲率，不需要参考外部的任何东西。曲率只是度规的扭曲。”

现在我想知道是否有类似的东西可以拯救宇宙。有没有某种方法可以只从内部继续讨论宇宙？马库普卢似乎认为有这样的方法，但这要付出巨大的代价。这意味着要抛开普通布尔逻辑，并用一种取决于观察者的逻辑来代替它。这意味着要重新定义我们所说的“真”，意味着物理学无法再对终极实在作出绝对表述。命题本身不再有真假，其真假由特定的观察者来判断。

我自己笑了起来，想到我在新学院的好多老同学，他们经常喷出某种后现代的胡话，肯定喜欢听到真相是相对于观察者而言的。当然，马库普卢所说的话根本不符合他们的想法——真和假是相对的，取决于观察者所在参考系的几何和物理学的客观规律，并不是纯粹多元文化包容式的你可以根据自己的意愿让一颗恒星爆炸或者让地球变平。“观察者”不是指人，“取决于观察者”并不意味着主观。但我可以想象，这太容易被误解了。

与马库普卢谈话后，有一件事是清楚的：旧的思考宇宙学的方式无法解决问题。我们不能继续假装我们可以从外部，从一个不可能的上帝视角来描述宇宙，必须对每个被光锥限制的观察者在光锥内部所看到的情况进行解释。

当我穿过纽约蜿蜒曲折的街道时，从路面升起的热气让我感觉自己好像知道了一个秘密，仿佛我进入特丽贝卡大酒店时身后的城市与现在我面前的城市并非同一个。我看着人行道上的人匆匆从我身边经过，就像平时一样奔波劳碌地度过一天，好像“真”“假”“空间”“时间”这样的概念是有意义的。没错，我想，继续喝着你的星冰乐，继续用你的布尔彩色眼镜凝视这个世界。二元逻辑是幸福的。

一个牵着好几条狗的男人在从我身边经过时撞了我一下，一大串狗绳在他的手里晃悠。他并没有向我道歉。我对自己说，没关系的，我们甚至都没生活在同一个宇宙中。对于像我这样有点人群恐惧的人来说，这是一个奇怪的、安慰自己的想法。有点孤独，也许吧，但很美：我们每个人都有自己的宇宙，我们只是没有发现这一点，因为这些宇宙间有许许多多的重叠。

我沉浸在自己的思考中，没有注意到我已经走过了地铁站，都快走到下一站了。在进入闷热的地铁站之前，我把手机从包里拿出来，给老爸的办公室打了电话。

“太有意思了，”我对他说，“等我写完了，我就发给你，告诉你整个面谈的经过。但是这次面谈让我意识到，也许从外部考虑‘无’是没有意义的，因为没有外部。根据定义，‘无’是无限且无界的。也许我们应该从内部考虑它是什么样子，因为这是唯一可能的视角。”我停顿了一会儿问道：“你觉得光锥会不会是把‘无’变为‘有’的边界？”

3.

微笑！

老妈说，她记得非常清楚，在听说约翰·F.肯尼迪遇刺的那一刻，自己正在做什么。老爸则牢记着当尼尔·阿姆斯特朗登上月球时自己所在的地方。我呢？我永远不会忘记威尔金森微波各向异性探测器（Wilkinson Microwave Anisotropy Probe，WMAP）数据发布的那一天。那是2003年2月12日，我在布鲁克林的公寓里，正在给动物毒物控制中心打电话。

凯西蒂，我的爱宠，一只黑色的拉布拉多犬，一路嗅着进了厨房，它狼吞虎咽地吃了整个蟑螂诱捕盒，一点儿不剩。我看到它吃剩下的碎屑，赶忙给动物毒物控制中心打电话。电话另一端的女人冷静地问我这个蟑螂诱捕盒是什么品牌的，然后花了几分钟时间查询成分。当她回电话时，凯西蒂在我脚下的地板上伸着懒腰，看起来挺惬意。我翻看着那天的《纽约时报》。

“天哪！”

“小姐，你的狗还好吗？”毒物控制员问道。

“什么？哦，是的，它很好，对不起。宇宙微波背景（Cosmic Microwave Background，CMB）的数据出来了。”

“什么？”

“微波背景辐射。这是他们为早期宇宙拍摄的最好的照片。”

“啊，”她说，“你的意思是说太空？”

“差不多，”我说，“这是大概140亿年前的宇宙的照片。”

“好吧，”她说，“如何？”

她继续查询时我把这篇文章浏览了一遍。**这是宇宙诞生之后最详细、最精确的宇宙图，它证实了大爆炸理论的细节，开启了宇宙早期历史研究的新篇章……为大爆炸背后极具争议性的物理学议题提供了撩人的暗示……**[1]

“你的狗狗应该很好，小姐。所有成分只对昆虫有毒，对哺乳动物无害。我唯一担心的是塑料。塑料的质量比较差，会在动物的肚子里裂开。你最好喂它吃掉一整袋白面包，面包会粘在塑料上，可以防止它的胃被刺破。”

“整袋面包？”我问。

“是的。”

我向她表示感谢。我抓起手套和围巾，到街角处的商店去买面包。当我排队等候付钱时，我给老爸发了短信：**威尔金森微波各向异性探测器！**

回到公寓，凯西蒂摇着尾巴向我打招呼。“今天是你的幸运日。”我对它说，并把面包倒在它的碗里。显然，作为吃蟑螂药的“惩罚”，我请它吃了它一生中最大的一顿大餐。当它幸福地吞着面包时，我打开了美国国家航空航天局（NASA）的网站。

“美国国家航空航天局今天发布了最棒的宇宙‘婴儿照’，照片中包含令人惊叹的细节，这可能是近年来最重要的科学成果。[2]”他们在新闻稿中这样宣布。

十年前，当宇宙背景探测器（Cosmic Background Explorer，COBE）卫星首次拍摄到新生宇宙的照片时，诺贝尔奖获得者乔治·斯穆特（George Smoot）说，这就像看到了上帝的脸。威尔金森微波各向异性探测器具有更高的灵敏度，连最不显眼的雀斑和最细微的笑纹都能展现出来。新闻稿解释说，数据证实了大爆炸/暴胀等一整套构成宇宙学标准模型的理论。如果你仔细聆听，甚至可以听到香槟瓶塞弹出的声音。

标准模型始于大爆炸。通过位于威尔逊山上的埃德温·哈勃（Edwin Hubble）望远镜，人们可以看到星系退向广阔的空间和时间。爱因斯坦感到惊恐，意识到自己最大的失误是让哲学偏见遮蔽了自己的方程式，并且错过了给出最超凡脱俗的预言——宇宙正在膨胀——的机会。时空正在伸展，我们周围的时空变得越来越大，相比之下，我们越来越小。在一个越来越大的空间里，我们越来越暗淡。

对于物理学家们来说，在脑海中将这段“影片”逆时放映花不了多少时间，这样就能看到星系相撞，宇宙越来越小，越来越密集，越来越热，挤成一个单一的无限点。

假如说宇宙始于大火，那么它现在应该还在冒烟。新生宇宙的辐射仍然会渗入宇宙，经过约140亿年的膨胀，辐射会延伸到微波波长，使空的星际空间的温度只比绝对零度高一点。1965年，在贝尔实验室工作的两位无线电天文学家，阿尔诺·彭齐亚斯（Arno Penzias）和罗伯特·威尔逊（Robert Wilson），在天线中寻找持续的静电干扰的源头时偶然发现了这种辐射。他们开始还以为它是没用的东西，没想到原来这就是时间起源的遗迹。他们因此获得了诺贝尔奖。

但是，有关宇宙微波背景的一些事情却无法说得通。太空中各处的温度是相同的。从一个方向测量120亿光年外的太空，温度是2.7开尔文。从相反的方向测量120亿光年外的太空，温度还是2.7开尔文。相隔240亿光年，这两个区域不可能在宇宙约140亿年的历史中相遇。然而，它们似乎处于平衡态，精准到不可能只是巧合，一定有什么东西被错过了。

解决的方案一直到1979年12月的一个晚上才姗姗来迟，当时在斯坦福大学做博士后研究员的阿兰·古斯尚不出名，他突然有了一个惊人的想法。他一直在思考单极子。当时物理学家们认为，在极高温度下，比如在离大爆炸不远的地方，控制粒子相互作用的力将合并成一种单一的超级力，这种超级力随着宇宙的膨胀和冷却分裂成不同的力，它原本是由这些力组成的。这个想法有一个缺陷。随着温度骤降，被分裂的不仅仅是超级力——时空本身将遭受拓扑破坏。像水冻成冰一样，时空碎片会被冻住并形成异常的粒子，比如假设中的单极子——只有一个磁极的磁铁，有北极没有南极。物理学家们在宇宙中搜索单极子，但从来没有发现任何一个单极子，这对于预言宇宙中充斥着各种物质，单极子比原子还多的理论来说是一个严重的问题。

古斯坐下来，决定对大爆炸进行修正，使时空不再生产单极子。当他的解决方案有眉目时，他拿出笔记本写道："惊人的发现。"

古斯已经意识到，如果宇宙在瞬间爆炸，并以比光速还快的速度暴胀，那么在大爆炸中产生的任何单极子都会很快被推到远处，远远超出任何我们可以测量的区域。这样就可以解释为什么我们没有发现任何一个单极子。额外惊喜是，这也可以解释为什么宇宙微波背景的温度如此一致。

相距甚远的空间区域具有相同温度是有问题的，因为它们没有时间去进行热平衡——但是通过让时空的膨胀速度比光速更快，暴胀理论为宇宙增加了额外的时间。超光速膨胀听起来像是对相对论的公然违背，但这只是钻了宇宙中的空子——时空中的任何东西都不能跑得比光快，但是也没有任何定律禁止时空本身超光速膨胀。相距甚远的区域似乎不太可能处于热平衡状态，因为从大爆炸时起，光子没有足够的时间在区域之间飞行，但是通过比光更快地膨胀，时空可以给这些光子加速，把它们带到宇宙的遥远角落，比光子自己可以到达之处远得多。

当然，要使这一理论可行，你还需要某种能让宇宙像河豚那样向外膨胀的物理机制。古斯想到了一种机制。他认为，新生的宇宙可能被一个假想的、名叫暴胀的场充满，暴胀场发现自己处在假真空中——一个暂时稳定的状态，但不是能量最低的状态，就像一个处在山腰上的不稳定的球，最小的推动力就可使这个球向下滚动，直到达到能量最低的状态，或者滚到地面上。量子涨落可以提供推动力，使暴胀场的能量跌至较低状态。随着能量下降，时空中产生出一种反引力，这种外推力导致宇宙在极短时间内呈指数级膨胀。正如古斯所说，暴胀解释了什么是大爆炸。

当宇宙的能量在真正的真空中达到最低点时，暴胀场的所有动能都会涌出并进入新生的宇宙，将其加热到极高温度，并用辐射将其淹没。物质和能量密度中的量子涨落曾经非常微小，现在已经扩展到天文比例，在整个空间中形成了微妙的波峰和波谷，为最终形成恒星和星系的网络铺设了引力蓝图。

在暴胀的惯性推动下，热宇宙继续膨胀。在最初的38万年中，致密炙热的等离子体遍布空间，致密到光线都无法穿透。任何试图渗透的光子都被质子或电子迅速阻拦。但是随着宇宙的膨胀，炙热的温度开始变冷，粒子减速，慢到足以粘在一起。物质自身组成原子核，然后是原子，光子摆脱不透明的等离子体，自由地流到宇宙中去。第一代解放的光子与构成宇宙微波背景的光子相同，宇宙微波背景是光子首次被释放时宇宙的快照。

当光子不受阻碍地运动时，物质粒子开始在因量子涨落而产生的超密区域中聚集，引起引力坍缩的连锁反应。物质层层堆积，温度持续上升，直到2亿年后引发核聚变。突然间，宇宙的景观出现了巨大的变化：恒星从黑暗中爆发出来，散布在整个太空中。连锁反应持续发生——恒星聚集成星系，星系聚集成星系群，星系群又聚集成超星系团。

宇宙一直在不紧不慢地膨胀。最终，一颗特殊的恒星诞生了，围绕着这颗恒星的一些岩石碎片组成一个行星系统。这颗恒星旁的第三块岩石很特别，氧、氢和碳之类的元素汇集在这块岩石上。这些元素是在其他恒星的熔炉中锻造的，在形成超新星之后，残余物质穿过空荡荡的空间，在某一天降落在一颗幸运的行星上，在这颗行星上它们将在适合生命生存的环境中，以恰当的方式结合，从一些原始的黏性物质开始，成长，复制，演化，直到——瞧——我们诞生。

只不过故事并没有到此结束。如果暴胀真的发生了，那么不会只发生一次。我们的宇宙的历史正在展开，更大的事情正在发生。我们的宇宙从假真空中诞生，由于量子随机性，这种假真空不能在所有地方都以完全相同的速度衰变。当假真空的一个区域衰变，形成我们的宇宙时，其他区域却被甩在后面。它们最终也会衰变，形成其他宇宙，与我们永远脱离开来。当这些区域衰变时，还会有其他一些区域没有衰变，当轮到它们向着形成宇宙的方向衰变时，还有更多的区域徘徊在后面，如此这般，无穷无尽。无论创造了多少宇宙，总还有假真空没有衰变，创造过程永不停止。暴胀是永恒的。

如果我们允许暴胀发生在我们的宇宙历史上，哪怕只有一次，我们就会突然面对无数个宇宙——不断膨胀的多元宇宙。多元宇宙是一种"元宇宙"（可用U表示），由无数没有因果联系的小宇宙（可用u表示）组成。在无休止的产生与复制的过程中，小宇宙一个接一个地涌现。虽然它们都受相同的物理学基本定律约束，但每个宇宙都有自己的局域规律：自己的几何，自己的物理常量，自己的粒子群，自己的作用力强度和自己独特的历史。实在作为一个整体，变得像一条巨大的、由宇宙碎布拼成的被子，具有广泛的多样性，并快速接近无穷。

根据威尔金森微波各向异性探测器的数据，宇宙学家们现在掌握了微波太空的详细宇宙图，该图揭示了均匀温度下的微小涨落，热点和冷点之间只有十万分之一的微小差异。当致密的等离子体还在新生的宇宙中渗透时，这些点就已经形成，成为引力和电磁力竞争的印记。当引力试图将等离子体挤得更紧密时，电磁辐射却试图将其扩大，这导致等离子体像手风琴一样伸缩。当压缩时，就会热一点，当伸展时，就会冷一点，从而使约140亿年后的威尔金森微波各向异性探测器发现这些精妙的热点和冷点。

这种涨落是指纹，是宇宙起源的呈堂证供。说起来很难令人相信，一堆看似随机的斑点实际上包含了有关宇宙起源、构成和演化的详细信息。科学家利用威尔金森微波各向异性探测器等设备得到硬数据，将宇宙学从纯思辨科学转变为与天文学和天体物理学相当的精密领域。黄金时代的曙光出现了，宇宙学家们已经准备狂欢了。

其实，他们已经有了一个计划。在网上搜索，我发现他们准备在下个月在加州大学戴维斯分校举行为期四天的大型会议。我得去那里。

我打电话给老爸。“太阳和宇宙学的四天！”我说，“如果我们想了解宇宙的起源，那么这些人就是我们要找的人。你得跟我一起去！”

他叹了口气说：“我当然希望能去。但是时间这么仓促，我没法扔下工作。但是，你得去！做个记者，你给我多记点儿笔记回来。”

我挂上电话，我不确定我是否真的愿意自己去。这一直是我们共同的任务，独行让我感觉不那么对劲。我的意思是，如果我们曾经做的一些事情可以算作“事情”的话，那么闯入物理学会议就是我们的事情。当然，我曾经自己采访过弗蒂尼·马库普卢，但是当时的情况与现在的情况似乎并不完全相同。毕竟，本来的想法是拿到记者证，进入更多的会议。回想起来，我并不确定记者证能给老爸带来什么好处，不过这是个次要的技术性问题，是我们能够解决的问题。现在我意识到，用五秒钟时间设计方案是不够的。在我决定靠自己投身科学新闻事业时，我和老爸之间很快就出现了分歧。两条幸福的、无意识的、平行的世界线在不知不觉中发现自己在弯曲的空间中移动，尽管我们尽了最大的努力沿着直线移动，但却眼看着对方退向远方。

但是我能怎么选呢？我是个二十二岁的孩子，我有时间去追求不切实际的梦想。这就像用大把时间在欧洲背包旅行，只不过我没有足够的钱去买背包，更不用说买足够穿几个月的衣服和鞋子了。所以我选择了追寻终极实在。我得放弃什么？在某人的公寓里为在本体上可疑的杂志工作。对我老爸而言，情况完全不同。他已经选择了自己的路。他有一个家庭、一套房子和一项事业。他每天从早到晚都在医院，帮助挽救人们的生命。他不打算放弃工作。即使他想这么做，老妈也不会让他这么做。

我打算一个人去，我觉得且知道我在为我们两个人做这件事。我给负责参会记者登记的人发了一封电子邮件。**我是一位物理学领域的自由作家，我在为《科学美国人》撰稿。**这句话大概是真的——如果你不计较我使用了现在时的话。其实，我撰写的关于马库普卢的稿件已在上个月发表。会议组织者马上发给我一张记者证，我订了去加州的机票。

* * *

几个星期后，我抵达了戴维斯，加州温暖的空气融化了我这布鲁克林的皮肤。每天早上，我从酒店走过几个街区去加州大学校园，去听八个小时的物理学讲座，中间有茶歇和午餐。报告人进行论述时，我在我的座位上努力记笔记，奋笔疾书，力争跟上报告的节奏，同时努力弄懂各种行话，搞清楚每个报告人所谈论的内容。我意犹未尽，在这个不属于我且语言不通的世界里，我感到非常轻松自在。

这并不是说我不显眼。我的性别、年龄和可疑的职业都有点碍事。不过，我尽力去调和，我用休闲裤和纽扣衬衫遮盖了我的文身。我穿着皮鞋。我试图把自己藏起来。

大多数报告聚焦于威尔金森微波各向异性探测器的数据对理解宇宙来说意味着什么。它将宇宙的年龄确定在137亿年。更棒的是，它确定了宇宙的几何形状。

引力可以给出空间整体形状的净曲率，所以有三种可能的宇宙几何形状：宇宙可能是正曲率的，就像球体的表面；可能是负曲率的，就像颠倒的马鞍；或平直的，就像普通的欧几里得空间，在这里平行线不分叉也不相遇。

空间几何形状的最佳方式是在上面画一个大三角形，并把角度加起来。如果角度之和超过180度，你就知道空间是正曲率的；如果角度之和小于180度，则曲率为负。

听了这些报告，我了解到微波背景辐射提供了完美的宇宙三角形，威尔金森微波各向异性探测器的卫星位于其顶端。从热点或冷点的对面入射的光子路径可用于形成细长三角形的两个等边，其长度由光子同时从等离子体中跑出后传播的时间决定。三角形第三边的长度由声波在38万年内传播的距离决定。

知道了三边的长度，物理学家使用一些基本的三角函数来计算三角形的角度：其中的两个角均为89.5度，总和为179度；现在他们只需要得到第三个角——顶端的那个角——的角度。如果光子以直线行进到达那里，这个角就是1度，从而角度之和达到180度。如果光子的路径在穿过正曲率的宇宙时向外弯曲，则角度将更大一点；如果由于负曲率，光子的路径向内弯曲，角度则会更小。根据威尔金森微波各向异性探测器给出的数据，第三个角度正好是1度。这是欧几里得空间。

只有一个问题。宇宙的几何由其所包含的质量决定，鉴于$E=mc^2$，也可以说由能量决定。正如惠勒所说，质量会告诉空间如何弯曲。平直的宇宙需要质量的临界密度使其平直，相当于平均每立方米6个氢原子。这听起来不是很多。考虑到所有的星系都在旋转，你可能会以为宇宙中有足够的物质。并非如此。差远了。

普通物质——像质子、电子和夸克这样的粒子——只占到你需要的总数的4%。我们的行星、恒星，我们自己，我们看到和知道的一切，在宇宙框架之中实际上是微不足道的，只不过是一座更大、更黑暗的冰山悲伤而闪耀的一角。

所以那儿还会有什么呢？物理学家们有几个想法。

一方面，他们已经知道存在着比我们所看到的多得多的物质，这要归功于一个简单的事实，即星系没有在接缝处爆炸。不受束缚的恒星向四面八方飞散的情况并没有出现。尽管在一个给定的星系中，恒星的总质量并不够用，但引力还是以某种方式将它们聚成紧密的螺旋和椭圆形。所以，一定还有些东西隐藏在那里，隐藏在恒星之间黑暗的空间中，或者就像看不见的栅栏一样围绕着每个星系，防止恒星游离。这些东西得提供必要的引力，还要始终不可见，它们一定是一些像物质一样坚如磐石的东西，但又对电磁作用不敏感。暗物质。

天文学家们计算出了暗物质的数量，但是把暗物质与普通发光物体加在一起后，你仍然只有整个宇宙所需总质量和能量的27%。令人不安的73%仍然失踪。

引入暗能量。在20世纪90年代末期，两个天体物理学研究组——一组由索尔·珀尔马特（Saul Perlmutter）领导，另一组由布莱恩·施密特（Brian Schmidt）和亚当·里斯（Adam Riess）领导——在寻找超新星，希望能够测量宇宙的膨胀速度。他们知道宇宙是从暴胀的爆发中开始的，但他们认为暴胀已经因为引力的控制而放缓了。

珀尔马特、施密特和里斯意识到，宇宙的膨胀历史隐藏在爆炸恒星发出的光之中。某些种类的超新星——所谓的标准烛光——总是以相同的内在亮度燃烧，虽然它们在远处时显得更加暗淡。标准烛光的亮度显示出它的距离有多远。当它的光线穿过一个膨胀的空间时会被拉伸，它的波长朝着电磁光谱的红色端移动。这种红移可测量出宇宙在光线到达我们这里的过程中膨胀了多少。通过收集许多在不同距离处发光的标准烛光的光线，研究团队绘制出宇宙膨胀的历史。不过膨胀并没有减速，它还在加速。

引力最大限度地减缓宇宙的膨胀，但是是什么因素加速了宇宙的膨胀呢？某种暗中存在的神秘力量一定渗透在星际空间的空虚之中，隐藏在真空的深处，将宇宙向外推，产生一种反引力，使时空的膨胀速度越来越快。根据超新星来测算，这种暗能量究竟有多少呢？答案几乎是一个奇迹，正是你所需要的那73%，这是能填平宇宙的数量。

所有的数据都引人注目地一致。威尔金森微波各向异性探测器证实了暴胀的预言。温度的涨落没有表现出任何特征尺度，热点和冷点随机分布。此外，平直的宇宙正是暴胀的结果，因为即使宇宙是弯曲的，其曲率半径被大比例拉伸后，看上去也是平直的了，就像我们脚下的地球看起来是平的一样。威尔金森微波各向异性探测器证实了暴胀，物理学家们感到无比喜悦，大家都觉得古斯将赢得诺贝尔奖。

但在欢欣雀跃之下，却有些不太对劲的地方。有一块威尔金森微波各向异性探测器的拼图没有拼上。暴胀预言温度的涨落将会发生在太空中的所有尺度上，但是根据威尔金森微波各向异性探测器的数据，在大于60度的尺度上，温度的涨落却突然停止了。每当提到这个被称为“低四极矩”的问题时，所有物理学家的脸色似乎都因担心而暗淡下来，虽然我不知道为什么，但我觉得这可能是一个严重的问题，比他们所透露的严重得多。

如果说物理学界有一位天王巨星，那就是斯蒂芬·霍金，他是物理学界的迈克尔·杰克逊。他的身体看起来是超现实的。即使是其他物理学家，认识他多年的同事和亲密的朋友，在他面前似乎也有点目瞪口呆。

在这次会议的一场报告中，我坐在霍金正后方。我尽力去听演讲者讲话，但是我发现自己的注意力被安装在霍金轮椅上的电脑显示器所吸引，那上面有闪烁着的单词。霍金因运动神经元疾病而瘫痪，在他的脸颊上还有最后一块尚未丧失功能的肌肉，通过这块肌肉的抽动，他可以控制显示器上的光标。光标在霍金最常用的词语列表上不断滚动，霍金可以在光标经过正确的单词时抽动肌肉，从列表中选择他要表达的词。抽动再抽动，霍金慢慢地、费力地构造出句子，然后句子被发送给一个语音合成器，这个合成器以机器人的声音代他说话，这种声音不仅缺少人的感觉，而且还像霍金一样，是英国口音。

我看到他就坐在我面前，他的身体像一个瘪了的气球一样靠在轮椅上。我觉得我对他更加敬畏了。当我看到他的显示器上闪烁的字眼时，我知道这只不过是一个随机列表，我不禁想，如果我仔细观察它，也许会瞥见宇宙的答案。

* * *

会议在午餐时间休会，所有人都走出会场。会议不提供午餐，所以我们可以自由休息。我注意到哈佛大学的物理学家丽莎·兰德尔（Lisa Randall）一个人站在那里，像是在等什么人，所以我走过去并作了自我介绍。在兰德尔的报告中，有对暴胀场神秘起源的思考，这是我最想听的内容，因为我自己也正在思考这个问题。在假真空的条件下，暴胀触发暴胀，并产生了我们所了解和喜爱的广大、均匀、布满星星的宇宙——但是是什么激发了这种暴胀？是某种神秘的场？而它后面又是什么呢？就这样龟驮龟地驮下去吗？我正要问她时，另外几位物理学家走过来说："我们找到了一家餐馆。我们去吃午饭吧。"

他们似乎也在对我说——至少他们没有明确地说让我不要来，我觉得这是个不错的邀请。我赶紧跟上，很快就发现自己坐在一家意大利休闲餐厅的长桌旁，与我坐在一起的是英国皇家天文学家马丁·里斯（Martin Rees）爵士，在分析威尔金森微波各向异性探测器的结果方面发挥了关键作用的普林斯顿大学的物理学家戴维·斯伯杰尔（David Spergel），以及兰德尔和几位真正的记者。

所有人都点完菜之后，谈话转向了可怕的人择原理——可怕，但在当时无法回避，因为它有能力解释令人费解的事情。

比如暗能量，物理学家们曾经从超新星数据中了解它，现在数据则来自威尔金森微波各向异性探测器。暗能量非常稀疏，在每立方米的空间中只有微薄的10^{-23}克，在黑暗的真空中几乎只是微弱的耳语，但是在足够大的尺度下，耳语逐渐变为嚎叫。

这是因为暗能量很有可能是空间中的真空所固有的能量，爱因斯坦称之为“宇宙常数”，其力量在于其不变性——随着空间的增长，除了暗能量的密度保持不变之外，空间中的一切都被稀释了。空间越大，暗能量越多：这是一种反馈回路。

你或许以为物理学家可以预测暗能量的强度，因为他们已经对量子真空有所了解。量子场论提供了计算真空能量所需的所有工具。不幸的是，计算出了错。的的确确错了。根据量子场论，真空能量应该是无穷大的。但显然，真空能量并不是无穷大的，否则我们都会因空间膨胀而被撕成碎片。既然我们周围的物体并不会自发燃烧，那么真空就一定是一个相当平静的地方，至少在原子尺度乃至更大的尺度上是这样。所以物理学家们指出，如果真空能量不是无穷大的，就应该是零。

这听起来像是一个奇怪的大飞跃，但零和无穷大远比你想象的更相似。它们对于计算来说是最简单和最优雅的量。如果一个理论认为一些数字应该是零或者无穷大，而非3746这样的数字，那么这是一种整洁的理论。有限的数字看起来非常随机。所以如果不是无穷大，零似乎就是下一个最好的选择。物理学家们认为，真空的某些特征可能正负相抵，抵消为一个完美的零。

但是在天体物理学家把笔换成望远镜，实际测量暗能量的值之后，他们发现暗能量几乎为零，但并不严格为零。这是最差的数字：微小但有限。获得正确的值需要一些可以把量子场论中的无穷大抵消到极小的机制，然后奇迹般地停止，留下一些微小的碎屑，可以劫持宇宙的碎屑。

出现这种微调的数字比较意外，至少物理学家还没能挖掘出一个很好的解释。在绝望中，他们转向了人择原理。碰巧的是，暗能量奇异的微调值能使原子、恒星、碳和生命存在。略大一点或者略小一点，宜居条件就不复存在。这使整个情况变得更糟——现在，这个值不仅是一个难以置信的、不太可能的值，同时也恰恰是生命所需要的那种不太可能的值。我们太幸运了，这是一种带着令人不快的宿命论的巧合。但是有一个问题。假如我们的宇宙是唯一的宇宙，那么暗能量的值就只是巧合，但根据暴胀理论，获得一个孤立的宇宙几乎是不可能的。一旦你暴胀一个，就会陷入无穷无尽的境地，陷入广大而多样的多元宇宙。如果无穷多个宇宙中的每一个都有不同的暗能量值，那么刚才提到的那个微妙的值更有可能出现在我们的宇宙中，甚至是不可避免的。

这是一种答案，但不是物理学家所希望的答案，这个解释给解释的本质带来了令人不安的限制。物理学家希望物理学的定律美观，具有统一性和必然性。他们想进行优雅的计算，得出单一的解，并且知道世界必须是这样的，因为这反映了渗透在柏拉图式完美宇宙中的和谐与秩序。没人愿意认为这纯属侥幸，是个有关位置的偶然事件。

里斯彬彬有礼，看上去就像尊蜡像，他解释说，他认真思考过多元宇宙的思想，认为人择推理不仅是正当的，而且是必要的。不过，他说，物理学家应该继续工作，就像没有这回事一样，否则他们会懈怠。他们还是应该继续试着从第一性原理出发来计算物理定律，即便这无法实现。斯伯杰尔不太热衷于此。他说，人择推理只不过是科学投降的结果。

我静静地坐在那里，不禁想起了惠勒曾经写下的一句话："如果是人择原理，为什么会有人择原理？[3]"对于惠勒来说，这个词并非一个解释，而是一条线索——一条关于观察者在宇宙起源中所发挥的作用的线索，一条关于终极实在本质的线索。

我正鼓起勇气想提出这一点，里斯却突然把话题转向政治、生物恐怖和核战争。里斯隔着三明治和咖啡解说道，到二十一世纪末，人类有50%的可能性毁灭自己。对于一位物理学爱好者来说，他太令人扫兴了。

这次会议名人云集，想到要与蒂莫西·费里斯(Timothy Ferris)攀谈，我紧张极了。这也许是因为费里斯是一位作家，而不是物理学家。他的《银河系简史》是我非常喜欢的物理学读物。面对物理学家时，我充满敬畏，而面对费里斯时，我是他的粉丝。

第二天，当所有人都进入礼堂听报告时，我发现费里斯坐在前排的座位上，我快速地溜到他身后的座位上，希望自己能想出跟他交谈的精彩话题。但是我没想出来，不过当报告结束的时候，费里斯转过身问道："今晚的宴会你打算怎么去？"

会议组织者打算在萨克拉门托历史街区的加利福尼亚铁路博物馆举行宴会，大约有半小时路程。"我想他们会派大巴把我们拉过去。"我说。

费里斯看了我一眼，好像在说，我看起来像是那种坐大巴的人吗？“我在这儿有车，”他说，“但我得找到路。我不想待在那里等大巴来。这些会议对物理学来说是伟大的，但从社会事件的意义上讲……”他冲我机智地一笑，“如果你决定早点离开，来找我。我会载你回到戴维斯。”

我想更多地了解令人担忧的低四极矩，在茶歇期间，我找到了机会。当所有人都在周围转悠，享受加州的阳光时，我向莱曼·佩吉（Lyman Page）介绍了我自己，他是普林斯顿大学的物理学家，威尔金森微波各向异性探测器团队的主要研究人员。

“四极矩有什么问题？”我问他。

佩吉解释说，在大于60度的尺度上缺乏温度涨落似乎暗示着太空自身的某种截断。

这是有道理的。在早期宇宙的热等离子体伸缩的过程中，温度涨落形成了，而且，上述伸缩遍布整个太空。在太空中，如果在大于60度的尺度上缺乏温度涨落，那就像是在大于60度的尺度上没有空间。宇宙似乎是有限的。当然，这60度对应的是宇宙微波背景光子第一次被释放时宇宙的大小。从那时起，宇宙的这个区域经历了137亿年的膨胀。所以问题在于，如果那时的太空在今天的太空中被限制在60度，那么如今太空的尽头在哪里？

答案是令人震惊的。低四极矩不仅意味着宇宙是有限的，还表明宇宙很小——宇宙水平上的幽闭恐惧。更诡异的是，这还意味着宇宙的大小几乎就是我们的可观测宇宙的大小。如果我们能够以某种方式从光锥的边缘向外看，会发现什么也看不到。

“会不会是数据有问题？”我问。

“不会。”佩吉说，“情况就是这样。宇宙背景探测器的数据也是如此，但是信噪比还不够高。在威尔金森微波各向异性探测器的数据中看到这种情况就像是一种提醒，提醒我们的确有些尚未发现的新东西。”

我不禁想到暴胀。这个理论背后的总体思想是，时空已经远远超出了我们的宇宙视野，膨胀到了一个巨大的尺度，以至单极子消失，曲率变得微不足道。“如果宇宙真的很小，”我问道，“暴胀该怎么办？”

“除去安德烈·林德（Andrei Linde），支持暴胀的人会说，现在我们需要一个不同的模型，因为有限的宇宙太奇怪了，”佩吉说，“这意味着整个机制都不对。我觉得这困扰着我们所有人。”

我很想知道为什么佩吉把宇宙学家安德烈·林德单挑出来，林德是即使面对有限宇宙也不会放弃暴胀的人，所以当我发现林德就站在院子里时，我向他走过去。我想，也许，他对暴胀如何解释这个现象有自己的想法——我所不知道的是，林德是暴胀原教旨主义者。

在介绍自己之后，我问他如果低四极矩是真的，物理学家是否会放弃暴胀。显然，要求安德烈·林德放弃暴胀就好比要求教皇向《圣经》吐口水。

“谁都不该放弃暴胀！”他用浓重的俄罗斯口音喊道。我怯懦地看着周围，仿佛每个人都停下自己正在做的事情，或者害怕地逃跑了，然而没有谁看上去惊慌失措。“如果你有一个理论，能够解释宇宙为什么是各向同性的，能够解释为什么会发生密度涨落，那么在你有其他理论可以解释这些事情之前，不要放弃这个理论。暴胀可以抑制大角度尺度上的能量；它只是需要微调，它很难看。但宇宙就是丑陋的——标准模型就是丑陋的，宇宙常数是丑陋的，暗物质、暗能量，宇宙的百分之九十，到底都是什么？很难看。但是，这并不意味着你可以放弃暴胀。”

＊＊＊

阿兰·古斯可谓风云人物，看上去很符合诺贝尔奖得主的范儿。他五十多岁，但棕色蓬松的头发和巨大的黄色背包令他散发出一种卡通形象般的青春朝气。他因在各种讲座上睡大觉，却又会及时醒来提出奇怪而有见地的问题而出名——我已经不止一次见证过这种事。我问他是否有空和我谈谈，他慷慨地同意了。所以在报告的间隙，趁他醒着，我们走到屋外，坐在阳光下。

“暴胀理论告诉我们在宇宙诞生之后的极短时间内可能会发生什么，”我说，“但是我们对于实际的宇宙诞生都了解些什么呢？”

“我们显然没有一个确定的关于宇宙起源的理论，”古斯说，“但是人们的种种猜测都认为宇宙起源于某种量子事件，虽然我觉得这些猜测模糊到我们都不知道我们在说什么。”

他解释说，理解这种量子事件需要量子引力理论。

“我们认为，我们需要对时空几何进行完整的量子描述。然后，我们得有某种关于‘无’的概念，‘无’很可能是一种量子态；一种没有空间，没有时间，没有物质，没有能量，没有任何东西的状态。但它仍将是一种状态，一种可能的存在状态。这是关键问题。我也许没有任何权利……但我还是要假设物理学定律早在宇宙诞生之前就已经存在，如果我们不这么认为，我们会寸步难行。”

“这个假设意味着宇宙起源是可知的吗？”

“没错。宇宙起源在物理学定律的框架内是可知的。现在我不知道我们应该到哪里去找物理学定律的起源，但是这一点我们可以以后再担心。但愿在描述物理学终极定律的系统中，存在一些对应‘无’的量子态。我们知道，量子系统可以经历从一个量子态到另一个量子态的自发跃迁——原子衰变时就是这样。在量子系统中，任何状态都可以随机跃迁为任何其他状态，所以‘无’可以跃迁为一个小宇宙，接下来是暴胀，将小宇宙变成一个大宇宙。我觉得这是一种通过模糊的方式给出的、关于宇宙如何开始的合理图景。”

“从这个意义上说，从‘无’中产生某些东西是可能的吗？”我问。

“自从我读研究生以来，学界对于这个问题的看法发生了很大的变化。”古斯说，“我读研究生时，所有人都相信，宇宙有许多数值巨大的守恒量，相信宇宙的产生只能从这些守恒量开始。但是它们或多或少地消失了。今天，我们认为宇宙的所有守恒量的值都为零。”

守恒量是自然界的特征，永远不会改变，它们被认为是不可违背的——比如能量守恒定律，这条定律告诉我们，无论发生什么，相互作用中输出的能量恰好等于输入的能量。能量既不能被创造也不能被消灭，只能重新分配。守恒律是使宇宙不间断地顺利运行的原则。没有它们，原子弹可能会出现在你的浴缸里，或者你的狗可能会突然失去生命，物理学将不可能存在，你还没到达等号的另一侧，那些方程式就完蛋了。

但现在，古斯说所有守恒量都是零。这太令人震惊了。你会觉得，这些物理学定律之所以存在，是为了使某种东西——比如，某种137亿年前诞生的“东西”——保持恒定。但是，如果所有守恒量都是零，那么这些物理学定律更像是在使“无”保持恒定。

“像能量这样的物理量呢？”我问。

“能量是最成问题的，因为如果你算出宇宙中的质量并使用$E=mc^2$，似乎有大量的能量。但你必须认识到，引力对总能量的贡献是负的。这不难证明，但是有种粗略的思考方式是将引力与静电学的库仑定律进行比较。在静电学中，如果你把两个正电荷放在一起，它们会相互排斥，所以要想得到一个大电荷，你必须付出大量的功，将大量的电荷聚集在一起。这要付出能量。对于引力来说则恰恰相反。质量只有一种荷：正荷。正荷总是相互吸引。你可以通过将大量质量聚集在一起获得大质量，把它们分开则需要付出能量。因此，引力对宇宙总能量的贡献抵消了所有质量的正能量。

“历史上另外一个重要的量是重子数，”古斯接着说，他指的是构成每个原子的质子和中子的数量，“当我还在读研究生时，所有人都认为重子数是守恒的，我们观测到的宇宙中有着非常多的重子，即大量的质子和中子。据我们所知，还有极少的反质子或反中子。有些人认为，也许还有大量的反物质存在于某处，我们还没有找到，但这个想法从未奏效。随着20世纪70年代大统一理论的发展，我们意识到，我们并不知道重子数是否守恒。后来，物理学家发现，即使在所谓的粒子物理标准模型中——在这一模型中，重子数曾被认为是严格守恒的——由于存在奇特的量子效应，重子数实际上并不守恒。今天的证据似乎压倒一切地表明，重子数不守恒。”

因此，能量是守恒的，但这无关紧要，因为引力总是在抵消能量，且重子数并不守恒。如果重子数守恒，那么今天宇宙中质子和中子的总数必须与宇宙起源时一样，这样就无法解释那些质子和中子最初是怎么出现在那儿的。

“这是否意味着物质会自发从‘无’中出现？”

“是的，”古斯点了点头，“在宇宙暴胀思想形成的早期，我发表了一个声明，即宇宙可能是终极免费午餐。此后，可见宇宙暴胀论升级为多元宇宙生长论。如果那张照片没有问题，那么很清楚，你从‘无’中得到了某些东西，你不断地得到。这一切都基于宇宙没有任何非零守恒量的思想。”

“引力抵消整个多元宇宙的正能量？”

“没错。”他说。

“那些被认为是守恒量的东西呢，比如说，角动量？”

“我们认为角动量是守恒的，但目前我们只能说，宇宙的总角动量是零。如果将所有星系的自旋角动量加起来，就会发现结果的确像天文学家所说的那样，真的是零。电荷是我们认为绝对守恒的另外一个物理量，但谈到宇宙，我们目前只能说，宇宙是电中性的。”

“所以，如果我们发现有一些非零值的守恒量，就意味着‘无’中不可能产生‘有’？”

“没错。那会改变一切，永恒暴胀的想法就难以为继了。如果我们的宇宙真的需要一个非零的守恒值来使它成为我们所谓的宇宙，那么你不可能在不违反守恒律的情况下让更多宇宙诞生。”

“但只要仅存的守恒量的值为零，你就可以‘无中生有’。”

“也许用一种更好的方式来说，‘有’就是‘无’，”古斯说，“我们看到的一切在某种意义上什么都不是。”

当轮到霍金做报告时，我兴奋极了。霍金以顽固、调皮和反传统而闻名。他是一位世界级的麻烦制造者，我迫不及待想看看他今天要制造什么样的麻烦。

他坐着轮椅来到讲台的中心。“你们能听到吗？”他的电脑礼貌地问道。

“能。”听众回答。

“在这个报告中，我想提出一种不同的宇宙学方法，可以解决其中心问题：为什么宇宙是现在这样的？”

不同的宇宙学方法？听起来不错。

“我们怎样才能知道宇宙是如何诞生的？”霍金问，“有些人，一般是在粒子物理传统中被培养起来的那些人，会忽略掉这个问题。他们觉得物理学的任务是预测实验室中会发生什么……令我感到惊讶的是，这些人的视野竟然如此狭隘，他们只关注宇宙的最后状态，却不去问它是如何变成现在这样的，它为什么会变成现在这样。”

他说，那些试图解释宇宙起源的人，用一种自底向上的方式，从初始状态开始，然后推进，看看是否能推出与我们的宇宙类似的东西。暴胀就是这样一种方法，他说，但即使是对自底向上的理论来说，它也没有任何意义。

情况越来越有意思了，在这里，所有人都在庆祝暴胀理论的巨大成功，可是现在霍金站起来说，这个理论从一开始就没有任何意义。

霍金解释说，暴胀理论缺少广义协变性，这是爱因斯坦理论的关键因素，它确保所有参考系都包含了对宇宙同样有效的描述。暴胀理论并不适用于全面统一的四维时空，它要求将时空分解成三维空间和一维时间。但这是谁的空间？谁的时间？把时空分开意味着要选择一个从优参考系——这是违反相对论的大罪。更糟糕的是，他说，如果你选择特定的参考系来表示时间，那么暴胀场就不会再膨胀了。换句话说，这个理论一开始就只能在特定的参考系中成立。

这太引人入胜了，不过霍金讲得很慢，每句之间都停顿几分钟，这几分钟仿佛是永恒。听众尽力保持着礼貌的缄默，只能通过在座椅中上下挪动，清清喉咙，来抵抗痛苦的沉默。

突然，霍金的右腿猛烈地摇晃起来，安装在轮椅上的电脑也随之颤动起来。他的助手匆匆走过去，跪在地上，握住霍金的脚，以便他能继续说话。

霍金说，除了暴胀的问题外，自底向上的方法本身也有根本性的问题。“自底向上的宇宙学方法从根本上说是经典的，因为它假定宇宙以一种清晰且独特的方式开始。但是，我的研究生涯的第一步就是与罗杰·彭罗斯一起表明，任何合理的经典宇宙学解决方案都会在过去有一个奇点。这意味着宇宙的起源应该是一个量子事件。”他说。

量子事件不由唯一的状态描述，而由所有可能状态的叠加描述。这并不是说我们不知道宇宙究竟处在哪一个状态中——而是宇宙实际上并不处在其中任何一个状态中。为此，霍金说，我们需要自顶向下，从现在到过去。通过观察我们今天的宇宙的特征，我们能够找出可产生这样一个宇宙的所有可能的历史。在这样做的时候，我们以某种方式**创造**宇宙的历史。“这意味着宇宙的历史取决于被测量物，这与我们通常的观念——认为宇宙有客观的、不取决于观察者的历史——相矛盾。”他说。

没有不取决于观察者的历史，我在我的笔记本上潦草地写道，并且用下划线对这句话进行了强调。我并不确切地知道这是什么意思，但我有一种直觉，这会很重要。

那天晚上，我登上了前往宴会的巴士。我在一个挂着记者胸牌的男士旁边坐下。

“我是《新科学家》杂志的编辑迈克尔·布鲁克斯。”他用迷人的英国口音介绍自己。

我立即想起了这个名字。我是《新科学家》的热心读者，最近的一篇文章《生命是一场游戏，而你会被删除》[4]给我留下了深刻印象，我把这篇文章从杂志上撕下来，固定在我电脑上方的墙上。这篇文章是迈克尔·布鲁克斯写的，讨论了哲学家尼克·博斯特罗姆（Nick Bostrom）的一篇论文，博斯特罗姆认为我们很有可能生活在一个矩阵式计算机模拟物中。博斯特罗姆的观点是，计算机最终将足够强大，可以对人类等有意识的生物进行模拟。当这一天到来时，未来的程序员将能够模拟整个社会，甚至整个宇宙，并观察各种场景如何上演——或者以研究为目的，或者就像在看某种超现实电视节目。一旦一个实在被模拟出来，就会有数以千计、数以百万计的实在被模拟出来。所以既然数百万个被模拟出来的世界不可避免会存在，那么我们生活在一个真正的原始实在中的可能性就近乎为零。

在这篇文章中，布鲁克斯想知道有没有什么方法来判断这是否实际上是一个被模拟出来的世界。他推理认为，程序员不会浪费资源去设计假实在的每一个微观特征。如果被模拟出来的观察者开始四处走动，程序员可以随时填补空白。因此，他认为，被模拟出来的世界的微观领域可能看起来有点荒唐。布鲁克斯写道："假如你曾经和量子力学的奇怪性质搏斗过，那么可能警铃刚刚响起。"

我告诉布鲁克斯，我是一个自由作家；我们聊了聊宇宙学和我们迄今为止听过的报告。

"给我写几篇文章吧。"当大巴将我们拉到铁路博物馆时他说道，"我拒绝了百分之九十的投稿，所以不要气馁，继续投稿。"

"我会的！"我答应了。

当我走下大巴，走向加州温暖的夜晚时，我忍不住想，这简直好到不那么真实。这可能是一种模拟。然后我记起布鲁克斯的文章是如何结尾的。他说，要想让一切成为实在，最好的机会就是，人类在计算机发展到足够强大，能模拟复杂的社会和有意识的头脑之前，将自己毁灭。我回想起昨天的午餐和里斯所说的末日。也许布赞基尔先生[a]已经有了关于终极实在的答案。

我一想到要与世界顶尖物理学家打交道就觉得紧张，我很快

---

a　Sir Buzzkill，Buzzkill意为"令人扫兴的人或事"。—— 编注

就喝掉了两杯酒。我犯了大错，我对酒精的耐受度令人尴尬，两杯葡萄酒对我来说就像龙舌兰烈酒一样。

大家坐下来开始吃晚饭，铺着亚麻布的圆桌很快就要坐满了，我赶紧找到一个空座位坐下。我礼貌地笑了笑，但是物理学家们正在一起谈话，服务员为我们斟酒，然后离开去拿沙拉。

借酒壮胆，我决定说几句。“你们有没有读过《发现》杂志中介绍乔奥·马古悠（João Magueijo）的文章？”我问。我在飞机上读过。这是我能想到的第一件事。这篇文章讨论了马古悠的理论，即在早期的宇宙中，光的速度要快得多。他提出这个想法以替代暴胀理论，但我不清楚两者之间有什么差异。光速加快，但使时空在亚光速度下膨胀；或保持光速不变，加快时空的膨胀——看起来像看待同一件事的两种方式，所以为什么要对爱因斯坦不敬？“马古悠的光速可变理论是不是错的？”

有位物理学家严厉地看了我一眼。“我希望不是错的，因为我是他那个理论的合作者。”

大家都一声不吭。

上帝啊。当你有需要的时候，人们的胸牌都在哪里啊？这位物理学家，我现在意识到，就是安迪·阿尔布雷希特，光速可变理论的二号人物。难道我刚才真的在说他的理论是错的？我疯狂地在我的脑海中搜索，想找出办法圆场。为什么这本杂志只刊登了一张马古悠的巨幅照片，而没有放阿尔布雷希特的照片呢？我想道歉，我想解释一下，我只是想聊天，我对爱因斯坦有一种狂热的忠诚，我并不是真的认为马古悠的理论是错的，也许我有点中风。然而，我却说：“哇，他抢了你的风头。”

这话真的是从我嘴里说出来的吗？我这是在干什么？快闭嘴吧，我敦促自己，别说话了。

“我不在乎。”阿尔布雷希特生气地说。

我点头微笑。我想爬到桌子底下藏起来。我的目光扫过整个房间，痛苦地寻找着逃生路线。

就在此时，心灵感应式的奇迹发生了。越过宽敞的房间，穿过一群还没被我意外冒犯的物理学家，我的目光落在了蒂莫西·费里斯身上。

费里斯站起来，直视着我，又向后门的方向点点头。我一句话都没说，站起来迅速走到房间的后面，悄悄从玻璃门溜出去。他正在外面等着。“我的车就停在街角。”他说。

好的，我想，这里肯定不是真实世界。

我们一起走在空荡荡的街道上。费里斯问我为谁撰写文章。“我最近为《科学美国人》写了篇文章，”我说，我没有提到这也是我的第一篇文章，“你呢？”

“我正在给《纽约客》写一篇文章。”他说。

我觉得我不配跟他一起走这人行道。

我们走到街角，停在寂静的鹅卵石街道对面的是一辆小而闪亮的保时捷。我环顾四周，想找找有没有其他的车，属于作家的那种。但是费里斯在钥匙扣上按下一个按钮，保时捷发出一声友好的问候。真的假的？我在想，一个作家？这个我用来伪装自己的职业瞬间让人感觉好了不少。

我坐上副驾驶的座位，扣住了我的安全带。费里斯将车发动起来，打开音乐，调大音量。这辆车中回荡着小鼓的敲击声和电吉他的悲鸣声。

“这是鲍伊（Bowie）吗？”

费里斯笑了，他推动变速杆，将车开上街道。加速的力量把我推在我的座位上，当他在像赛马场一样的老萨克拉门托的小街道上行驶时，完全没有要减速的迹象。很快，我们就在加州的高速公路上加速行驶，在车流中穿梭，在温暖的夜里飞驰，一棵棵棕榈树模糊地从视野中掠过。

五分钟后，我们回到了戴维斯。费里斯把我送到酒店，并告诉我保持联系。我下车走到人行道上，脚下不稳绊了一下，宴会结束了，我很高兴自己还活着站在坚实的地面上。

我把我的手机从手提包里拿出来，按下快拨键给老爸打电话。

这是会议的最后一天。我不想这么快就结束，我学到了很多东西，我觉得我的大脑都快装不下了，但我想继续前进，再努力点。我不禁想，所有人在谈论宇宙的时候都错过了点什么。某些……与量子有关的事。

“任何令人满意的量子宇宙学理论都必须参考宇宙内的观察者可进行的观察。”马库普卢曾对我说过。但暴胀涉及我们的可观测宇宙之外的时空，更糟糕的是，永恒暴胀创造了多元宇宙，即便是在理论的层面，也没人能“观测”到多元宇宙。事实就是，宇宙学的标准模型不是量子宇宙学。当然，暴胀从假真空衰变是一个量子过程，但除此之外，整件事情明显是经典范儿。霍金曾说：“自底向上的宇宙学方法从根本上说是经典的……但是……宇宙的起源应该是一个量子事件。”我需要了解更多的问题。他的“自顶向下”宇宙学是怎样的？它如何解释我们存在于宇宙中这一事实？

我不禁想起我和古斯的谈话。他曾经指出，所有的迹象都表明宇宙源于“无”。宇宙是“无”。最令人兴奋的是，他的想法可用一种可证伪的方式表述：找到一个非零的守恒量，“无”就不复存在。如果宇宙是“无”，我想，那么所有人都在四处瞎走，问错误的问题。问题不是你如何从“无”中得到“有”，问题是为什么“无”看起来像“有”？

众多传奇的思想家聚集一堂，这给宇宙学的黄金时代带来了里程碑式的意义，这启发了会议组织者聘请的摄影师，他拍了一张照片，一张会在科学史上流传的照片。

“会议休息期间，请大家走出会场，在台阶上拍张照。”阿尔布雷希特站在讲台上宣布。

物理学家们慢慢向台阶靠拢，我从人群中溜出去给老爸打电话。

“有什么消息？”他问。

“他们都担心低四极矩，”我压低声音说，就像一个回到实在总部的间谍，“在宇宙微波背景中，在大角度尺度上没有涨落。宇宙的容量好像不够大。”

“它有多大？”他问。

“这正是问题所在。宇宙看起来只有可观测宇宙那么大。”

“好吧，这比较可疑。”他说。

“非常可疑！这很疯狂……哇，我得走了，摄影师正在给全体物理学家拍照，我想自己去拍几张。”

“跟他们合影！”

“老妈？”

“跟他们合影！”她重复说。她一半是犹太老妈，一半又像奇怪的啦啦队长。

“好吧，好吧。”我翻着白眼说。

但是当我跟其他记者一起看着物理学家们站在他们的位置上拍照时，我脑子里全是老妈的声音。为什么我不能跟他们合影？这里没有物理学保镖在乱转——谁会阻止我？坦白说，谁会注意到我？

我看着摄影师，他仍然在调整照相机。我蹑手蹑脚尽可能不引人注意，我盯着自己的脚，所以没有人会看到我的眼睛，我顺着台阶的一侧，迅速溜到人群的后方。我相信没有人会注意到我，我相信在照片上几乎看不到我，我可以指着一个重要人物身后露出的一点肩膀说：“看，这就是我。”

摄影师终于准备拍照了。所有人都屏住呼吸，微笑着。但是他停下来，放下照相机扫视人群……天啊，找我？

“你那里！”他指着我大喊。如果是在播放录像，那么这里一定会暂停。我觉得我的脸变热了。他会不会在大家面前把我当骗子曝光？会不会宣布我不仅不是物理学家，甚至连记者都不是？会不会说我正在尽力完成一个隐蔽的任务，以弄清实在的本质？他是怎么知道的？开着逃跑车的蒂莫西·费里斯在哪儿？

“你！你太矮了，”他喊道，“到前面来。”

我再次低着头，拖着脚挪到前面，摄影师立刻抓住了我的肩膀，把我插进了他选择的前排——几乎居中的位置。我右边是古斯，而他右边第二个就是霍金。为什么不干脆让我坐在霍金的膝盖上？我想。“你那里！”古斯模仿摄影师的口气悄悄对我说，“你的鼻子歪了——固定一下！”我感激地笑了起来。

“好吧，大家注意，我们拍啦！”摄影师喊道。除了微笑，没有什么能做的。

4.

延迟选择

回到我的公寓，博斯特罗姆的模拟论证一直萦绕在我的脑海中。如果我们周围的世界真的是一种在计算机上运行的、被模拟出来的虚拟实在——这种计算机存在于某种更高级的实在中，我们会发现吗？这会很要紧吗？

笛卡尔也曾因同样的问题挣扎过。当然，那时还没有电脑，但是有恶魔，笛卡尔想知道是否有人会被自己的感官欺骗，感知虚假的实在。他担心他周围的一切，包括他自己的身体，可能是假的。但在恶魔的怀疑之海中，他可以肯定一件事：他正在进行感知。他正在思考。他是真实的。即使呈现在他意识中的一切都是幻觉，他的意识本身仍然是真实的。他在思考，所以他存在。**我思故我在。**

仅此而已？我可以肯定的就这一件事吗？我存在。游戏结束。

这是个令人沮丧的想法。笛卡尔从来没有真正地从“我思”

中走出来，他没有运用理性。他不得不放手一搏，并祈求仁慈的上帝别那么残忍，别用虚假的世界来愚弄我们。但是，如果你愿意放手一搏，我想，为什么要加一个中间人呢？为什么不直接相信实在并到此为止呢？

我不是特别担心恶魔，但博斯特罗姆的计算机模拟似乎是一个更可能存在的威胁。我在《新科学家》的一个专题中读过宇宙学家约翰·巴罗（John Barrow）的一篇文章，他认为如果我们生活在模拟物中，我们应该会看到某种突发故障。“如果我们生活在虚拟实在中，我们应该会遇到某些科学现象，如实验结果中偶尔出现的无法重复的突发故障，或者我们无法解释的、在假定常数和自然规律中出现的微小漂移。”巴罗写道，“有趣的是，我们确实有一些这样的结果，比如，宇宙精细结构常数的微小变化。显然，解释这些现象是优先事项。如果我们不能解释，那么自然缺陷也许至少与我们赖以理解实在的自然规律一样重要。[1]”

这是诱人的，但即使我们观察到突发故障，我们又怎么知道它们能够证明有模拟这回事？它们会不会只是实在本身的缺陷呢？巴罗似乎假设真正的实在必须是完美无缺的，必须是具有逻辑一致性的原始样本。如果是这样，也许无论如何只有一个可能的实在，一个唯一的、逻辑完美的理想化实在。但物理学家还没有发现单一、完整，且具有逻辑一致性的物理宇宙模型，他们的确在努力寻找。如果我们无法提出一个这样的模型，那么高级实在中的程序员提出几个甚至无限多个这样的模型的概率又是多少呢？如果只有一个可能的世界，它应该是可知的——恶魔和程序员都该被诅咒。

但话又说回来，也许人类的大脑不能完成这样的任务，也许高级实在中的程序员可以发明宇宙。如果这个世界是一个模拟物，谁能说制造这个世界的那些人本身不是模拟物呢？谁又能说，那些人的世界不是模拟物呢……当你开始质疑实在的实在性时，很容易就会发现此类问题。我的大脑在飞速运转，实在是不可知的吗？整个任务从一开始就有缺陷吗？**我思故我在恐慌。**

当我有奇怪的想法时，我会陷入螺旋式思维：如果实在并不是模拟物，那是什么呢？模拟物是一个令人不安的词，是某种别的东西的对立面——但是是什么呢？模拟物是我们所知道的全部。我们的大脑是我们所谓的实在的唯一门户。我们头脑中迷宫般的灰质会对宇宙中的任何东西进行第一次过滤。我们真的是永远被困在自己的脑子里。我们所看到的、听到的、触及的、嗅到的和品尝到的都是我们大脑的感觉。猫、狗、树、其他人……一切都是逼真得惊人的神经影像。但话又说回来，谁又能说它们逼真得惊人呢？相对于什么而言？

我们的眼睛并不是透明的窗户。当我们认为我们正漫步在一个城市的街道上时，我们实际上是在我们大脑的神经通路上漫步。外部的一切实际上都在内部。总而言之，没有外部。大脑本身就是宇宙：大脑中有数十亿个闪烁的神经元，树突像手指一样展开，直至时间的开端，化学信使跳过深邃的颅内空间中无意识的黑暗之处。宇宙学家詹姆斯·金斯（James Jeans）曾经说："宇宙看起来更像是一种伟大的思想，而不是一台伟大的机器。"

当然，一种诱人的看法认为，我们的大脑在模拟"有"，模拟外部实在，外部实在刺激拨弄着我们的神经齿轮，制造一种可信赖的错觉。或许吧。我们幻想，我们做梦。庄周梦见自己是一只蝴蝶，梦中的蝴蝶完全不知道自己原本是庄周，庄周醒来后才恍然意识到自己是庄周。是庄周在梦中变为蝴蝶，还是蝴蝶在梦中变为庄周？我突然明白了这个故事所讲的道理：我们都上当了。

贝克莱主教直面这个困境，声称世界是依赖于心灵的，是由抽象思想构造的物质实在。对于笛卡尔的“我思故我在”，贝克莱说，**存在就是被感知**。世界止于知觉——超越了知觉，就什么都没有了。他说，知觉就是存在，而不是外在的物质表征。这并不被看好。萨缪尔·约翰逊被贝克莱的唯心主义哲学激怒，以踢石头的著名方式反驳。我们又该如何反驳博斯特罗姆呢？我想知道谁能出来踢他一脚？

贝克莱的唯心主义有一个致命的——坦白地说是明显的——缺陷：他的世界依赖于意识。意识有时会与它所感知的世界不同。有一个绝对的二元论：观察者和被观察者。两者截然不同。但是，如果我们认为意识不能客观反映它所模拟的东西，那么意识是什么？宇宙看着自己，我们是宇宙的组成部分，如果我们是模拟物，那么我们是模拟自己的模拟物。所以，一切只是由镜子组成的宇宙大厅吗？镜子反射镜子……“无”的图像无限循环？这就是惠勒所谓的“自激回路”吗？还是我老爸那聪慧的想法？……**看起来，你和你外面的世界是相互独立的……但这只是幻象。里就是外，外就是里。**

正当我准备好在柏拉图的洞穴里生活，把影子误认成实在时，我恍然大悟了：**大脑本身就是宇宙。总而言之，没有外部。单面的硬币，只有一面的事物……**

斯莫林曾表示，宇宙学的第一性原理必须是“宇宙之外为空”。也许我们在这里也需要一个类似的口号：实在之外为空。突然之间，模拟物的问题看起来很像是伪装成另一个样子的量子宇宙学的观察者问题。你不能超越宇宙，你不能超越你的大脑，你也不能超越实在。如果我是一个模拟物，我既不可能超越自己，从实在的更高层级向下看，也不能跳出这个层级去往下一个层级。如果我不是一个模拟物，我也不能超越实在，回头确认它的实在性。我们根本就没有什么有利视角来评估我们所处的实在的实在性。模拟论证需要不可能存在的上帝视角。这是否意味着我们永远无法知道真相？还是说真相就是实在是单面的硬币呢？

莱布尼茨曾经说过：“尽管生命整体被认为只不过是一场梦，而物质世界只不过是一个幻想，但是如果从理性的角度讲，我还是认为这种梦或幻想是足够真实的，我们从来没有被欺骗过。”好吧，对不起，莱布尼茨，但是我正在寻找比“足够真实”更好的东西。我想要终极实在，差一点我都不满足。

* * *

几个月后，我接到了《新科学家》杂志的电话。他们希望我写一篇关于长岛的一群物理学家的文章，这群人创造了一种火球。我已经为他们写过一篇文章——一个关于圈量子引力的故事，投给了迈克尔·布鲁克斯，就是我在大巴上遇到的那位编辑。尽管他曾警告说很可能拒稿，但他最后不但接受了这篇文章，还把它的标题放在封面上。现在他们叫我再写一个故事？这简直好到让我无法相信。

“这会涉及很复杂的粒子物理学，”一位我不认识的编辑解释说，“我们都认为你是少数能处理这种难题的作家之一。你要试试吗？”

我们都认为？

我清了清喉咙以抑制我的兴奋。“当然。”

“他们觉得自己创造了夸克-胶子等离子体。”她继续说。

“啊，好的，夸克-胶子等离子体，”我说，“挺令人着迷的”。

当我挂断电话时，我马上就开始为这个故事做准备。我需要打电话给这些长岛的物理学家，并向他们询问实验细节。我还得给这一领域的其他物理学家打电话，讨论这个发现对于我们理解宇宙所产生的影响。但重中之重是，我得搞清楚什么是夸克-胶子等离子体。

“我刚刚拥有了最超现实的夜晚。”

当电话响起时，我正蜷缩在床上读一本关于夸克的书。老爸从芝加哥的一家酒店打来电话，他正在那里参加一个放射学会议。

我折上页角，并合上书。“发生了什么事？”

“今晚我应邀参加了芝加哥菲尔德博物馆的招待会，”他说，“所有人都在中庭里参加鸡尾酒会，而我只在展馆里溜达。由于过了开放时间，展馆里已经没人了。我发现正在展出的是爱因斯坦展！我发现自己正一个人待在一个房间里，并被爱因斯坦的东西包围——他的手稿、照片和信件。这感觉太奇怪了，周围完全静默，我独自和他的东西待在一起。不知道为什么，我老盯着他的指南针看。我想抓起它跑掉。”

“你就应该这样做！”我说。

我挂上电话，笑了起来，脑补着这样的情景：老爸打破玻璃展柜，拿了里面的指南针，在一群博物馆保安的紧追不舍中穿过满脸茫然的放射医师们，追赶他的保安大喊：“拦住那个男的！”我想象着他坐在飞回东海岸的飞机上，紧紧地抓着那个指南针。然后，既然是我的想象，我就想象他把指南针放在一个小盒子里，用蝴蝶结扎起来，作为礼物送给我。

爱因斯坦只有四五岁的时候，他的父亲给了他这个指南针，这是在某种程度上改变了世界的小礼物。当发现有种看不见的力量引导指针指北时，爱因斯坦深信，“一定有某些深深隐藏在事物背后的东西[2]”。他花了一生的时间试图找到它们。

我老爸也向我提供了我的第一个线索，实在并非它看起来那样。只是在我这里，这种线索不是一个物体，而是一个想法，我也没有成为爱因斯坦，而是成了一个问题比答案更多的冒牌记者。不过，我觉得，父母给孩子最好的礼物就是一个谜。

量子色动力学，或者说QCD，是一种描述胶子如何将夸克以三个一组的方式束缚在一起，形成原子核深处的质子和中子的理论。夸克，据我所知，有三种可能的色荷：红色，蓝色和绿色。如果将三者结合在一起，则颜色相抵为无色。事实上，夸克必须保持无色，这意味着它们被胶子粘在一起成组出现。从来没有单独出现的夸克，除非你提高温度。在极端的高温下，比如大爆炸之后，胶子的束缚力松动，夸克自由运动，物质分解成原始等离子体。

为了达到这样的极端高温，在布鲁克海文国家实验室的相对论性重离子对撞机（也被称为RHIC）旁工作的物理学家们让一些金核以近乎光速的速度绕过约3862米的轨道，然后让它们对撞在一起，释放1000亿电子伏特的能量，并产生比太阳表面热3亿倍的火球。10^{-23}秒后，火球消失了。但是在极短的时间里，夸克自由运动。

这是一个令人兴奋的发现，但等离子体看起来并不像物理学家们所期望的那样。与他们的计算相反，夸克和胶子似乎是以相干的方式移动。这种移动并非类气体等离子体的混沌自由运动，而是具有液体游动的特征。事实上，这种液体的黏度使它成为被观察到的最理想的液体，其流动性远高于水。

这很奇怪，但是真正吸引我注意力的是约翰·拉夫尔斯基（Johann Rafelski）所说的话。拉夫尔斯基是研究夸克-胶子等离子体的专家，我打电话给他讨论这个发现的意义。“真空的结构是夸克禁闭的起源，”他对我说，“这种思想将会熔化真空并溶解黏合物，使夸克自由移动。”

熔化真空？我脑子里全是这几个字。真是太棒了——你可以**熔化“无”**？好吧，我知道真空不是真的“无”，“无”可能是一种零能量的状态，零对量子力学来说是个太过于精确的数。“量子无”的沸腾是由能量和时间之间的不确定性关系引起的——时间越短，从真空深处自发产生的能量就越大，但是会快速消失，它出现的那一刹那远比眨眼的时间短。这种能量可以以从真空中不断涌现的、短暂存在的虚粒子和反粒子对的形式出现，然后相遇并湮灭。但这种虚真空涨落如何将夸克结合在一起呢？我不得不做更多的研究——快点。

我深入思考了量子色动力学，正如拉夫尔斯基所说，是真空束缚了夸克。由于胶子场具有量子不确定性，虚胶子出现了。

但是，胶子——即便是虚拟的——带有一种荷。胶子的工作是传递一种黏合力——所谓的强力——给夸克。胶子通过色荷来识别夸克。光子以相似的方式起作用，在电子之间传递电磁力，通过电荷识别电子。但是，光子自己不带电荷，而胶子带有色荷——所以除了与夸克相互作用外，它们还彼此相互作用。当从真空中涌现出来时，虚胶子彼此胶着，卷曲和扭曲成复杂的结构——阻挡夸克的结构，使夸克不能在真空中自由移动。被困在虚胶子海洋中的夸克挤在一起——红色、蓝色和绿色——叠加后的夸克是无色的，这样可以保护自己，避开危险的胶子。三个一团，夸克们形成质子和中子——原子的重核。如果不是真空的这种结构，原子就会分崩离析。

虚胶子场的力限制了夸克的运动；你要想抓住一个夸克并移动它是不可能的，就好像夸克非常重一样。真空的虚胶子场赋予夸克95%的质量，这又使质子和中子有了质量，这又赋予原子99%的质量……所有这些意味着我们周围的一切事物，以及我们自己的身体，都不比真空重多少。物质世界是“无”的化身。卢克莱修曾经说：“世间没有无本之物。”量子色动力学不敢苟同。

要使夸克自由运动，你必须分解真空的虚胶子结构。想让真空的结构消失，需要更高的温度和能量，更加接近大爆炸的条件。随着真空的复杂形式解体，它看起来越来越像“无”。光滑而简单。一致而对称。

如果说，关于对称，有件事需要了解的话，据我所知，那就是对称很容易被破坏。正如书上所说，能够立于笔尖、保持平衡的铅笔具有完美的旋转对称性，从360度中的哪个角度看，它都不会有变化。但是它也时刻准备倒下。即使铅笔处于一种平衡状态，它也不会持续平衡，因为存在一种更低能量的状态：水平状态。最轻微的风就能将铅笔吹倒。虽然它可能倒在圆周的任何角度上，但是它只会选择其中一个。当它倒下时，旋转对称性就被破坏了。

一种破坏对称性的途径是降低温度。一桶水是高度对称的，从任何角度看，它都一样。但是将其冷却下来，它就会冻结，形成结构更复杂和对称性更弱的冰晶。

据我所知，物理学家们以同样的方式思考宇宙。在大爆炸所产生的热中，真空是对称的。随着宇宙的膨胀和冷却，宇宙结构就像扭曲的虚胶子一样冻结起来。质量随着结构产生。质量产生其他的一切。我们看到的周围世界，以及我们在镜子里看到的人，都只不过是破碎的对称碎片。"无"的碎片。

我拿起了弗兰克·维尔切克（Frank Wilczek）写的《渴望和谐》一书，他因协助创立量子色动力学而获得诺贝尔物理学奖。他解释说，当单个特定的高能状态具有无限多的同等有效的真空状态时——比如，一支铅笔具有可能落地位置的连续区时——对称性自发破缺就会发生。

维尔切克写道："宇宙中最对称的相位通常是不稳定的。人们可以推测，宇宙在可能存在的最对称的状态下诞生，在这样的状态下，没有物质存在：宇宙是一个非常空的真空，没有粒子和背景场。但是，还存在一种较低能量的状态，在这种状态中，背景场渗入整个空间。最终，如果没有其他因素影响的话，不那么对称的相位作为量子涨落出现，这种相位将受到最合适的能量驱动，开始增长。跃迁所释放的能量在粒子的形成过程中得到了体现。这种事件几乎等同于大爆炸……那么我们对莱布尼茨提出的伟大问题——为什么'有'存在，而'无'不存在——的答案就是：'无'不稳定[3]。"

但是，对称性并没有真的被打破，维尔切克说，它只是隐藏起来了。如果你观察得足够仔细，你就能再次发现它——比如说，在基本方程式中，或者也许就在火球中。

在相对论性重离子对撞机上观察到的夸克-胶子等离子体是真空在初始时更加对称的证据。然而，真空比任何人预期的都更具弹性，夸克的相干液体运动显示出某种残余不对称性，而不是气体中的粒子所具有的对称性。为了获得"无"，物理学家将不得不更多地熔化真空。

我采访了不同的物理学家，我发现似乎没人知道为什么会出现这样意想不到的结果。但是当我在网上搜索时，我偶然发现了一条隐晦的线索。显然，某种被称为"AdS/CFT对偶[a]"的东西可以解释这种超液等离子体。我没有足够的时间弄清楚这是什么意思，文章中也没有足够的篇幅来详细说明，但我把这条线索记在了我的笔记本上，以免自己会忘记。**研究AdS/CFT对偶……与弦理论有关……可解释液体火球？**

我写完文章，并在截止日期之前发送出去。但是，我还是一直在思考维尔切克关于"无"不稳定的思想。真是太棒了，听上去很像是合理的解释。我和老爸花了很多时间想知道为什么"无"——无限、无界的均匀状态——会改变。如果它是完全均匀的，那么就是完全对称的，为什么会破缺呢？为什么会成为宇

a　全称为Anti-de Sitter/Conformal Field Theory correspondence，反德西特/共形场论对偶。——编注

宙？维尔切克似乎有了答案。“无”是不稳定的。宇宙的问题解决了。

差一点。问题在于，用对称性自发破缺解释“原始炼丹术”——将“无”变为“有”，将对称性变为结构性——需要一些外力，即冲击着宇宙的微风。但是，宇宙之外为空。维尔切克曾经提出，量子涨落可以提供这种微风，但这并没有使情况改善。如果你用量子力学定律插手宇宙的存在问题，那么你就无法解释定律本身的存在。古斯已经认识到这一点。“我也许没有任何权利……但我还是要假设物理学定律早在宇宙诞生之前就已经存在，”他承认，“如果我们不这么认为，我们会寸步难行。”

这是非常令人沮丧的。一个真正的关于存在的答案要从“无”开始，然后以某种方式解释为什么物理学定律恰好出现。我们不能想当然地认为量子力学存在，然后用它来解释其他的东西，比如宇宙。我们需要解释量子力学。**量子何为？**

宇宙以一个完美对称的状态开始，这一状态又迅速被打破，并产生了我们的精巧、固定的世界，这个故事不可能是真的，因为谁都无法讲这个故事，这个故事需要一个无所不知的叙述者，一个具有上帝视角的叙述者，这正是斯莫林曾明令禁止出现的。惠勒和德威特的那个该死的方程并不奏效，因为你最终将面对一个陷入永恒瞬间的宇宙，一个什么都不曾发生的宇宙——没有大爆炸，没有夸克-胶子等离子体，没有计算机模拟。我现在发现，也许我父亲的H态被困在同一个陷阱中。“无”永远不会改变，它相对于什么参考系改变呢？在“无”之外你还需要某种参考系，但是你不可能有这种参考系，至少根据我老爸对“无”的定义——无限、无界，这是不可能的。“无”是一枚单面硬币。

我意识到，我们迫切需要一个在宇宙内部的叙述者，也就是在“无”内部的叙述者，如果古斯说得对的话。“有”就是“无”，而且如果宇宙是“无”，也许“无”永远不会改变。也许宇宙从未真正诞生。也许只有当你身处其中时，“无”才看起来像“有”。

我想，如果“无”是无界的，你想让“无”看起来像“有”，就需要边界。马库普卢曾表示，当你陷入宇宙的时候，你无法看到事物全貌，你只能看到你光锥里面的区域。光锥可以为你提供将“无”变为“有”的边界吗？我不确定。毕竟，光锥随着时间的推移而增长，在最理想的情况下可以提供临时边界。我不知道这是否就够了。此外，光锥不是物，它只是参考系的轮廓。它怎么会发挥实际作用呢？更不用说把宇宙——哪怕只是宇宙的表象——从“无”中拖出来了。

经受了对称性破缺和量子色动力学的洗礼之后，我终于有机会放松一下了。但是我还是像受虐狂一样上网查了查尼克·博斯特罗姆和模拟噩梦。我在存在主义的鞭笞之中，找到了一个名为Edge.org的网站。

我以前怎么没见过这个网站？

这个网站是个知识分子沙龙，是虚拟的阿尔贡金圆桌会[a]，最聪明的科学家、作家和思想家在这里讨论、辩论，话题从意识和生命的起源到博弈论和平行宇宙。这个网站展示了最新的科学思

---

a　20世纪20年代纽约市一些作家、评论家、演员组织的非正式聚会，他们经常聚在阿尔贡金饭店，故得名。——译注

想，并以非科学家能理解的方式实时呈现，既不辱没知识，也不装腔作势。

经过一番闲逛，我发现Edge网站的幕后人是约翰·布罗克曼（John Brockman），他是一位作家经纪人，一位白手起家的文化制作人。布罗克曼在20世纪60年代曼哈顿的前卫艺术和电影领域崭露头角，他在二十五岁的时候与安迪·沃霍尔、约翰·凯奇、罗伯特·劳森伯格、鲍勃·迪伦一起组织了多媒体艺术活动，并且在纽约电影节中独当一面。

在读过凯奇借给他的《控制论》，还有劳森伯格推荐给他的詹姆斯·金斯和乔治·伽莫夫（George Gamow）所著的一些书后，布罗克曼开始对科学感兴趣，他还希望科学家能像前卫艺术家一样，成为前卫的公共知识分子，希望科学家能够促使公众质疑有关这个世界的基本假设，以此塑造公众话语。不过，只有当科学家有吸引公众的直接途径时，这一点才有可能实现。所以在1973年，布罗克曼创立了布罗克曼公司，这是一家鼓励科学家写书给普通读者看的著作经纪公司。

五年后，布罗克曼与物理学家海因茨·帕格尔斯（Heinz Pagels）一起创建了"现实俱乐部"，这是一个在曼哈顿的餐馆、博物馆和私人客厅聚会的知识分子沙龙。在布罗克曼将整个俱乐部上线到Edge.org之前，这个俱乐部运行了十五年。同时，他彻底改变了科学书籍的世界。他的客户名单中包括很多伟大的名字，如理查德·道金斯（Richard Dawkins）、史蒂文·平克（Steven Pinker）、马丁·里斯爵士、丹尼尔·丹尼特（Daniel Dennett）、贾德·戴蒙（Jared Diamond）、克雷格·文特尔（Craig Venter）和布莱恩·格林。虽然现实俱乐部的运作已经转移到网络虚拟空间，但布罗克曼仍然主持一些现场沙龙。他会每年一次，把少数科学家和作家带到他位于康涅狄格州西部的大农场。

现实俱乐部？有一个真正的现实俱乐部？怎样才能成为这样一个俱乐部的成员呢？我很想知道。我不是科学家，也不是公共知识分子。我根本什么都不是，真的，除非把刚刚得到的蒙人的科学记者头衔算上。但我不在乎。我只知道我想加入这个俱乐部，我想在Edge.org上和别人辩论，我想去布罗克曼的农场。最重要的是，老爸和我总有一天会写一本关于终极实在本质的书，我希望约翰·布罗克曼是这本书的代理商。不幸的是，混进布罗克曼的世界并不容易，假扮其他人的方式行不通。

我点击了布罗克曼的照片。出来了，他身材粗壮，身穿亚麻布套装，头戴巴拿马草帽，看起来就像黑帮老大和布埃纳维斯塔社交俱乐部[a]的成员。

所以博斯特罗姆是布罗克曼船上的人。没错，是这样的，因为他喜欢把实在扭曲成气球动物那样。我点开了他的简历，我很好奇，想看看他是从什么途径进入布罗克曼的虚拟之门的。显然，他曾在伦敦政治经济学院获得科学哲学博士学位。他在那里学习哲学、逻辑、人工智能和计算神经科学。但是根据Edge上的资料，在此之前，博斯特罗姆是一位脱口秀演员。

我一边盯着他那严肃的头像，一边想，看到你我脑袋都大

a The Buena Vista Social Club，古巴的音乐俱乐部。——译注

了。太有趣了。

几个星期后，我回到了费城的郊区，和父母一起度过了几天。

“现在你写的文章越来越多，你觉得在这方面可以做出一番真正的事业吗？”老妈在餐桌上问道。

我放下我的叉子。“新闻事业？我不知道。也许吧。这倒真不是关键所在。”

“那关键是什么？”她问。

“关键是要弄清楚终极实在的本质，弄清如何从‘无’到‘有’。新闻事业只是个面具，是达到目的的一种手段。”

我看着老爸寻求支持。他对着我愉快地点头。

“好吧，我不知道什么终极实在，”老妈说，“但在这个实在中，你是个失了业的代客存衣小姐。”

“那不是我的错。”我说，“八月了，没人穿外套了。”

“即便如此，”她说，“我觉得你现在应该有一个更长远的计划了。”

她当然是对的。我无法在外套间里学习物理学。幸运的是，我确实有一个计划。“我正在考虑回学校上学，”我宣布，“伦敦政治经济学院的科学哲学专业有一个项目。博斯特罗姆就是从那里毕业的。他说我们可能生活在计算机模拟物中，他的简介就挂在布罗克曼的网站上。我并不是说布罗克曼的网站是模拟物，而是说我们这个世界是模拟物。”我在空气中挥舞手臂，指着我们的厨房，“起初我在想，如果一切都是模拟物，那么读研究生有什么意义？但是我意识到，模拟学习和真正的学习没什么不同，对吧？不管怎么说，我怀疑整件事只是无效的争论，因为它预先假定了一种外部视角。”

“你要搬到伦敦住了吗？”老妈问。

“模拟伦敦。”老爸纠正了她。

“但是我们会想你的，”她说，“而且我们的电话费会超支的。”

自从我搬到纽约，老爸和我已经用煲电话粥的方式替代了我们的夜间餐桌宇宙学讲座。

老爸说：“我们会改用电子邮件的。”

“那凯西蒂呢？”她问。

我冲她尴尬一笑。

“哦，不，”老妈说，“你养那只狗的时候我就告诉过你，我们是不会照顾它的。我可不会让我的家具上到处是狗毛。我不会去捡它的便便的。”

“模拟便便。”老爸说。

老妈说：“美国肯定有科学哲学专业。”

“当然，”我说，“但是没有证据表明它们通向布罗克曼的世界。”

“你需要他是因为……”

“他可以成为我们的代理人。”

“代理什么？”

“代理书，当我们找到宇宙的答案时，我们要写一本书。”

“你就不能等到那时再打电话给他吗？”

我嘲笑老妈可爱的天真。“哦，不。你不能指望给布罗克曼打电话。如果你浏览他的著作代理机构的网站，你知道你会看到什么吗？一个空白页面，写着‘布罗克曼公司’，就是这样。没有什么可以点击！就是这么糟。”

“你带着莫名其妙的理由去伦敦上学，希望和一个代理商搭上线，请他为你那本内容还没想好、还没有写的书做代理。”

我点了点头。“完全正确！”

我看着老爸。他笑了。

老妈摊开双手。“好吧，至少你有个计划。”

那天深夜，辗转难眠的我走进我们的物理书斋。回到这个房间感觉很好，这里有温暖而舒适的皮沙发，数不清的书脊在墙上形成色彩鲜艳的条纹。被智慧包围是一种安慰。我注意到老爸增加了一个新的书柜，我想知道，我一直以来就想知道，他何时才有时间把这么多书读完。我知道他的工作不会留给他太多闲暇时间，而且我知道他把闲暇时间都用在我们奇怪的使命上了。这对他来说不仅仅是爱好。尽管他从容、淡定，但新书柜的出现却流露出一种紧迫感，一种渴求的紧迫感。这件事对他来说是**有意义的**。当然，我一直都知道，只不过那书柜让我感到沉重——不仅是木头的重量，或是架子上的隔板之重，还有他雄心壮志的分量，而他的雄心就是现在我继承下来的雄心。我想聚沙成塔。我想了解他的想法，他几年前在中餐馆歪着身子告诉我的那些想法。我想向他证明，当他选择我作为秘密的继承人，万物和“无”的受益人时，他做了对的选择。

浏览书架时，一本书吸引了我的眼球：《宇宙逍遥》，这是惠勒的物理学著作。自从我们在普林斯顿与惠勒进行神秘谈话之后，我就再也没有看过这本书，所以我裹着毯子蜷缩在沙发上，开始读这本书。

惠勒正在寻找实在的基本成分，这是最基本的单元，生命、宇宙都从其中出现。“不论是在物理学领域还是在数学领域，研究人员还没有找到有希望支撑多层物理定律之塔的基本原理。”他写道，“因此，有人怀疑，那种认为‘越深入研究物理学的结构，越会发现物理学将终止于第n级’的想法是错误的。有人担心，‘结构层层深入，永无止境’的看法也是错误的。人们发现，这样的问题让人绝望：在某种闭环中，结构最终是不是并没有回到观察者那儿去，并没有在最小的物体上或最基本的领域中终止，也没有无限深入……宇宙是一种‘自激回路’吗？宇宙是否造就了观察者？观察者是否给宇宙带来有用的意义（物质、实在）？[4]”

我很喜欢惠勒的作品：这是充满诗意的、前瞻的和生气勃勃的作品。这是科学与艺术，事实与梦想的融合和叠加。他追求终极实在，他把所有未解之谜都视为线索。惠勒不会闭上嘴去计算。他想要答案，在找到答案之前他不会停歇。

在这本书中，惠勒绘制了一幅图：用大写字母U表示“宇宙”。右边的顶部是大爆炸，字母的弯曲刻画出宇宙的历史，时间从右到左，最终到达字母左边的顶端，那里栖息着一只巨大的眼睛，那是当前的观察者，是宇宙演变数十亿年的产物。眼睛往回望，看着字母另一边的顶部，从现在到过去，它凝视的目光也许赋予了宇宙意义（物质、实在）。一个自激的U。

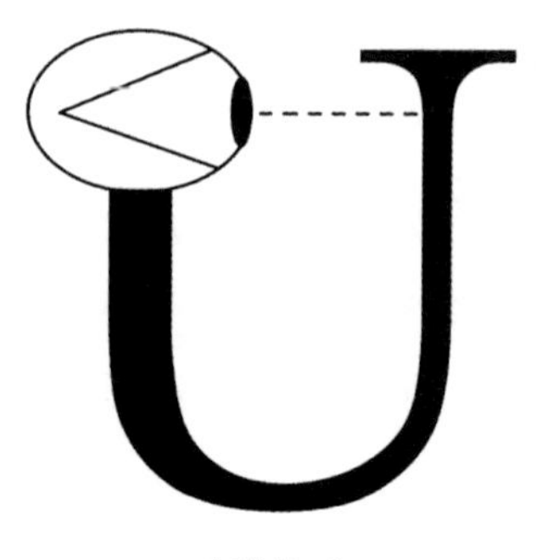

自激的U[a]

宇宙创造我们，以便我们可以创造它？对于惠勒来说，实在是一种麦比乌斯带，就像埃舍尔的手画出其本身一样。这只是循环逻辑呢，还是唯一能令人满意的解释？肯定不是后者。你所得到的只是"龟驮龟"式的无限回归，你根本不知道这些龟来自哪里；又或者，实在止于某个粒子或场，于是你又陷入了困惑：为什么会这样呢？这一切从何而来呢？因果循环的说法确实更容易被接受，但我不禁认为，最令人满意的说法，最能让人停止追问的说法是，"无"在循环。

在读惠勒的书时，我意识到他正在小心翼翼地把几个棘手的、看似不连贯的问题拼接在一起，形成一个宏大——甚至还会更大——的实在愿景。这令人难以置信，如果持有这种想法的是其他人，大家一定会认为这个人是疯子。

奥秘在核心之处：量子。通过自由选择测量对象——粒子或波，位置或动量——观察者将带来一些信息，将可能性的烟雾转变成单一的实在。惠勒说，信息是宇宙的基石。底层的物理实在不是由电子或夸克或弦组成，也不是由空间或时间组成，而

a　原图未在本书获得授权的范围内，此图仅为示意图。——编注

是由信息——观察造就的底层信息——组成。

但是惠勒所说的观察者究竟是什么呢？如果不说清楚，观察者就是一个肮脏的词。马库普卢曾明确指出，她所说的观察者指参考系，或可能的视角。这也是观察者在相对论中的角色。但在量子力学中，事情总是变得稀奇古怪，尤其是在解释如何赋予观察者特权，使其具有创造实在的能力的时候。惠勒自己承认这个问题。他写道："对'观察者'的探索和与'意识'密切相关的观念注定要陷入无限神秘的沼泽里。[5]"然而有时候他依然在沼泽边缘冒险。

"除非突变和自然选择在某个时刻随机地造就了生命、意识以及观察者，"他写道，"否则宇宙不可能诞生……是'无'不是'有'。"他还写道，"提起一个没有任何目的的世界，许多人——除了我和与我意见一致的同仁——起初会感到震撼，接着会感到面临挑战，最终会悟到：我们如此渺小，我们都是中央宝石的载体，它闪烁着照亮整个黑暗宇宙的光芒。[6]"

我笑对诗句，但对其中的思想感到畏惧。我想象自己带着一些有目的的、具有放射性的宝石，我看不出将意识混入其中有什么帮助——因为科学家不知道意识是什么。无论意识是什么，它都和其他东西一样，得遵循物理学定律，得由粒子、场或信息构成。当然，惠勒同意这一点——在他的自激回路中，宇宙通过突变和自然选择随机造就了观察者。没有什么神秘或超自然的事件。但如果是这样的话，是什么让特定的物理对象（大脑）——而不是其他物体（岩石）——作为能够回望的"观察者"，长久地凝视过去，创造宇宙呢？我很困惑，但我决定接受惠勒的假设，看看它先进在哪里。我继续读。

尽管有了“观察者”的概念，但惠勒的看法——观察和测量一点点地造就了宇宙——仍存在着明显的缺陷：一个观察者怎么可能作出足够的测量，来创造出我们在周围所见的一切？造就宇宙所需要的信息似乎远远多过一个观察者——甚至是一个星球的观察者——所能收集到的信息，除非是魔鬼作祟。惠勒写道：“老鼠和人以及地球上一切能参与观察的东西加起来也远不能胜任。[7]”

他提出了一个双管齐下的解决方案。首先，宇宙中的总信息量必须是有限的。我知道广义相对论排除了这种可能性——它的时空是连续的，任何两点之间都有无限多的点。你需要无限多的信息来描述引力场，更不用说宇宙的其余部分。但是我也知道广义相对论并非时空的最终定论，我对圈量子引力的了解让我知道了这一点。当把时空放大到一定程度时，根据量子力学，连续性被瓦解。进一步放大，随着实在的结构被撕成碎片，点的概念失去了意义。

“时空，”惠勒写道，“经常被认为是物理学的终极连续区，表明时空并不连续的证据比大爆炸和坍缩更为惊人。”他还说：“通过估算可知，在普朗克尺度的空间中遍布着几何的量子涨落和拓扑结构的量子跃迁，这使空间具有泡沫状结构。[8]”

其次，计算所有观察者的贡献——不仅仅是现在的观察者，还有曾经的和将来的观察者。这是一个大胆的举动，因为它无视通常的时间规则，比如说，我们通常认为未来晚于过去。不过量子力学已经违反了这个规则，没有人比惠勒更了解这一点。

二十世纪七十年代末，他曾提出一个被称为延迟选择的思想实验，这一实验与经典双缝实验纠缠在一起，使情况更为棘手。

在经典版本中，观察者可以选择：要么在光子同时通过两条狭缝之后，测量在感光板上出现的干涉图样；要么在每条狭缝处放置探测器，查明光子通过哪条狭缝，摧毁过程中的所有干涉。但在惠勒的升级版本中，观察者在光子通过狭缝之后进行选择。在最后一秒钟，他可以移除感光板，露出两个小望远镜：一个对准左狭缝，另一个则对准右狭缝。用望远镜可观测到光子通过哪条狭缝，且只会观测到光子通过一条狭缝。但如果观察者不移除感光板，则会形成干涉图样，意味着光子穿过两条狭缝。观察者的延迟选择决定了光子经过一条路径还是两条路径……而且是在光子已经按照其中一种方案行事之后。

如果还不够毛骨悚然的话，惠勒提出了更加极端的版本。他说，想象一下从十亿光年之外的类星体向地球运动的光。一个巨大的星系横亘在类星体和地球之间，它的引力场像透镜一样将光的路径弯曲。光线绕着星系发生了弯曲，以相等的概率向左或向右偏折。想象一下，惠勒说，光的到达率足够低，这样我们可以每次测量一个光子。所以我们通常的选择是：我们可以把感光板放在光子到达的位置，这样就会出现干涉图样；或者我们可以把望远镜对准星系的左边或右边，看看光子所走的路径。我们的选择决定了光子的两种相互独立的历史，决定了光子是沿着两条路径运动还是只沿着一条路径运动。我们决定了光子从始至终的行进路线——尽管光子在十亿年前就开始了它的旅程。询问光子“实际上”走了哪条路没有任何意义。在我们选择如何测量之后，才会有“实际上”。当我们这样做的时候，我们创造了可以追溯到十亿年前的过去。

“我们曾经认为，世界‘就在那里’，是独立于我们存在的。

我们这些观察者安全地躲在三十多厘米厚的玻璃板后面，不介入，只观察。但是与此同时，我们已经得出结论，这并不是世界运作的方式。事实上，我们得打破玻璃，进入其中。[9]”

研究人员已在实验室中进行了延迟选择实验，他们每次都按照惠勒的建议来进行实验。一个确定的科学事实是：当前的测量可以重写历史。不，不是重写，就是写。在观察之前，没有历史，只有一片可能性的阴霾，一个等待着诞生的过往。“在这个量子世界中，没有什么特征比未来与过去之间奇怪的耦合更显著。[10]”惠勒写道。如果我们今天的观察可以创造出十亿年前的历史，那么未来的观察也可以帮助我们建立我们今天看到的宇宙。

如果构成宇宙的信息总量是有限的，如果我们可以把未来和过去的所有观察者对宇宙的构建贡献都算在内，那么我们至少有理由怀疑是观察者创造了实在。无论如何，这是惠勒的愿景。他写道：“我们将穿越时间的量子现象看作观察者的基本行为，除了这种穿越时间的量子现象，没有其他东西能建构我们所谓的‘实在’。[11]”

总而言之，这是一个非常令人难以置信的故事——也比通常的自底向上式的故事更有趣，通常来说，宇宙从一个炙热稠密的状态开始，不断膨胀，在乏味的、线性的过程中，经过137亿年，意外地产生了一些聪明的灰质，从过去到未来，自因至果。但是惠勒的故事留下了许多悬而未决的问题。比如，怎样才算一个观察者？是什么赋予观察者构建实在的特权？允许观察者通过测量创造信息的物理机制是什么？“边界的边界”与自激宇宙有什么关系？如果存在（物质、实在）的意义是观察赋予的，那么观察观察者的是谁？

惠勒给予观察者的特权遵循玻尔的量子力学观点，观察者站在他所观察的系统之外。同时，他的自激回路是一个闭环，内部观察者回望孕育了他的过往，就像一条吞噬自己尾巴的自噬自生蛇。那么观察者到底在内部还是外部？

最后，我不禁想，如果像马库普卢告诉我的那样，我们每个人都有自己的光锥，因此，普通的二进制布尔逻辑不适用于宇宙，那么众多观察者怎样才能联合起来，共同创造一个名为“宇宙”的单一对象？

惠勒的书没有给出全部答案，但我感觉惠勒提出了正确的问题。“我们是否有望了解存在？”他问，“我们有线索，并且要努力在这个问题上取得进展。我们相信，一定有这么一天，我们将把握核心思想，简单、美丽、令人信服、令我们奔走相告的思想。‘哦，怎么会有别的可能呢！我们怎么会瞎找了这么久！’[12]”

一阵轻轻的敲门声把我从惠勒的世界中拉了出来。

“醒了？”老爸边问边朝里望着。

“我睡不着。”

“出来吧，”他说，“可能有流星雨。”

我抓起一件毛衣和一双运动鞋，我们悄悄下楼，以免吵醒老妈。我们出了门，沿着街道走，在一个视线不被枫树树冠遮挡、能看到无云星空的地方，我们停下了。凌晨3点，房子都黑着灯，街道沉浸在郊区独有的宁静中。在这个闷热的夏夜，蝉和空调的嗡嗡声在我们耳畔响着。

我们并肩站着，抬起头，等待彗星的尾巴形成的迷雾。

“我觉得你再去上学挺好的。”老爸说。他的眼睛望着天空。

“《新科学家》也在伦敦，”我说，“我希望待在那里，我会写更多的文章，这样我会一直有借口与物理学家交谈。”

我向四处望，试图扩大我的视野。

“那儿有一个！”我们同时大声叫道。一道光划过天空。

“你有没有想过成为别的类型的作家？”老爸问道。

这个问题让我猝不及防。“你的意思是？”

“你去过纽约，打算成为小说家或诗人。”他说，“你做记者真是太棒了。我只是担心我们走得太远，担心我引着你走得太远。你确定这是你想要做的吗？”

我沉默了一会儿。老爸没猜错，我确实想成为另一种类型的作家。报道物理学从来都不是我的梦想，一顶不适合的记者帽子我戴不稳。我的梦想一直是将无形的想法转化成文字，将它们呈现在纸上，赋予它们形式、分量和永久性，就像从“无”变“有”，不管它们多么微不足道。对我来说，写作就是把思想混在一起，把它们翻过来，从不同的角度观察它们，看看它们走向何处，即使它们只是回归自身。我最喜欢的故事和诗歌，闪耀着作家思考的全过程，显露出所有的裂痕和矛盾。但记者写作则恰恰相反，新闻报道只显露思想的最终产物：结论。科学新闻的明确目标是给作者的想法盖上面纱，使读者误认为作者对世界的想法是世界本身——不可思议的上帝视角中的世界，客观性的范式，同时也是一种谎言。对我来说，隐藏作者的想法就夺去了写作为我们带来的最伟大的礼物：它赋予我们探访其他心灵的能力。写作具有神奇的潜力，它让我们看到这个世界最深藏不露的特征。

写作可以排解孤独，可以用来治疗单边思维带来的幽闭恐惧症。

记者工作并不是我所梦想的那种写作工作，但我也能接受。当记者不是我的目标，我只是伪装成记者。我以记者的身份闯进终极实在聚会，我想看看它能带我们走多远。

“这件事对我来说很重要，”我说，此时另一道光吸引了我的目光，“写作得稍往后放放。等开始写作的时候，我会有话说。”

他笑了起来。

“你呢？”我问。

“我？”

“所有新出的物理书，所有科学杂志，所有相关报纸你都会读。你还加了一个新的书柜。这会影响你的工作吗？”

“我觉得研究实在的本质和研究肺部的真菌感染同样重要。”他说，“也许，研究实在的本质更重要。”他停了一会儿，“有时我希望我是天体物理学家。如果我年轻一点，我可能会考虑换工作。”

“你现在也可以。”我说。

老爸没吭声。

我们默默地站在街头。流星划过天际。

我没有想太多就搬到了伦敦。我想，既然博斯特罗姆选择去伦敦政治经济学院研究科学哲学，认为实在可能是模拟物，并且结识了约翰·布罗克曼，那么这一定是个值得去的地方。我并不想放弃记者工作，但我想退后一步看大的图景。我不想忘记我的目标。

“永远不要太舒服，”老爸曾经告诉我，“一旦你觉得安稳了，可能就到了该提升水平的时候了。”

惠勒曾经说过，哲学太重要了，不能留给哲学家。但我认为留给哲学家也无伤大雅。

我在诺丁山的一条漂亮的小死胡同中租了一间房，它在一座迷人的白色联排别墅的一楼。老爸老妈和哥哥跟我一起来看房。

“房间有点小，”房地产经纪人一边开锁，一边对我们说，“不过非常现代化。”

她打开门，我朝里一看，确实有点小。

我转向我的家人。“要不然我们每次进两个人？”

老妈和我走进了这间一居室。真的很现代化。一切都是闪闪发光的、崭新的，这里像是缩水版豪华公寓。

“木地板很温馨”。房地产经纪人指着地板说。我点了点头。这个巴掌大的地方就是用钻石镶嵌都无法提高租金。

我环顾四周：有一张单人沙发，悲观的人可能会说那是把椅子；一张圆桌/咖啡桌/餐桌，大到足够放一台笔记本电脑或者一个盘子。

“床在哪里？”我问。

房地产经纪人指着我身后。我沿着她所指的方向看到一架小而陡的梯子，梯子通往沙发上方的阁楼床。“好吧，”我注意到裸露的床垫和天花板之间只有约六十厘米的距离，“我得记住千万不能坐起来。”

“这就是厨房吗？”老妈问，就好像在壁橱里藏着一间真正的厨房。

房地产经纪人点点头。“所有东西都是新的！”

“所有东西”包括微型水槽、微型炉具和微型冰箱。

“附近也许有一家微型便利店，销售微型食品？”我添油加醋地说。

“没有冷柜吗？”老妈明知故问。

我耸耸肩。“不过很方便，坐在沙发上就能找到厨房里的所有东西！”

“他们把电视安装在墙上真棒，”房地产经纪人说，“电视不占用任何空间，你在房间的任何地方都能看电视！”

“是的，”我笑了，“这真是工程上的壮举”。

“我得出去，这样你爸爸才能进来。”老妈说，她似乎很失落。

老爸走进来，看着四周，不知道该说什么。

“木地板是不是很温馨啊？”我微笑着冲他说。

他点了点头，低语道：“你觉得这个地方会不会受到量子效应的影响？”

“租金多少钱？”我问房地产经纪人。她的答复让我皱了皱眉。这个地方比我在纽约租过的任何公寓都贵，而且面积还小得多。但是它位于一个美丽的社区，步行一分钟就能到地铁站，地铁直达校园。此外，我并没打算带太多的东西。环顾四周，我觉得这里最合适了。

“好的，”我说，“我租了。”

5.

薛定谔的耗子

很明显，来伦敦思考实在的本质是来对了地方。在科学哲学课上，我们无休止地讨论：实在存在吗？它是独立于我们的吗？如果是这样，它是什么做的？我们如何把它与纯粹的表象区分开来？我们有可能了解它吗？

我们在课堂上讨论了实在论和反实在论的优点。实在论是一种常识信仰，认为科学理论是对世界——不论我们是否在看都存在的真实世界——上的真实事物的描述。电子、夸克、暗物质以及其他出现在我们最佳理论中的物体，无论它们是否可以直接被观察，都是真实的物体，它们是独特的、独立于心灵的世界的组成部分，它们具有本体论的意味。

反实在论泛指各种以不同方式拒绝实在论的思想。康德的反实在论认为，虽然存在一个独立于我们的真实世界，但我们无法知道这一点。贝克莱的**存在就是被感知**则更激进地声称表象的背后隐藏着更多的表象，物体不由原子组成而由思想组成。社会建构主义认为实在和真理是我们一致认同的可称为实在和真理的东西，这种理论让我想起我在新学院的后现代主义朋友们，他们可能会宣称并坚持认为这种理论是正确的，因为他们相信它，即使我曾经指出，根据他们的理论，我不同意他们的看法，就可以证明他们是错误的。工具主义则更理智一些，该理论认为科学是预测实验结果的工具。至于是否存在实在，以及我们是否可以进入实在，它完全不关心。

我发现，工具主义是物理学家们的共同立场，他们在提到那个R开头的词[a]时似乎会感到不安。他们会说，**担心实在是哲学家的工作，我们只会计算、预测和测试。**

无论听到多少次，我总觉得这是一派胡言。好，也许电气工程师、外科医生，或者气象学家只关心理论预测和实验结果，但现在说这话的人是物理学家，是**理论**物理学家，是一群在模拟中研究黑洞、多元宇宙以及突发故障的人。也许当你从事理论物理学方面的工作时，你觉得有必要矫枉过正，把自己搞得像把“闲话少说”挂在嘴边的冰箱修理工一样。但是最终，你在骗谁呢？你彻夜难眠，担心着发生在六个额外维度中的微小尺度上的任何实验都无法检测到的事，可是你却不在乎实在是什么？拜托。

鉴于我对模拟、影子、庄生梦蝶等概念半信半疑，我本没有想到自己会持严格的实在论观点。但我又称自己为“实在猎人”，任何反实在论的想法都像是在砸自己的脚。此外，反实在论的论据有时候是非常荒谬的。某个下午，当我班上的一个女孩从女权

a 即Reality，实在。——编注

主义的立场提出她的反实在论观点时，荒唐可谓达到了顶峰。

“等等，她刚才说‘女权主义’？”我问我旁边的那个人，“女权主义物理学？”我真不知道这是从哪里听来的。

“科学不仅是一种社会建构的事业，它还明确地以男性为中心。”她向全班同学解释道，“想想科学术语，粒子被表示为球，并且它们通过力相互作用。”

她是认真的吗？球？我咳嗽了一声，以掩饰我的偷笑。从她的表情判断，这是一个非常严重的问题。

“所以如果物理学是社会建构的，”有个人说，“无论是男人建构的还是女人建构的，你认为它根本不是实在的？”

“是的。”她回答。

我忍不住加入论战。“那么飞机怎么会飞呢？”

“因为我们都同意飞机会飞。”她回答道。

我眨了眨眼。“你是认真的吗？”

似乎就在一瞬间，全班同学自动分为两派——实在论者和反实在论者。我们甚至挪动桌子，以区分这场战斗的双方。

反实在论似乎是一种相当疯狂的立场，直到我感受到它的右勾拳：科学史上的每一种理论都被证明是错误的，我们却必须相信现在的理论是例外，这何其愚昧，这次的理论就一定正确吗？如果理论总是出错，那么理论怎么可能告诉我们实在的真实本质呢？我知道这一致命的打击众所周知，按哲学家的说法是“悲观元归纳”，这意味着凭借一些可靠的归纳推理，我们可以证明科学就是一种绝望的事业。

这太令人沮丧了，但幸运的是，实在论准备好了自己的上勾拳，我在不经意中据此与那个为球生气的女孩发生争论：如果科学理论连实在中的一部分都无法描述，那么技术的成功就只能是奇迹——更不用说，有的理论给出了大胆、新颖、成功的预测，其作用远胜于任何既有的观察。

好吧，所有的理论都是错的，但我们基于这些理论构建的技术奇迹般地可行。悲观元归纳和无奇迹论制造了一种僵局，哲学家们从此争吵不休。但是，有一位哲学家发现了解决之道。他恰好就坐在走廊尽头的办公室里。

我还没打开行李，就听到些噪音。窸窸窣窣的脚步声沙沙作响。我发誓有好几次我瞥到有模糊的身影闪过。有一晚，我躺在房间里半睡着，我听到一声低吼，像猫在跳跃前发出的声音，又有点像发动机的声音。我大吃一惊，想都没想就赶紧坐起来，我的头一下子撞到了天花板上。当我设法打开灯时，所有声音都消失了。

不难猜到发生了什么。毕竟，这里是伦敦，我曾在读到过，无论你站在这个城市的什么地方，你周围二十米内总会有老鼠，这里有五千万只老鼠，相当于每个人有七只老鼠。我的小房间里能待下七只老鼠吗？我想，至少不会是能发出那么大声音的老鼠。我打算说服自己继续睡觉，但我不确定老鼠会不会爬梯子。

早上我去了五金店，在那里我发现了一大堆令人不安的啮齿动物控制装置，占了整整一面墙。我敬畏而慌乱地盯着它们，销售人员过来问是否可以帮忙。

“我不想太残忍，”我说，“我的意思是，我只想赶走它们。要是我能跟它们讲道理，我一定会试试。我不想让自己变成可怕的人。”

他点了点头。“那么我就不推荐胶水捕鼠器了。”

他向我展示了一种陷阱，那是一个装有诱饵的盒子，当老鼠进去时，自动门会被触发，把老鼠关在里面，你可以把它带到外面，放它走。它即便不去野外，至少也可以去别人的公寓。我买了两个。

那天晚上，我睡觉的时候又听到沙沙声。**存在就是被感知，存在就是被感知。**我像念咒语一样念着这句话，希望它可以将任何本体上的老鼠变成蒸汽般的意念，好让我一觉睡到天亮。也许那个房地产经纪人的意思是，这座房子很现代，它依赖于人的意识。略感安慰的是，我没有真正感知到任何生物，它们的存在只不过是一种悲观的归纳。**我思故老鼠在**。也许是程序员捣鬼，也许奇怪的声音只是模拟中的突发故障，或者也许我老爸是对的，这个地方受到量子涨落的影响，这里有一种从动荡的真空中现身，又一闪而过的啮齿动物。也许只要我没有观察到它们，它们就会被困在亦真亦幻的量子捕鼠器中。薛定谔的耗子。

但是到了早晨，当我起来看时，捕鼠器却是空的。

约翰·沃勒尔（John Worrall）和蔼可亲，他是那种能在长期不和的学者中间斡旋的人，要是科学哲学家们组个“纯节奏批判”摇滚乐队的话，他肯定会成为队长。他最初研究统计学，但被卡尔·波普（Karl Popper）吸引到哲学上来了，他在这里建立了科学哲学系。1989年，沃勒尔在《辩证》杂志上发表了一篇文章[1]，提出了介于实在论与反实在论之间的观点。他把他的观点称为结构实在论，并声称它兼有两个世界的最好之处：不必提奇迹，也不用为科学史上的错误理论辩解，就可以解释科学的成功。

沃勒尔解释说，问题在于实在论者的关注点不对。事实上，是“物”出了问题。实在论者谈论一个真实的、与心灵无关的世界，这个世界由真实的物组成，比如，原子、桌子和老鼠等。但是当你仔细观察时，你会发现科学理论与“物”根本无关，而是关于数学结构的理论。

数学结构是同构元素的集合，每个元素都可以完美地映射到下一个元素上。25、5^2和（27-2）具有相同的数学结构。结构并非特定的数字，而是数字等价表示的集合，是在众多表象背后的稳定而独特的真理。集合比数字本身更根本。

数学——结构——归结为集合？我在笔记本上写道。我记得在某个地方读过，空集可以造就整个数轴。空集是不含任何东西的集合。空集里面什么也没有。零。但是包含空集的集合并不空。它包含一个元素：空集。它就是数字1。不只是等于1，而且是数字1的定义。空集加上包含空集的集合构成的集合就是2。加到无穷无尽，又或者，加到“无”。

数轴不过就是一系列嵌套的集合，在其隐秘的中心空无一物。沃勒尔说物理学是关于数学结构的学问。集合论认为，数学结构是关于空的学问。

空集造就数轴的想法是聪明的把戏，还是有关宇宙的深刻的东西？它在告诉我们如何从“无”到“有”吗？**用括号把它括起来，这就是边界。**变换视角，有些东西出现了。从里到外。

我不确定如何将这个经验应用到宇宙之类没有外部的东西

上。单面的硬币，只有一面的事物。如何做到呢？即使可以，你仍然会被罗素的悖论所困扰。理发师为所有不自己刮胡子的男士刮胡子——那么谁为理发师刮胡子呢？如果他自己刮胡子，作为理发师他就不再为自己刮胡子，如果他不自己刮胡子，作为理发师他就会为自己刮胡子。这并非刮胡子的问题，而是关于集合是否可以包含自己的悖论。你站在括号外观察，又想同时拥有括号内的视角。

沃勒尔认为结构实在论应归功于亨利·庞加莱（Henri Poincaré）。庞加莱曾在1905年写道："方程式表达的是关系，如果方程式为真，那是因为关系为真……实物之间的真实关系是我们能够得到的唯一实在。[2]"理论只不过是一系列用等号表示的数学关系——同构关系方程。量子场论不讨论被称为粒子的小硬球，讨论"庞加莱对称性的不可约表示"。你当然有权利把那些不可约表示描绘成球，但是，如果这种图像在新证据面前站不住脚，不要生这个理论的气。量子场论是一组数学结构。电子只是我们讲给自己的小故事。

当然，我们需要故事。结构本身无法满足我们对存在的渴望。我们想要的是意义，而对于我们的大脑来说，意义以故事的形式出现。

尽管如此，将理论对于我们的意义与理论实际上说的是什么区分开是十分重要的。这正是沃勒尔的观点。理论从来不谈论客体——只有我们对理论进行解释时，才谈论客体。理论本身只谈数学结构。如果我们是关于结构的实在论者，悲观元归纳就不再适用。

沃勒尔说，如果你发现理论错了，那么通常是因为解释性故事错了——而不是结构出了错。比如引力，根据牛顿的观点，引力是物质在一定距离上相互施加的力；而根据爱因斯坦的观点，引力是时空的局部曲率。这两个观点是矛盾的，不可能两个都对。反实在论者说，很明显，两者都不对，牛顿的理论所描述的根本不是实在，但难以解释的是，他为何能够对行星运动进行预测。沃勒尔不同意这种看法。如果你拿掉解释，只看数学，这就是完全不同的游戏。当引力很弱，速度较低时，爱因斯坦的方程就会被牛顿的方程取代。牛顿引力是广义相对论的低能极限。牛顿的故事错了，但其理论结构是对的——牛顿的理论是某种巨大的东西的微小的一部分。我们不需要奇迹就可以理解为什么牛顿引力起作用。牛顿的理论成功了，因为它已经回到了实在的一小块结构上；而爱因斯坦发现了更大的一块，我们还会发现更多。

量子力学也是如此。量子力学对世界的描述与经典力学对世界的描述截然不同。在经典力学中，粒子同时具有确定的位置和动量，猫的死亡要简单直接得多，而恶魔则可以无比准确地预测未来。当物理系统比普朗克常数代表的尺度大得多时，量子力学的数学结构退化为经典力学的数学结构。当一种理论让位于新理论时，其物理解释往往不复存在，但数学结构依然存在。科学进步并不是错误理论的盛宴，而是一个乐观的雪球，在滚动中收集实在的结构。

窸窸窣窣的夜晚之后，是无鼠的早晨。

我在公寓周围转悠，寻找所有跟老鼠大小差不多的入口。我把胶带贴在墙壁的裂缝上，用钢丝球塞住管道口。为了多加防备，我把书堆在自己周围。为了防止老鼠跳上书堆，我为它们设置了各种各样的障碍，包括临时的堡垒和护城河、自动门，非常精妙。我觉得老鼠可能既聪明又有很强的复原能力，但我有物理书、胶带和灵巧的双手。

不过，窸窸窣窣的声音还在继续，有一天晚上，一本书从书堆上掉了下来，我被惊醒了。第二天一早，我看到掉下来的是朱利安·巴伯（Julian Barbour）的《时间的终结》。我想，老鼠们是不是想告诉我些事情。

根据沃勒尔的观点，我不需要从本体论的角度证明单只老鼠存在——我需要担心的是老鼠之间的结构关系。这让我感觉好一点，但我仍然希望我能够成为一名社会建构主义者，这样我就可以通过拒绝相信它们在那里——哲学上的灭绝，来摆脱这件坏事。不幸的是，我相信物理学就是能让飞机飞翔、老鼠乱跑的科学。窸窸窣窣的噪音，可见的会动的东西，掉落的书，再加上伦敦，这些让我不得不面对事实：有老鼠，可能是量子老鼠，也可能是其他形式的老鼠，这就是最简单的解释。

如果我不能用奥卡姆剃刀[a]去掉它们，我就不得不采取更传统的方法。“好吧，”我告诉五金店伙计，“给我一些可以杀死它们的陷阱。但是要快，这样它们不会太受罪。”

他帮我把捕鼠陷阱装进篮子里。这一回，捕鼠陷阱是带弹簧的，个头儿也更大。我买了七个。

我回到家里设好了陷阱。这并不像看起来那么容易。它们本应该是完美的、构造精巧的发明，但我差点失去了一根手指。

---

a　Occam's razor。如无必要，勿增实体。一种简化原则。在能够解决同一问题的所有方法中，越简单的越好。——译注

最终，我还是把它们都弄好了，并用花生酱作诱饵。我曾读到过，老鼠喜欢花生酱。然后我拎起我的手提箱，立刻逃离了那个地狱。

我在伦敦市中心的一家日本餐厅坐下来，等待迈克尔·布鲁克斯的到来。

设下捕鼠陷阱之后，我就在几个街区外找了家酒店住了下来。我可不想在老鼠身边看着它们发现花生酱，我觉得我还是喜欢大一点的空间。在住进酒店之后，我给布鲁克斯发了一封邮件，与《新科学家》上的一篇文章有关，我还提到我现在就住在伦敦。"既然你就在伦敦，"他回复说，"我们何不一起吃顿午餐？"

布鲁克斯和《新科学家》的另一位物理学编辑瓦莱丽·贾米森一起抵达餐厅，贾米森用一种优美的苏格兰口音作了自我介绍。我们点了饮料和寿司，寿司被放在一艘大木船上。我们一边用筷子从甲板上夹鱼片，一边谈论着伦敦的生活和宇宙中的生命。

"你怎么看暴胀？"布鲁克斯问我。

我把一片三文鱼塞进嘴里，想了想。暴胀。一方面，我知道它有吸引力。正如古斯所说，这是终极免费午餐：宇宙始于某种原始种子，它在不断膨胀，引力的负能量抵消了无限空间中的万物，将量子涟漪拉扯成天文脉络，即星星和星系的引力命脉。

另一方面，暴胀无法解释宇宙究竟为什么会存在。原始种子从何而来？我们只是假设从一开始就存在暴胀，并没有提及物理学定律，且暴胀不以量子为核心。它没有阐明内部观察者能看到什么，没有解释为什么"无"看起来像"有"。它的逻辑是布尔逻辑，它的视角是上帝视角，它的方法是自底向上的。它面对量子怪事束手无策。此外，还有令人不安的低四极矩。威尔金森微波各向异性探测器没有发现任何大尺度的温度涨落——与暴胀宇宙所预期的不同。

我吞下了那片三文鱼。“我觉得暴胀存在很多问题，其中一些尚未被人们承认。”

当我提出我的看法时，我觉得有点不对劲，我感觉自己好像不该有看法，随着对话的继续，我不禁感到有点惭愧。布鲁克斯和贾米森都是物理学博士，他们是真正的记者。我只不过是在装模作样，尽力让自己装得像一些。但奇怪的是，我觉得我装得挺像。我们比较多种暴胀观点及其不足之处，并分享我们跟古怪的宇宙学家争论的故事，此时，我突然意识到，有一大群人——作家们——想隔着寿司讨论物理学。科学新闻是我的伪装，但今天这副面具太完美了。

当我被左舷上的一片金枪鱼噎住时，我突然想知道在大海另一边的老爸现在在做什么。那里现在是早晨，他可能准备上班了。

一……二……三。拧钥匙，深呼吸，打开门。

在酒店住了一个星期，是时候回到我的迷你公寓了，是时候回到终极实在之中了，但直到站在房门外时，我才想到当初我设置捕鼠陷阱时，并没有充分考虑到最终的结果。我本希望老鼠离开，但它们可能不会离开。它们现在可能就在门的另一边，可能有七只，脖子被勒着，面目狰狞，捕鼠陷阱弹起来就像是断头台，啮齿动物革命后恐怖的残躯，一支被塞恩斯伯里超市的花生酱引来的高贵军队。我究竟该怎么处理它们呢？举行一场盛大的葬礼？鸣礼炮二十一响？逃跑？

一……二……三……

哼。

能有什么大不了的？

经过几次退却，我终于拧动钥匙，忐忑地打开房门。走进房间，我查看着可怕的现场。情况比我想象的更可怕。花生酱全都不见了，而捕鼠陷阱还是老样子，仍然是空的。

沃勒尔的结构实在论引起了我的共鸣。如果我想找到终极实在的真相，搞清楚“有”的本质——据说，“有”来自“无”——那么将我们对世界的描述与世界本身区分开来，将物理学真正在说什么与我们认为它在说什么区分开来，是至关重要的。但是我很困惑。沃勒尔曾经说过，理论讨论的是数学结构，而不是物。这是不是意味着物根本不存在？或者这只不过意味着我们的科学理论永远无法告诉我们哪些物是真实的？沃勒尔的理论到底是关于可知物的，还是关于实在物的？它是认识论的还是本体论的？

“认识论的。”当我问沃勒尔时，他很肯定地回答我，“我很难理解没有‘被关系者’的关系。总之，我觉得我们应该对形而上学保持沉默。通过物理学，我们思考的是，实在可能是由什么构成的。结构实在论者认为，我们不应该认为自己对实在的把握可以超越目前的理论范围。”

起初，沃勒尔反对本体论的结构实在论的理由似乎是相当充分的。毕竟，撇开被关系者去谈论关系能有什么意义呢？如果世界是由数学关系构成的，那么数学关系处于什么之中呢？

也许它们不在任何东西之中。也许关系就是一切。也许这个世界是由数学构成的。乍听上去很疯狂，但深入思考后，我很想知道，另一种选择到底是什么？世界是由“物”构成的？“物”到底是什么？是在最轻的拷问下就会屈服的概念。经过仔细观察，你会发现任何物体都是粒子的混合物。但仔细观察这些粒子，你会发现它们是庞加莱对称性的不可约表示——无论这意味着什么。重点是，粒子从根本上看很像数学。

如果结构是理论所能告诉我们的关于世界的全部，不可知的本体永远被掩盖，那么我们对终极实在的追求就完全无望。接受沃勒尔的认识论的结构实在论就好比挥舞着模拟白旗，退到博斯特罗姆的计算机里。

相反，如果结构是存在的全部——假如世界真的是由数学构成的，而不是由物构成的——那么物理学可以告诉我们关于终极实在的一切。本体论的结构实在论是我们唯一的希望。老爸和我的使命前途未卜。

“有没有人认为结构实在论是本体意义上的？”一天课后，我问我的哲学教授。

他想了一会儿，然后点了点头。“你应该和詹姆斯·雷迪曼（James Ladyman）谈谈。”

花生酱全都不见了，这证明老鼠在本体论上是有效的，但是我知道，我无法在逻辑上使我的推论成为最佳解释。当然，这似乎是最有可能的结论，但是，我不得不承认，奥卡姆剃刀变钝了，有无数也许不可观察的事件可以解释花生酱的消失——尽管我无法想象到底发生了什么。难道英国花生酱特别容易快速蒸发？又或者七份反花生酱从真空中自发产生，在刹那间将我从超市里买来的花生酱消灭？信息对理论的不完全决定性得到了陷阱无效这一结果的支持，这些被设置好的空陷阱就在那儿，充满了势能，势能随时准备变为动能。我在哲学课上学到，归纳推理是不堪一击的，线索并不怎么重要。证明老鼠绝对真实的唯一方法是从一些不证自明的公理出发，用逻辑推导出它们的存在，使其具有必然性，而不仅仅是偶然性。当然，按照这些标准，一只老鼠可以坐在我面前挥动爪子，而我依然无法证明它存在。我偶尔会听到那些混蛋在墙上抓挠，在天花板上疾跑。

“好吧，”我告诉五金店伙计，“我要胶水捕鼠器。”

“我会告诉你什么不是实在。实在不是由微小的物构成的。”

詹姆斯·雷迪曼坐在酒店房间的地板上。“我们总会那样去想，但那并非实在的样子。”

我在吱吱作响的转椅里摇晃着。我们在假日酒店的酒吧里见面，为了参加在城里举办的形而上学会议，雷迪曼住在那儿。尽管沃勒尔警告说，在形而上学的问题上我们应该保持沉默，但是很多哲学家不愿闭上嘴巴。酒店的酒吧太吵了，没法讨论实在的本质，所以我们回到他的房间。他坐在地板上，伸展着双腿。雷迪曼留着凌乱的披肩发，很容易被错认成雷鬼乐队的鼓手，尽管他的英国口音带着明显的学术旋律。

“从‘结构是我们可知的全部’到‘结构是存在的全部’，你是怎么想的？”我问道。

“观察当代物理学，你会意识到它无法支撑不可观测物的直观图像。你可以说，粒子物理学是关于介子、夸克、重子、电子和中微子的，但是当你超越图像只看理论，你很难说这些理论是关于粒子的，对吧？”雷迪曼说，“所以粒子的问题就是它们不是粒子……如果你想知道什么是本体，看看理论怎么说。不要试图将数学结构与某种朴素的意象叠加在一起。”

比如，球？

“所以物理学本身就引导你去解读结构实在论？”我笑着说。

沃勒尔进一步发展了结构实在论，以应对哲学家们的争吵。假如雷迪曼的结构实在论是由物理学而非纯粹的哲学驱动的，那么它更有机会成立。

“量子力学和相对论挑战了‘世界是由物体构成的’这种直观观念，”他说，“量子粒子的个体性有各种各样的问题：纠缠态、量子统计法。在广义相对论中，时空点似乎并不是终极实在，实在更像是度规场。在量子力学和相对论中，我们被推离了本体论，而根据本体论，你可以深入研究，并发现每件事都是由一些小事构成的。”

这个想法不错。量子统计法不仅奇怪，还使将粒子看作“物”变得更加不可能。如果你有两个电子，你是没有办法区分它们的。电子没有已知的子结构，它们完全由它们的静质量、自旋和电荷定义，这些对每个电子来说都是一样的。根据定义，电子是全同的。当然，你可以认为你能通过它们在空间和时间中的位置来区分它们——这里的电子与那里的电子不同，因为它们在不同的地方。这种技巧可能在经典物理学中有效，但在量子物理学中无效。量子粒子在时空中没有确定的位置，只有出现在不同位置的概率，位置本身被不确定性所取代。结果是，量子物理学令基本粒子无法被区分，这在计算概率时变得非常重要。如果我房间里的七只老鼠都不可避免地会被胶水陷阱粘住，那么我可以说在一个给定陷阱中找到一只特定老鼠的概率是七分之一。但是，如果老鼠实际上是量子的，那么在任何给定的陷阱中发现任意一只老鼠的可能性都是100%。如果你下注，你得知道你面对的是经典统计法还是量子统计法，它们截然不同。“物性”建立在个体性这个基础之上，如果老鼠不具有个体性，那么我们认为老鼠是“物”又有什么意义呢？

广义相对论只会使情况变得更糟。老爸曾告诉我，为了让加速系和惯性系地位平等——将曲线变成直线——你必须让纸弯曲。问题在于，你可以以不同的方式弯曲纸，产生相同的结果，爱因斯坦的中心原则——广义协变性原理——确保这一点可以实现。纸的不同位形对应同样的物理性质，这种不完全决定性使得雷迪曼和爱因斯坦都认为纸本身——时空的“物性”——并不是终极实在。唯一的实在在纸张曲线所描绘的时空关系中。度规。结构。

对此，我越思考就越意识到，本体论中的不完全决定性在物理学中肆虐。这让我想起了狄拉克的洞。在量子力学的早期，保罗·狄拉克（Paul Dirac）提出了一个方程，使薛定谔方程与狭义相对论相容。唯一的问题是，方程允许粒子，比如说电子，具有负能量，这在现实世界中显然不会发生。为了挽救他的方程，狄拉克设想量子真空是一片大海，其中可能存在的负能量状态已经被填满，只为电子留下正能量状态。但是新问题随之而来，狄拉克意识到，被激发的负能量状态可转化为正能量状态，那么负能量海中就会出现洞，这种洞将具有电子的所有性质，但携带正电荷。

狄拉克用他的洞预言了反粒子的存在。狄拉克设想的带有正电荷的洞，如今被物理学家称为正电子——正电子是物体，而不仅仅是洞。但关键是数学从未改变，只有解释变了。物理学家也可以继续研究洞的图像，他们仍然可以进行预测，并在实验室中检验这些预测。你可以将正电子视为某种物体或某种空位，两种本体截然相反，但是从数学结构的观点来看，它们是完全一样的。我想跑进哲学课堂告诉我的同学一个好消息：**你不必把粒子当球！你可以把粒子当成洞！**

“你怎么定义结构？”我问雷迪曼。

“我会说那是一种关系系统。但是，人们会说，‘关系系统存在于紧密联系着的物体之间’。”他回应着沃勒尔的批评，“但是量子力学和广义相对论似乎并不建立在物体的本体论及物体之间的关系上。实际上，情况恰恰相反。物体只是关系结构或某些东西中的节点。”

球和洞都只是描述；它们是结构的实例化，而不是结构本身。真正的东西是数学关系。如果你是一个关于结构的实在论者，那么你就避免了不完全决定性危机。

“这是否意味着物理世界是由数学构成的？”

“可能在某种程度上，只有数学能充分描述世界。如果你读量子场论的科普书，作者肯定会在某处说：‘我们无法解释这一点，但事实证明是这样的……’他们没有足够的交流资源，因为他们让人们以为我们谈论的是一些小粒子，而实际上不是这样的。因此，对实在的描述越基本，该描述就越数学化，抽象和具体之间的区别不再稳固。另一方面，我不想说具体的宇宙是数学构成的。但是，它的本质可能与我们对具体物理对象的概念相去甚远，也许说它是由数学构成的，比说它是由物质构成的更准确。但是这些都是非常困难的问题。我真的不知道了。”

“在我看来，实在在底层，数学在顶层，两者之间有一对一的映射，”我说，“除此之外，你还有语言，但是数学和语言之间并没有一对一的映射，所以在转换中会丢失一些东西。但是我的问题是，如果数学和实在之间真的存在一对一的映射，那么这难道不意味着它们是一回事吗？”

“我想现在的问题是我们并没有一对一的映射，因为我们的最佳理论也不完全准确。”雷迪曼说，“你可能会想，如果我们最终有一对一的映射，那么否认‘实在的本质是数学’的理由又是什么呢？我不太确定。有一些哲学理论，总是试图解释抽象数学与实证数学之间的区别，我对此持怀疑态度。因为归根结底，我们怎么可能解释这种差异呢？比如，我拒绝回答这个问题：‘何物将火吐纳到等式之中？’因为你所说的一切都只是比喻，对吗？你可能会说，‘好吧，先有抽象的数学，然后，实际的宇宙是所有可能结构的子结构。那么非实例化结构和实例化结构有什么区别呢？’好吧，哲学家会说有一种原始的实例化关系或者某些——你可以发明一些形而上学的语言来谈论这件事。但对我来说，这和说数学里面有精灵尘没什么区别，这种说法没有任何作用。如果你站在科学的角度提出问题，例如‘什么会引起地震’，那么你得诉诸概念性资源，而它们是非空的，因为它们与观察有关。但是纯数学与观察无关。如果万有理论是数学理论，你该如何检验它呢？如果你想检验它，那么它必须包含一些与数学无关的东西。”

“我听说，即便你真的找到了万有理论，你也无法检验它。”我说。

“没错，嗯，”雷迪曼想了想说，“这很有趣。”

我很难相信我正在为“世界是数学的”这一概念辩护，我在十几岁的时候根本瞧不上数学。我很高兴我老妈当时不在那儿。

但是与雷迪曼一样，我看不到别的选择，除非我们遵循沃勒尔的建议，不超越“目前的理论范围”。我觉得，我们现在的理论真的是在告诉我们实在是由数学构成的。物体让位于方程，物性变得抽象。鉴于广义相对论和量子力学中的本体具有严重的不完全决定性，雷迪曼的结构实在论似乎是化解存在议题中的危机和矛盾的唯一途径。这令人惊讶。我的意思是，你可能会这样认为：随着我们的物理学理论越来越好，雪球越来越接近终极实在，我们对最终构成实在的客体有了越来越清晰的认识；然而，唯一明确的消息似乎是：“物体”根本不是正确的本体。物理学不仅破坏了我们对世界的所有直觉，还抹杀了哲学。我坐在普通酒店的普通房间里，本体论的结构实在论似乎是唯一不普通的东西。

我走在伦敦的大街上，灰色的天空让人感到沉闷，路面上雨水横流，我看着所谓的世界。认为一切——气派的联排别墅和双层巴士，海德公园的绿地和大理石拱门的白色石头——都不属于物理而属于数学的想法是疯狂的。而且，这不正是惠勒一直在说的吗？

万物源于比特：世界是由信息构成的。不是由信息**描述**，而是由信息**构成**。一间房子是用砖盖成的，但砖却是由信息构成的。信息如果不是数学结构，又会是什么呢？

客体实在论者认为love和amor因为看上去和听上去不同，是完全不同的东西。你必须知道英语和西班牙语之间的翻译规则，才会发现这两个词是等同的——有一对一的同构映射，有相同的底层结构，即它们共同所指的概念。love和amor是词，是描述。真正真实的是它们之间不受翻译影响的结构关系。我们无法为之命名。命名就会把结构变回描述。命名就需要选择一种语言，一种从优参考系，这违反了广义协变性原理，打破了语言时空的对称性。

科学是关于结构的。我们讲述的故事和我们所创建的、用以描述结构的图像取决于我们。关键是不要把描述错当成实在。但是我们如何区分它们呢？我们必须观察各种各样的描述，找到它们的公分母，当你从一种描述变到下一种描述时，结构保持不变。我恍然大悟。

* * *

我几乎是从出租车旁跑到了家门口，我急匆匆地拖着行李箱，按响了门铃。

在门的另一边，凯西蒂在狂吠。“好孩子。”我听到老妈边向大门走来边夸奖它。

“哦，天哪！”当老妈发现行李箱旁站着的是我时，大喊一声，“你怎么回来了？”

她本想拥抱我，但是凯西蒂推开了她，它跳跃着，哼哼着，它的屁股扭动得如此之快，很快就无法站稳。它跳起来，把它的爪子放在我胸前，舔我的下巴。“凯西蒂！”我尖叫着，抓住它软软的耳朵，在它的鼻子上重重地吻了一口。它高兴地晃着尾巴，然后跑到院子里撒尿。

我紧紧拥抱着老妈，我看到老爸从她身后的门口走出来，正准备搞清楚发生了什么。

“惊喜！”我说。

他拥抱着我，看起来又开心又吃惊。“你怎么回来了？”

我笑了。“我知道我们在找什么了。”

6.

虚拟力

“你饿吗？”老妈问我，老爸则从我手上抢过行李箱拖进家里。

我跟着他们进了屋，凯西蒂小跑着跟着我，我一边走，它一边高兴地用尾巴拍打我的腿。

“你刚下飞机一定饿了，”老妈接着说，“真不敢相信你没告诉我们就飞到这里。”

我能看到她脸上的怒气。

“在这个家里，”她用一种很严肃的语调对我说，“我们绝不会不说一声就飞越大洋。”

“对不起”，我说，“这次是临时决定的。”

“临时到都不能打个电话？”

“我想给老爸一个惊喜。我有了灵感。”

“灵感可以通过电话交流啊。”

“我觉得，”我噘着嘴说，“那样就没有戏剧性了。”

我跟着老妈走进厨房，老爸也跟了进来，他和我一起坐在桌旁。凯西蒂一屁股坐在我的脚上。

“你饿吗？”

“我一直在英国，”我说，“饿死我了。”

“什么灵感？”我老爸问道。

“我给你做鸡肉吃吧，”老妈一边往冰箱里看一边说，“还有你喜欢的辣面条，让我看看还有什么，有水果沙拉，还有花生酱……”

凯西蒂竖起耳朵听着，但是我却想想就不寒而栗。“不要花生酱，我再也不吃花生酱了。”

“什么灵感呢？”老爸又问道。

“我给你做个加羊乳酪和小核桃的沙拉吧。”

“听起来不错哦。”

“上面浇什么？我有树莓酱——”

“天哪，什么灵感啊？”

“好吧，”我转向老爸对他说，“你准备好听我说了吗？”

他像卡通人物一样，露出一副怀疑的表情。

“只有当一个东西始终不变时，它才是真实的，才是实在的。”我说道。

他出神地喃喃自语着：“只有当一个东西始终不变时，它才是真实的，才是实在的……”

“想一想，不变意味着在所有参考系中都一样。这是所有观察者都同意的我们这个世界的一个特点。这正是我们对‘客观’的直观定义。这是实在测试。假如你能找到一个参考系，在这个参考系中某个东西消失了，那么这个东西就不是不变的，而是取决于观察者的。这样的东西不是实在的。”

他静静地坐了一会儿，思考着。“所以如果某个东西是不变的，它就是真实的。假如它依赖观察者，它又是什么呢？幻象？”

“不，我认为它与幻象不同，它并不是主观的，但它也并不是终极实在。”

“比如彩虹。”

“没错！彩虹是物理现象，它不是主观的，但它也并不是真实的，对吗？等等，彩虹是怎样形成的？”

“你后方的太阳光照射过来，光线被大气层中的水分折射。”

“对，好吧，那么你得有太阳和水，所以彩虹是客观的，但是它依赖你的参考系。如果你运动到其他位置，你可能看不到彩虹。这是一个常见的物理现象，但它跟你的观察位置有关，并没有一个有形的、实在的彩虹色物体挂在天上，你摸不到它，它就像海市蜃楼，它不是真实的。”

“就像是星系的颜色，”老爸说，“颜色并不是星系实际的特征，那只是星系相对于观察者运动所体现出来的特征。这种相对运动改变了光波的频率，而频率就是我们所看到的颜色。因此，假如一个星系向红色偏移，我们就知道它正在远离我们，假如向蓝色偏移，就表明它朝着我们运动。这就是多普勒效应，它是取决于观察者的。”

我点点头。“假如我们想找到终极实在，我们就得消除宇宙中所有取决于观察者的因素，从而找到真正不变的东西。”

老妈把沙拉碗和盘子、叉子重重地放在桌上。

凯西蒂哼唧了两声。我低下头，发现它正盯着我。它的舌头搭在嘴边，它好像在笑。它把爪子放在我手上。

“想吃吗？”我问它，“沙拉？”

我把一片生菜扔到空中，它一口叼住了这片生菜。老妈看上去不太同意我的做法。

那一晚，我从我的箱子中翻出一些书和论文，然后走进我们的物理书斋。老妈和狗一起坐在走廊的地板上，她把自己的头靠在凯西蒂身上，用妈妈似的口吻跟凯西蒂低声细语。**是的，我爱你。是的，我爱你。**

“还讨厌狗吗？”我问。

“是的。”老妈低声说。凯西蒂正在舔她的鼻子。

在书斋里，老爸躺在他的皮椅上，翻着一本书，我则舒服地坐在沙发上。

“看看这篇论文，”我说，“这是马克斯·玻恩（Max Born）——量子力学的创立者之一——写的，于1953年发表于《哲学季刊》，标题为‘物理实在’。”我大声地读起第一行：“在物理世界中，实在的概念在上个世纪已经出现了一点问题。[1]”

老爸笑道：“你认为呢？”

我继续朗读，老爸专注地听。

在一块纸板上剪出一个圆形，玻恩写道，在灯光的照射下，观察这块圆形纸板在墙上的影子。

“圆的影子通常是椭圆。翻转圆形纸板可以得到椭圆影子一个轴的长度，范围可从几乎为零到一个最大值。这恰好是对相对论中的长度的类比——在不同运动状态下，长度在零和一个最大值之间……显而易见的是，同时观察几个不同平面上的影子，就可以确定原始图形是圆，并且可以明确地测出它的半径。这个半径，数学家们称之为不变量。[2]”

“这基本上也是CT的工作原理。”老爸若有所思地说。

我继续读：“投影（我们举例中的影子）的定义是相对于参考系（比如墙壁）而言的。通常有许多等价的参考系……不变量是相对于任何参考系都具有相同值的量。[3]”

“它们不取决于观察者。”

我点点头，然后读了一段关键内容：“物理学的概念结构的主要研究进展是发现了某些量，这些量原本被视为物体的性质，但实际上它们只是投影的性质。[4]”

“这是一个非常有趣的观点。”老爸说，“我们意识到，曾经的‘不变量’实际上是取决于观察者的，是影子。这是物理学的进步。”

“是啊，玻恩接着说：‘我认为不变量正是实在的合理概念的线索。[5]’然后他谈到量子力学，认为测量就是某个参考系，某个测量装置上的投影。结尾他还说，不变量是科学概念，相当于日常语言所说的‘物’……实在始终具有某种独立于表象，独立于投影的结构不变性。”

“真实的就是不变的。”

我点点头。“真实的就是不变的。听上去是显而易见、微不足道的，但是却又深刻得难以置信。”

“我明白，”老爸一边说，一边翻着一本爱因斯坦的文集，“这是相对论背后的全部思想。听听这个，爱因斯坦对电学和磁学问题进行了思考。如果移动一块磁铁，你就能创造一个电场，如果你移动一个电子，就会创造一个磁场。但你如何定义真正的运动是什么？运动是相对的——你是相对于电子参考系静止还是相对于磁铁参考系静止呢？爱因斯坦写道：‘如果说这是两种原理完全不同的情况，我是无法接受的。我深信，这两者之间存在区别仅仅是因为观察角度不同，被观察物并没有区别。以［运动的］磁铁为立足点，电场肯定不存在。以［静止的以太状态］为立足点，电场肯定是存在的。因此，电场的存在是相对于参考系的运动状态而言的，只有在电场和磁场被当作一个整体时，这个整体才是不取决于观察者运动状态或参考系的客观实在。这种磁电感应现象促使我提出（狭义）相对性原理。[6]’”

当老爸读着爱因斯坦的话时，我意识到爱因斯坦做的最值得物理学家感谢的事就是，他论证了不变性和实在之间的深刻联系。

运动是相对的，而电磁学定律要求光波以每秒约30万千米的速度运动，所以空间和时间必须随着参考系的转换而变化，也就是说，空间和时间是取决于观察者的，它们并不是实在。

爱因斯坦通过排除取决于观察者的现象，发现了实在：统一的四维时空。不同的观察者可能会按不同的方式分割时空，分出“空间”和“时间”，但其实他们只是以不同的途径观察同一个不变的东西。如果你有一条横跨十个时空单位的世界线，我可以认为它分出了五个单位空间和五个单位时间。处于另一个参考系中的老爸可以认为它分出了七个单位空间和三个单位时间，也就是说，被他视为空间的两个单位，在我看来是时间。光需要十个单位空间，时间为零。这就是为什么你不可能比光跑得快，因为你没法为时间分割出小于零的时空单位来。如果分割出小于零的时空单位，那就必须是个负数——你会沿着时间的反方向运动。

关键在于，不论你怎么分割，时空就是时空，它是不变的。

正如赫尔曼·闵可夫斯基（Hermann Minkowski）所说："从今往后，空间和时间本身都注定要退化成纯粹的投影，只有两者的统一，时空，仍会是一种独立的实在。"空间和时间是投在墙上的影子。时空是纸板。

爱因斯坦认为不变性比相对性更重要，因为他知道，不变的就是真实的。实际上，他有点后悔把自己的理论称为相对论，他希望把自己的理论称为**不变论**：关于不变性的理论。

我们永远无法看到时空。我们就像柏拉图洞穴中的囚犯，不得不通过世界的影子，即被分割成三维空间和一维时间的宇宙来感知世界。不过，通过爱因斯坦方程中的不变量——从一个惯性系到另一个惯性系，通过洛伦兹变换，时空间隔保持稳定——我们可以窥见表象背后真正的实在。时空是对称的，但是我们所感知到的宇宙却是对称性破缺的宇宙。我们生活在碎片中。

当爱因斯坦将狭义相对论升级为广义相对论时，很多东西都变得更加取决于观察者了。据说，爱因斯坦看到一名屋顶修理工从专利局办公室附近的屋顶坠落，由此获得了灵感，他称这一灵感为"最幸福的思想"。这让爱因斯坦听起来像个混蛋。不过这种说法可能不是真的。不管怎样，他意识到，一个人从屋顶以自由落体方式坠落会体验到失重，就好像重力不知何故消失了。这之所以是爱因斯坦最幸福的思想，是因为其中包含着令人难以置信的顿悟：假如引力可以在一个观察者的参考系中消失，那么它就不可能是实在的基本成分，它一定是视角的产物。

在命运多舛的屋顶修理工看来，他在一个普通的惯性系中，这是一种没有引力的参考系。这并不意味着他在妄想，从他的角度来看，他真的处在一个无引力的惯性系中，如果他能在下落的过程中做些快速科学实验，就会确认这一点。假如他把钥匙从口袋里拿出来并扔掉，钥匙不会像有引力作用时那样落到他的脚上，钥匙只会在他身边徘徊，因为钥匙和他都以同样的速度下落。唯一不同寻常的是，巨大的地球正加速朝他飞来。

惯性系中的观察者在时空中沿着直线运动，但是在站在地面上看热闹的旁观者看来，这名工人在坠落的过程中，在越来越少的时间内穿过越来越多的空间。在他们看来，坠落者正在加速，他的世界线是一条曲线。那么到底是直线还是曲线？

爱因斯坦知道答案是两者都对，因为直线和曲线仅仅是对同一个坠落者的不同描述而已。但怎么可能都对呢？一条曲线怎么可能同时是一条直线？**将曲线变成直线，你必须让纸弯曲。**把屋顶修理工的看法和旁观者的看法统一起来需要微分同胚变换，需要时空弯曲，需要引力。

爱因斯坦的广义协变性原理认为，所有观察者都能看到相同的物理学定律。在各失配参考系的边缘，引力维系着广义协变性原理；引力将曲线变为直线。“我们仅仅通过改变参考系，就能‘创造’引力场。”爱因斯坦写道，“广义协变性原理要求……将空间和时间中残余的物质客观性清除。”

牛顿相信绝对空间的实在性，因为假如没有这种实在性，加速度就没有任何意义了——相对于谁加速？不过爱因斯坦的广义相对论则表明，一个参考系，从一个观察点看是加速的，从另一个观察点看就是包含引力的惯性系。加速系和惯性系并没有本质上的差别，这意味着你并不需要绝对空间。也就是说，你并不需要真实的空间。

这也解释了一直以来一个十分有趣的事实，我估计这足以让我哲学课上的同学口吐白沫：如果你让两个球同时从比萨斜塔上下落，比如说保龄球和乒乓球，假设它们是在没有空气的真空中下落，它们会同时撞击地面。你可能会觉得越重的球下落得越快，但事实并非如此。因为如果较重的东西比较轻的东西下落得快，你就能够分辨出自己处在加速系中还是处在具有引力的惯性系中。

怎么分辨呢？如果你在没有窗户的电梯中，感觉自己的重量压向地板，你可能会想，是电梯正在加速上行，地板顶着你的脚，还是电梯在很强的行星引力场中静止。你可以让一根重的叶鞘和一根非常轻的叶鞘同时下落以找到答案。如果重的那根先落到地板上，你就知道你是在一个引力场中。如果它们同时落在地板上，你就能知道，电梯在加速上行，所以地板升起来，与两根飘着的叶鞘在同样的时间相遇。

由于不同重量的叶鞘以相同的速度下落，爱因斯坦的等效原理认为：你无法区分加速度和引力。如果能区分，就意味着“空间”不空，意味着它是真实的。但事实并非如此。

“狭义相对论表明空间和时间都不是真实的——它们取决于观察者。”我对老爸说，“广义相对论则表明引力也不是真实的，因为它会在某些参考系中消失。但是更惊人的是，事情并没有在爱因斯坦这里停止。所有的力都是这样，所谓的‘基本’力没有一个是真实的！”

引力之外还有三种力。电磁相互作用力在我们日常生活的尺度内发挥作用，因而是我们最熟悉的。另外两种力则较为陌生，掌控着亚原子物质。强力将夸克束缚在原子中心处的质子和中子内。弱力通过改变构成质子和中子的夸克的味，将质子变为中子，或者将中子变为质子，同时调节放射性衰变，使太阳发出光芒。

尽管大家都认为，在一个由量子力学统治的世界中，引力是一个异类，但是所有的力在本质上都是按照同样的方式产生的——具体而言，它们使很多东西在不同的参考系中以不同的形式出现。

当谈到量子力时，“物”不再是空间和时间，而是量子波函数。波函数的关键之处在于，就像所有的波一样，它们有相位。

“比方说，你有某种物质粒子，比如一个电子，”我说，“它由有相位的波函数描述，但是相位并非物理实体，只能说明波在一个周期内相对于某测量装置而言走了多远——不论波正在走向波峰，还是正在走向波谷。就一个观察者而言，假如你正在观察一列波行进，你向左走一步，就改变了它的相位，因此，相位显然不是波的本质属性，它取决于观察者。”当然，相位差很重要——它使干涉图样出现在双缝干涉实验中。不过相位差本身没有任何本质含义。

“相位定义了参考系。”老爸说。

“没错！想象一下，这个电子的波函数遍布整个空间。它的波幅可能在某个特定位置达到峰值，但根据不确定性原理，在任意位置，它出现的概率都不会为零，它会无限扩展。因此，假如你观察这个电子并且向左走两步，你就改变了它的相位，但是你并没有改变它在整个空间中的相位，因为你的视线只能在你自己的光锥范围内。要想在宇宙各处同时改变整个波函数的相位，你就得移动得比光还快。如果你可以，那么这就像在进行洛伦兹变换。但你不可能比光快，只能改变波函数局部的相位。因此，现在你改变了一部分，还有一部分没变——相位不能正确排列，因而失配，就像一条曲线和一条直线一样。所以你得引入力来解释这种失配现象。你必须按照正确的方式弯曲某些东西，使相位顺利匹配——就像微分同胚变换。”

“你得有引力等价物。”

“没错。对于电子的例子来说，引力等价物就是电磁相互作用力。”

电磁相互作用力是一种规范力，规范是相位的另一种表达，是视角，是参考系。根据爱因斯坦广义协变性原理，规范对称性要求所有规范都是平等的，不存在“更真实”的参考系。不过局部规范偏移——视角偏移——会产生相位错位的波函数。为了解释这种失配现象，并让所有参考系依旧平等，就需要规范力。

我看过的许多书和文章都认为，力通过改变波函数相位来影响粒子，但实际上正好相反：参考系的改变会使相位错位，从而产生力。换句话说，失配的参考系就是力。对于电子而言，因其相位失配而产生的力是电磁相互作用力，其粒子激发即为光子。

电磁力使我们不会把对一个电子的两种不同描述与两个电子混淆，就如同引力使得我们不会把对时空的两种不同描述与两个不同的宇宙混淆一样。强力和弱力也是规范力，但只被用来解释从不同角度进行观察时，夸克波函数的相位如何发生错位。规范变换与广义相对论的微分同胚相似并非偶然：引力是一种规范力。

我在写夸克-胶子等离子体的文章时了解了核力，但直到我领悟到不变性和实在性之间的联系时，我才意识到规范场论更深层的重要性。关键在于，规范力并不是不变的，你会发现在有些参考系中，规范力消失了，屋顶修理工的例子就是一个佐证。实际上，在任意单独的参考系中，规范力都不存在，只有当你比较不同参考系时，规范力才会出现。规范力是取决于观察者的，不是真实的。

“规范力是虚拟的。”老爸兴奋地说。

“没错！规范力不是真实的。”

“不，我的意思是规范力是虚拟力。”老爸从他的椅子上直起身子说。

“跟我说的不是一回事吗？”

“比方说，你在红灯前停下，红灯变绿了，你会向下踩油门，当汽车启动时，你会感到有一种力量将你按在椅背上。物理学家称这种力为虚拟力——比如当汽车转弯时，好像有一种离心力把你推向车的一侧。这种力不是真实的力，是加速参考系中假想的力。在红灯变绿灯的例子中，路边的观察者看着你踩下油门。他处在惯性系中，对吗？他看见汽车启动，看到你靠在椅背上，而他的解释很简单，车正在加速，并带着你一起加速，从他的角度看，你并没有被按在椅背上，而是椅子在向前推你。但是在车里，你无法知道自己真的在加速。”

“好吧，我可以看车窗外的东西，知道自己正在加速啊。”我说道。

“但是你也可以认为自己处在静止状态，而外边的一切正在加速离开你。如果你挡上所有的窗户，你根本没法知道自己是否在运动，因为相对于你，车内的一切，包括你的座位，都是静止的，你有可能认为自己是静止的。在车里，真正让你感到奇怪的是自己突然被推到椅背上。唯一的解释方法就是假设有一种力在推你。”

“但那不是真实的力……”

“对，那是虚拟力，因为当你切换到路边惯性观察者的角度时，这个力就消失了。对于他来说，没有什么力，只有一辆加速运动的车。由于你可以在切换参考系时消除这种力，所以物理学家称之为虚拟力。但是实际上，正如你所说，所有的力都是虚拟的。”

“对，完全正确！引力、电磁力、核力……它们都是虚拟力。它们取决于规范，这是取决于观察者的另一种说法。它们并不是不变的。你刚才说，由于我无法知道自己‘真的’在加速，所以有了虚拟力。但根据相对论，我不是不能说自己‘真的’在加速吗？我也许处在有力的惯性系中，也许处在没有力的加速系中，但它们是等效的。不能偏心地认为路边惯性观察者的参考系是‘真的’——所有观察者的视角都同样有效。”

“完全正确。”老爸点头说，“虚拟力的想法来自牛顿物理学，在牛顿物理学中，相对于加速汽车所处的空间，路边惯性观察者所处的空间被认为是绝对的。爱因斯坦则使路边惯性观察者的参考系与驾驶员的参考系变得平等了。”

“通过让空间和时间取决于观察者！”

我们花了好几个小时讨论这个话题，一直到我的眼皮打架。

“跟我去睡觉，小丫头！”我一边向我的卧室走去，一边对凯西蒂说。它起初跟着我，但是后来开始徘徊。它转头去了走廊，躺在老爸老妈的卧室门口站岗放哨。“我知道怎么回事啦。”我摇着头对它说，“叛徒。”

那晚躺在床上，我庆幸自己的房间足够大，仍遵循经典物理学定律。我思考着终极实在问题。爱因斯坦曾经说：“物理学尝试从概念上理解实在，人们认为物理学独立于被观察物。在这个意义上，人们谈论物理实在。[7]”对于爱因斯坦来说，真实意味着不取决于观察者。要搞清楚什么不取决于观察者，唯一的办法是比较所有可能的观察结果，以期找到其中不会发生变化的珍贵的基础。真实的就是不变的。

这个哲学上的真理众所周知，人们本能地认同它。假如我们看到某个十分奇怪的东西，以至于无法相信自己的眼睛，此时如果想确认自己意识清醒，并未喝醉，该怎么做呢？我们会转身问问旁边的家伙：“你也看见了？”假如他说没看见，我们就知道这东西在不同的参考系中是不同的，此时我们可能会感到惊慌。

作为一个结构实在论的新人，我知道我必须小心地将物理学从其底层数学结构中剥离出来，不能把不同的描述错认成不同的事物。现在，作为我判断终极实在的唯一标准，不变性让我明白了从一个参考系到另一个参考系，描述是在变化的——只有结构才有可能是不变的。

雷迪曼将结构实在论变成一种本体论，这种做法是对的——丢掉个人知觉的包袱，只有结构有可能是真实的。观察同一事物，描述同一结构，有无限多种方法。单从广义相对论来看，这是十分明显的。你可以在平直时空中描绘一条弯曲的世界线，也可以在弯曲时空中描绘一条笔直的世界线。你可以用一种简单的网格度规谈论一个扭曲的流形，也可以讨论变形度规，并认为流形根本不存在。你可以用非欧几何描述宇宙，也可以坚持用欧氏几何，同时掺入一些额外的力来进行描述。你可以用无限多的方式标记和重标时空点。这一切没有什么不同。底层结构总是相同的。我们描述实在的创造力可能是无限的，关键是要知道什么仅仅是描述，什么是表象之下真实的东西。

幸运的是，我找到了一个简单的经验法则：任何维护规范对称性的东西都仅仅是描述，然而描述造就了看似真实且常常引人注目的物理性质。简单地从一个观察角度转向另一个，可以将空间变成时间，让引力消失，或者产生电磁力；可以引发核反应，可以让太阳发光。

除了四种基本的虚拟力之外，要保持规范对称性，还需要一种东西：希格斯场。

所有粒子都有所谓的自旋性质，这是一种内在的转动性质，可以解释粒子在不同参考系中的样子。我喜欢用沙滩球飞过我时的情景想象这种性质，当球接近我然后又远离我时，球的不同的局部视图相继进入视线，使球看上去在旋转，尽管球在自己的参考系内并不旋转。当然，问这个球是否“真的”在旋转是没有意义的，因为运动是相对的。一位观察者绕着一个原地不动的物体走360度，与一位观察者站在原地不动而物体旋转360度是对同一事件的两种等价描述。

粒子的自旋可被描述为右旋或左旋——右旋指的是它自旋的方向与它在空间中运动的方向一致，左旋指的是它自旋的方向与它在空间中运动的方向相反。不过，旋向性也是相对的：假如一个粒子向右自旋，且你总能比它跑得更快，那么你回过头看到的就是它在向左自旋。旋向性取决于观察者的参考系。

这是个问题。旋向性是取决于观察者的性质，这意味着它也不是真实的。左旋和右旋粒子之间并没有本质上的不同。然而，20世纪50年代末的实验证明，作用于夸克和电子的弱力，偏爱左旋粒子，这直接挑战了爱因斯坦的指导原则及其在规范对称性要求中的典范作用。把时空换成它的镜像，左右交换，你会看到一个不同的世界。左旋粒子和右旋粒子仿佛具有本质上的不同之处。为什么弱力会把实际上取决于观察者的旋向性看成是真实的呢？

只有一种可能性：如果粒子以光速运动，就不会有人超过它们，这意味着它们的旋向性不可能在哪个参考系中反转。虽然旋向性在本质上仍然是取决于观察者的性质，但它看起来总是不变的。以光速运动的左旋粒子在每个参考系内都是左旋的。

这似乎已经足够了：让所有夸克和电子以光速运动即可。但是这个计划有一个大障碍，夸克和电子都具有质量，具有质量还以光速运动是不可能的——哪怕一丁点质量都会使速度变慢。但是，如果粒子运动得比光慢，我们就无法在不违反规范对称性的情况下解释弱力对左旋粒子的偏爱。

除非你有一个希格斯场。物理学家假设[a]空间中遍布着一种场，当左旋粒子与它相互作用时，就变成右旋粒子，反之亦然。因此，虽然弱力认为自己作用于左旋粒子，但希格斯场在背后交

---

a　2012年，人们通过欧洲核子研究组织的大型强子对撞机观察到了一个符合希格斯玻色子性质的粒子。——原注

换左右，所以弱力其实是平等地作用于左旋和右旋粒子。现在，你可以镜像地反转时空，世界将出现变化。由于希格斯场的存在，像夸克和电子这样的粒子可以在不违反规范对称性的情况下拥有质量。

如果你仔细看一下希格斯场的所作所为，你会发现时间中正在发生一些奇怪的事情。当一个左旋电子与希格斯场相互作用时，它会变成一个右旋的、反的正电子，而换一个参考系——反转时矢，反的正电子就是电子。

只要事件发生在两个观察者的光锥重叠的区域中，这两个观察者对于事件的时间顺序的看法就始终是一致的。关于事件在何时发生，观察者们可能意见不一，但他们对事件的发生顺序看法一致。对于光锥重叠的观察者们来说，“之前”和“之后”是不变的。不过，对于在我的光锥之外的观察者来说，这些话毫无意义。我的“之前”可能是他的“之后”，他的因可能是我的果。不过没什么可担心的，我们两个并不能交换意见。但是，一旦到了量子力学的领域，就完全不是这么回事了。根据不确定性原理，本应在我的光锥之外的粒子总有非零的概率在光锥里面出现，从而避开了相对论。此时，粒子的运动速度可能比光速还快，也就是说可能出现时光倒流。

惠勒最先意识到反粒子只是时矢反转后的普通粒子。反粒子必须存在，以解释这种现象：对于一些观察者来说，粒子就像搭上了能在时空中任意遨游的顺风车。粒子和反粒子并非两种不同的东西，它们是两种不同的观点。

这并非巧合，希格斯场的性质恰好可以弥补参考系变化所产生的差异，现在我恍然大悟，希格斯场并不属于终极实在。和引力、电磁力、核力一样，希格斯场是虚构的——我们被迫将它添加到对实在的描述中，以确保我们能平等地处理所有参考系，不至于误把不同的观点当成不同的事物。

我意识到，这就是物理学的作用。每当我们的参考系将世界分解，物理学就会提供一种途径让它重新成为一体。反转每个空间坐标的方向，将宇宙变成其镜像，物理学就会改变。反转电荷，把所有粒子反转为其反粒子，物理学就会改变。反转时矢，把未来变成过去，物理学就会改变。但是如果同时做这三件事，物理学却保持不变。CPT对称，作为已知的三重不变性，是时空具有洛伦兹对称性的直接结果。电荷、宇称（或旋向性），以及时矢共同发挥作用，保持着参考系的结构性等价，确保我们不会把不同的描述错当成不同的实体。

CPT对称揭示了时空结构和物质结构之间的深刻联系。每当我请物理学家们定义一个粒子，他们会说这是一个“庞加莱对称性的不可约表示”——我觉得这听上去比说这是“球”好，但现在我终于明白了他们的意思。他们的意思是，时空的对称性定义它的一切。庞加莱对称性是狭义相对论的无引力平直时空的对称性，这种对称性使相对旋转的惯性系之间，以不同匀速运动的惯性系之间，以及起点在不同位置的惯性系之间保持平等，我们所说的“粒子”是指在平直时空中，在任何参考系中都不会消失的最基本的不变结构。

爱因斯坦让人们意识到参考系如此重要——它们似乎定义了物理学的开端。他用有限光速、时空相对论告诉人们，对于同一个终极实在，不同的观察者会有不同的观点。在牛顿物理学中，空间是绝对的，光的速度是无限的，你不必考虑不同观察者看到的有什么不同，因为他们都看到同样的东西，这与爱因斯坦的观点不同。在爱因斯坦的世界里，你需要一些法则，以比较不同的参考系，滤除视角中的人为成分。你需要洛伦兹变换和微分同胚变换，你需要规范力。在爱因斯坦的世界里，个人观点打破了实在的统一性。物理学将碎片重新统一到一起。物理学必须如此，因为实在永远不会真的被破坏——它只是看起来被破坏了而已。

突然间，我搞清楚了铅笔故事的寓意。我把它当作对称性自发破缺的范式，看了一遍又一遍。笔尖处的平衡会被微风破坏，然后铅笔会倒下，倒在它周围无限多个同等基态中的一个上，这些基态都是最低可能能量状态。故事往往是这样的：这些基态不表现垂直铅笔最初的旋转对称性——对称性被打破了。

但我现在知道基态是规范。这意味着铅笔从来没有真正倒下——只是从以地面为规范的观察者的角度看，铅笔像是倒下了。从这样的角度来看，铅笔投下水平的阴影，我们误把阴影当作真实的东西，阴影并不具有最初的旋转对称性。要看到完全对称，你需要上帝之眼，你得同时看到铅笔周围的每一个点。既然这是不可能的，我们就不得不从有限的视角推断旋转对称性。我们可以绕着铅笔移动360度，我们在移动的过程中，从一个参考系转换到下一个参考系，从一个规范转换到另一个规范，当我们绕圈时，记得考虑角度的轻微变化，以保持铅笔在视野中。规范对称性确保这种转换是可能的。

弗兰克·维尔切克曾提出，也许对称性自发破缺通过打破"无"的对称性创造了宇宙。这个解释让我很困惑，因为它根本不算真正的解释，只是利用了预存的量子微风，它违反了斯莫林的口号：“宇宙学的第一性原理必须是‘宇宙之外为空’。”但是，如果铅笔从来没有真正倒下，那么也许宇宙从未真正诞生。也许它只是从里面看起来诞生了。

对称性本身并不会破缺——只不过当我们的参照系无限多，终极实在的完全对称性与我们的视野不匹配时，对称性才看似是破缺的。如果你能从宇宙之外的某个阿基米德点看到整个时空，则所有波函数的相位都将对齐，铅笔的所有角度都同时可见。对称性成为主导，力将会消失。还有什么是不变的？据我所知，这是终极问题。不论答案是什么，都意味着终极实在。

在这里——在宇宙中，在被窝里，在美国本土——我透过游乐园的镜子观察事物，希望从多重假象中重建一个单一的实在。不过，我不得不承认畸变是非常奇特的。自旋、电荷、旋向性、速度、因果性、质量……它们以恰到好处的方式精确地结合在一起，尽管我们的视角是破碎的。由此，现实完整无缺，世界诞生了。远远望去，物理学看上去如此凌乱，充斥着如此多的成分，有如此多的任意参数。但唯一的事实是，一切都不是任意的。一切都朝着同一个目标迈进：从所有可能的视角出发，解释奇特的状况是如何出现的。

这就是我热爱的物理学——当你突然意识到你曾经思考过的一件事其实是另外一件事时，或者说，两件看起来完全不同的事实际上是同一件事的两种表现方式时，你会非常吃惊。世界并没有看上去那么遥远，这是一种永恒的安慰。

我已经很成熟，善于在每天的生活中装模作样，但在支付账单或做菜方面，在见面喝咖啡或闲聊方面，在构成人生表象的日常活动方面，我都不在行。有时候，我走在大街上，感觉其他人从我身边滑过，他们无拘无束，就好像我的步子比他们的重，好像我能感觉到脚下的地面是弯曲的，好像我时刻准备着钻入地下，但我无法如此，因为我生活在地表，我只能坚持，不能顺着裂缝溜走。我有时会有这样的感觉，我想知道自己是否不仅是物理学会议和编辑会议的闯入者，也是世界的闯入者。然后，在今夜，我瞥见了世界的底层结构，世界之下的世界，表象之下的真相。我看到了让事物完美地连在一起的方式，这种方式完全受奇点和对称性的简单概念支配——太漂亮了。“我相信，大自然是一个完美的结构。[8]”爱因斯坦写道。我在黑暗中躺在床上，我开始明白他究竟是什么意思了。

“我对不变性以及不变性和对称性之间的关系进行了更深入的思考，”老爸一边把果汁递给桌子对面的我一边说，我们到IHOP[a]来吃迟来的早餐，“诺特定理认为，所有连续的对称性都具有某种守恒量——一种不变量。如果我们正在寻找不变量，对称性会对我们有所帮助。”

“有道理，”我说，“对称性告诉你，当你在参考系间进行变换时什么会保持不变。”我决定不了先切煎蛋，还是先切煎饼，它们的美味程度看上去是对称的。是不是有些哲学驴会饿死？比如布里丹的驴子[b]？

“对。雪花有60度的旋转对称性，如果你以60度的任意整数倍旋转雪花，它看起来和原来一样。但是，这是离散对称——参考系仍然存在，比如说，转动64度，雪花的外观就变了。想找到

a International House of Pancakes，国际煎饼店。——译注

b 比喻优柔寡断的人。——译注

真正的不变量，你需要连续对称性，以此保证不可能有哪个参考系让事物发生变化。”

“对，”我说，“那么我们就来看看连续对称性。”我切了煎饼，对称性破缺了，今天不会有驴挨饿了。

“好吧，空间平移对称性为你提供了动量守恒，空间旋转对称性则使角动量守恒，”老爸说，“时间平移使能量守恒，四维时空旋转对称性使时空间隔守恒。规范对称性使电荷守恒。”

“没错，这些为我们寻找实在提供了选择。我们来列个表。”我一边从我的包里取出笔一边说。我在餐巾纸上写道，**终极实在的成分**。“先列出所有有可能为真的东西，然后我们再仔细看。我看看……空间、时间、时空、引力、电磁力、核力、质量、能量、动量、角动量，电荷……还有什么？”

“维度的数量呢？”老爸问。我把它写下来。“还有粒子？我们应该假定粒子是真实的，对吧？”

“除非粒子是弦。”我说。

“呃，粒子是场的激发，所以粒子和场实际上是一体的，并且场是根据真空定义的。”

我点点头，把它们都加入列表。**粒子/场/真空。弦。**“宇宙呢？你得认为它是真实的。或许这不言而喻？”

老爸摇摇头。“物理学中没有什么是不言而喻的。”

我把**宇宙**也加进列表。我停了一下，然后把**多元宇宙**也加进去了。

“光速，”老爸喝了一口咖啡指着列表说，“这是终极不变量。”

我写下来。**光速。**

“博斯特罗姆会说我们需要质疑实在的实在性，”我说，“不过我认为把它加入列表会让我们陷进龟驮龟式的旋涡。”

“略过它。”老爸点点头，“这就好像在说，蛋糕的原料是蛋糕。”

“好，我们看看，”我把餐巾纸竖起来，好让我们都能看到列表，“根据相对论，我们可以划掉空间和时间。它们都是取决于观察者的。”

“你可以划掉引力，”老爸说，“还有其他力，它们都是虚拟的。质量呢？质量是不变的，对吗？至少静质量是这样吧？”

我喝了一大口咖啡摇摇头。“不对，静质量在狭义相对论中是不变的，但是在广义相对论中，它并没有明确地被定义，要定义它，你得打破广义协变性原理——你得选择一个时间坐标，设定一个从优参考系。质量只能在特定参考系中被定义，并且由于$E=mc^2$，质量转变为能量，所以能量也是如此，它们都是取决于观察者的。”我把它们从列表中划去，“动量和角动量是根据质量来定义的，所以它们在广义相对论中也是取决于观察者的。”

“即便在量子场论中，质量也随着尺度变化。”老爸说，“随着测量的分辨率变化。”

我点点头。“标准模型认为，所有粒子最终都是无质量的——质量只出现在对称性破缺时，或低能真空结构中，或基本粒子与希格斯场相互作用时。能量足够高时，质量就会消失。”

“我们要把希格斯场列在表中吗？”

“我觉得‘粒子/场/真空’就涵盖它了。”

“好的。”老爸一边说，一边继续看下面的项目，“电荷呢？在某些弱核衰变中，电荷守恒是否被破坏了？”

“是的，”我说，“只有当你把它与宇称和时间平移放在一起时，它才守恒。CPT不变性就是洛伦兹不变性，而洛伦兹不变性使得时空间隔守恒。所以你得留着时空。”

“我们可以划掉自旋，”老爸说，“超对称表明，在一个参考系中看似为玻色子的东西，在另一个参考系中看似为费米子。”

这是一个很好的想法。我们通常可以很容易地看出玻色子和费米子之间的区别，玻色子自旋为整数，而费米子自旋为半奇数：只需将粒子旋转360度，如果它看起来跟开始时完全一样，那么它是玻色子；相反，如果它的波函数的振幅出现颠倒，你就得再次旋转它——一共720度——以使它返回初始状态，这就是费米子。

要把一个费米子变成一个玻色子，或者相反，你得通过一些途径反转波函数的振幅，加入一些额外维度就能做到。这些维度是数学维度而非空间维度。通过这些额外维度转动粒子，正的振幅就变成负的，负的振幅就变成正的，整数自旋将与半奇数自旋交换。在更高维的“超空间”中，玻色子和费米子是一样的。在普通空间中，它们是同一张纸板的不同影子，它们的区别仅仅基于观察者所处的参考系。

“我们应该假定超对称存在吗？”我问道。

还没有实验证据证实超对称存在。如果实在真的是超对称的，那么每个玻色子都会有一个费米子配偶子，反之亦然。粒子与其配偶子除了波函数振幅相反以外，其他属性完全相同。物理学家们正准备在日内瓦的大型强子对撞机上寻找超对称粒子，不过加速器尚未开启，超对称依然只是理论。

老爸耸耸肩。“我们有充分的理论根据相信它存在。”

的确是这样。首先，在超对称真空中，力是可以统一的。从我们的低温低能量角度来看，强力要比电磁力强100倍，而弱力要比电磁力弱1000亿倍。但是如果升高温度，这些力的强度就会发生变化。由于真空放松了对夸克的控制力，强力随之减弱，与此同时，电磁力和弱力会变强。继续升高温度，这三种力的强度很快就会趋同。当能量约为10^{25}电子伏特时，电磁力和弱力会合并为单一的弱电力，而强力还是强一点，此时还不涉及超对称。在超对称世界中，这三种力实际上是一种单一的、统一的、虚拟的超作用力表现出的不同方面。

这并非唯一的理论动力。超对称粒子不会与电磁相互作用力或者强力发生相互作用，它们就像暗物质一样，只与引力相互作用。

“此外，没有理由期待实验物理学家很快找到超对称粒子，”他说，“对这些粒子，我们鞭长莫及，它们处在更高的能量区间，我们测量不到。”

“好吧，”我说，“那我们假定超对称存在，把自旋划掉。”

“还剩什么？”

我兴奋地笑着，拿起餐巾纸读着上面的字，就好像餐巾纸是葛底斯堡演说的讲稿，而穿着宽松运动裤的IHOP顾客是联邦军队的英勇士兵。“终极实在的潜在成分是——”

“再来点咖啡吗？”

老爸哈哈大笑，我们都向服务员赞同地点点头。我们的杯子已满，热气腾腾。我继续念：“终极实在的潜在成分是：时空、维度、粒子/场/真空、弦、宇宙、多元宇宙、光速。”

“你知道吗，我怀疑这些实际上也并不是不变的。”老爸淘气地笑着说。

“那么就没有什么是真实的了。”

“对啊，‘无’是真实的。假如所有东西终究是‘无’——实际上必须是这样——并且我们将终极实在定义为不变的东西，那么唯一的不变就是‘无’。这是因为‘无’是最对称的。”

“但是我们这个列表上有许多不变量，它们都是‘无’吗？”

“好吧，看看有多少东西曾被物理学家认为是不变的，现在已经被我们划掉了。玻恩说这正是物理学的进步，我怀疑这还没到终点。”

“假如所有东西终究是‘无’，那么这个列表上剩下的所有成分都将取决于观察者。”

“没错，它们肯定会这样。”

我好奇地笑笑。“好吧，或许我们会看到！”

我在童年卧室的抽屉里翻出一支笔，急于写下我对不变性和对称性以及实在的思考。我看到一个蓝色的文件夹从一沓纸下露出来，我将它抽出来，坐在床上，打开了它。

你最初的几年如此沉默。
等待，等待着你说话。

我笑了，这是很多年前为庆祝我高中毕业老爸写给我的诗。我一直觉得他写得很棒。不过我现在读这首诗，才恍然大悟他是什么意思。他并不只是注意到我喜欢看的书和我所关心的思想。

凯鲁亚克和《在路上》，
节奏，词语的节奏。

金斯伯格与“嚎叫”和“卡第绪”，
吟唱的节奏。
克西和伯勒斯，菲茨杰拉德和普鲁斯特，
词语、词语。

这些他都读过。他注意到哪本书对我来说很重要，他——在拯救生命、发明乳贴、逆向研究宇宙的业余时间——读了这些书，于是写了一首我能看懂的诗，这是一首送我去纽约的诗，一首送我进入世界的诗，不过这首诗并不是整个世界，甚至也不是他的世界。这是我的世界。我的世界似乎很重要。我说的话似乎很重要。

世界的一大本空白日记，
等待着你的话语，
让所有人听到这节奏，你话语的节奏。

我合上文件夹，将它小心翼翼地放到抽屉里。一阵挥之不去的悲伤涌上心头。就像反事实的怀旧。世界好像依然很大很空，我好像还在等待，等待。

几天之后，我乘飞机返回伦敦。虽然我经常旅行，但是每次飞行我都很焦虑。起飞时是最糟糕的，飞机在跑道上做准备时，我就强迫自己深呼吸。**物理学起作用，物理学起作用**，我在脑海中重复着这句话。哲学课上的女孩会突然出现在我的脑海中。**飞机会飞，因为我们都同意飞机会飞。**我厌恶地转了转眼睛。飞机在跑道上加速。我后面的一个婴儿开始尖叫。机舱剧烈地颤抖着。头顶行李架上的箱包撞击着，小桌板咔哒咔哒地响。接着，轮子离开地面，飞机一边上升一边摇晃。**我同意飞机会飞，我同意飞机会飞**，我默默地吟唱。焦虑胜过实在论。帕斯卡的后现代赌注。

我们很快就顺利地在云层之上翱翔了。我松开拳头，重申我的哲学理念。在大西洋上空，我相对于邻座那个胖得超出座位的男人静止；而相对于下面缓慢转动的星球，我以800多千米每小时的速度运动。我想到了探索宇宙的使命。找到不变量，你就找到了实在。我把IHOP的皱巴巴的餐巾纸从口袋里拿出来，盯着经过第一轮淘汰幸存的几项，它们是终极实在的候选成分。时空、维度、粒子/场/真空、弦、宇宙、多元宇宙、光速。它们是非常好的线索，我感受到了新的动力，现在我们有了一个坚实的计划，一种策略。

不过，我忍不住想，如果这些成分中的任何一个被证明是不变的，事情就会变得虎头蛇尾。**实在有十维，是由微小的弦构成的**，这很可能是一个正确的结论，但我很确定我会感到不满意。事实是，任何本体论似乎都很笨拙和武断。**实在的形状像长号，是由金鱼饼干做成的**。我想起了惠勒的话："因此，有人怀疑，那种认为'越深入研究物理学的结构，越会发现物理学将终止于第n级'的想法是错误的。[9]"他似乎认为，唯一的终极实在是观察者。当我们足够仔细地观察宇宙时，会发现我们正在盯着自己看。但观察者真的不像金鱼饼干那么武断吗？我发现自己一直在问同样的问题：观察者来自何方？宇宙是一个自激回路。我们的确需要弄清楚这到底意味着什么。

与此同时，我的老爸似乎更相信没有什么是不变的。也就是说，“无”是不变的。这听起来确实更令人满意。问题止于“无”。你不必问：“可是‘无’从哪里来？”“无”不会从任何地方来，它就是“无”。不需要解释。同时，我觉得这简直无法想象，疯狂的宇宙、飞机上肥胖的乘客、记者证、巴拿马草帽、海洋、老鼠、诗歌以及煎饼……所有这些怎么可能只是“无”？

回到坚实的地面上，在我狭小的公寓里，我从我的小冰箱里拿出一小瓶苏打水，坐下来查看电子邮件。我的收件箱中有一封标题为“新科学家”的邮件。

发件人：迈克尔·邦德

收件人：阿曼达·盖芙特

标题：新科学家

亲爱的阿曼达：

我负责编辑《新科学家》杂志的评论和观点部分。迈克尔·布鲁克斯把你介绍给我——他很欣赏你！四月底，我们部门的一位同事因为生孩子要休假六个月，我想找人在那段时间代替她。你有兴趣吗？这份工作内容丰富，包括编辑、写作，以及对不同的人进行采访，得到不同的观点。工作地点在伦敦办公室。

祝好！

迈克尔

真的？在《新科学家》做编辑工作？我刚刚想出追寻实在的策略，就得到终极记者证了？天哪，是的，我很感兴趣！我开始回复邮件。我敲字的时候，瞥见了点儿什么。在可爱的木地板上，在单人沙发和小水槽中间，有一块粘鼠板，在粘鼠板上有一条银色的、孤零零的尾巴。

7.

把世界切成碎片

我的工作签证来了，我开始了为期六个月的编辑工作。这个时机真是太棒了，四月底我将完成所有课程，剩下的几个月是写论文的时间。

工作的第一天，我四处打招呼，向所有编辑和记者介绍自己。我与每个人都熟识起来。二十五岁的我成为那里引人注目的、最年轻的编辑。他们都有科学或科学新闻方面的研究生学历，很多人甚至两个学历兼有，他们地道的英国口音说出话来很有范儿。他们都在主要的报纸和科学刊物实习过，他们与相关领域的科学家一起工作过，他们为自己的事业付出了努力。我曾混进一两个学术会议，写过几篇文章。我得尽快证明自己的能力。

一切似乎都很顺利，但是每天早晨，当我满怀信心地走进办公室时，前台接待员总会看我一眼，然后问："你还好吗？"他似乎很友好，但我不太清楚他的关切所在，所以我回应"是的"，然后补充说，“好吧，或许我有点睡眠不足”，或“今天路上不太顺利”，或“我正被一群看不见的老鼠跟踪”。他会礼貌而尴尬地笑笑，我则径直走向我的办公桌，想搞清楚是不是我衬衫的颜色让我看起来病恹恹的。

好几周之后的一天早上，我跟着另一位编辑走进办公室，我们之间只有几步的距离。“你还好吗？”我听到前台接待员问她。她回答：“你还好吗？”

我紧追几步跟那位编辑并排走在一起。“请问，出什么事了？”我问道。

“哪里出事了？”

“他问‘你还好吗’，你说‘你还好吗’。”

她笑了。“这是一种表达方式，一种问候，就像……”她在脑海中搜寻着美式表达，“就像‘你怎么样’。”

“哦——”

“在美国，这句话不是这个意思吗？”

“不是。”我说，“‘你还好吗’是对那些穿高跟鞋摔倒，或把一袋子卫生巾掉在人行道上的人说的话。‘你还好吗’意思是‘你看上去不太好’。”

她又笑了。我们走向各自的办公桌，我坐下来，如释重负地搞清楚了我之前看上去没什么问题，不过我也为自己以前的回答感到不好意思。

第二天一早，我推开大玻璃门走向前台，深呼吸，我打算这次搞定这件事。

前台接待员抬头笑笑。“你还好吗？”

我张开嘴打算向他重复这句话，但是我不想这样回答，我不习惯在闲谈时用所问答所问。于是，我稍稍扬起下巴说："你怎么样？"他笑了，但是这仍然让人觉得不太对劲。

我需要为我的论文选一个合适的主题。我知道这是我深入地钻研某个特定问题的机会。这正是我来伦敦要做的事。我需要慎重选择。

筛选想法时，我总是回到时矢问题上。我们已经在统计力学课上广泛讨论了时矢的奥秘。爱因斯坦认为时间和空间是平等的，它们一起形成一大块宇宙。那么，为什么我们能在空间中向后退，但在时间上不行呢？相对论并没有给出答案，粒子物理学也没有提供帮助。物理学中支配粒子相互作用的定律无论向前还是向后都是一样的。如果粒子都看不到时矢，我们怎么会看到呢？

你需要某种不对称性来固定时矢。幸运的一点是：熵永远不会减少。熵，与时矢一样，在宏观尺度上与我们相伴，熵并不出现在粒子所在的微观王国中。我常听到熵被描述为无序的量度，但从根本上讲，据我了解，它是隐蔽信息的量度。如果你想描述一个物理系统，比如说一个盒子里的气体，你有两种选择。你可以在气体中追踪所有分子不断变化的位置和动量，也可以只取一个平均值。取位置变化率的平均值，称其为温度；取动量改变量的平均值，称其为压力。温度和压力是宏观表达方式——不断变化的微观状态的每一点信息都被压缩成两个数。

有成千上万种可能的微观排列，它们具有同样的宏观特征。微观可能性的数目越多，我们就越难猜出哪个微观排列是真实的。关于微观状态的信息越不精确，系统的熵就越高，"无序"

由此产生。相较于“有序”状态，与“无序”状态相容的微观组态更多。水坑中的水分子有无数种排列方式，而在结构复杂的冰晶中，水分子的排列方式就少得多。水坑更加混乱——我们对其内部隐藏的运作信息知之甚少，因此水坑具有更多的熵，而熵意味着热量。

乍一看，这似乎并不正确。为什么信息缺乏会以热量的形式表现出来？**我们真的会被自己的无知灼伤？**我写在笔记本上。不过考虑到所涉的尺度，这的确是有道理的。温度并不是实在的一部分，而是突现的、集体的宏观特征。单个分子并不具有温度。所以，如果你选择在单个分子的水平上研究一个系统，温度就消失了。算出微观信息的平均值，以此考察群体行为，你就可以获得热量数据。这是尺度选择问题——选择更大的尺度，你就可以将信息变成温度。

当我把牛奶倒入早餐咖啡中，牛奶会在杯中打转一秒钟，然后消散，沉淀成摩卡色。为什么呢？为什么它没有自发地变成**你好**的形状？因为这杯咖啡里有10^{24}个分子在四处晃动，与摩卡色相对应的排列方式远多于与**你好**相对应的组态。组态每一秒钟都在变化，即使我坐在这里等上数十亿年，也不足以等到我的咖啡给出一句暖人的问候。我房间里所有的空气分子都跑到一只老鼠身上的可能性有多大呢？我很想知道，要是只跑到一条尾巴上呢？

这就是热力学第二定律：熵总是在增加。这只不过是一种统计结果，但足以让物理学家深信不疑，也足以让我们得到时矢。熵总是在增加，因为从统计学角度讲，高熵状态比低熵状态更有可能存在。如果熵减少——如果牛奶从摩卡色的咖啡中析出，如果汽车排出的尾气退回到排气管中，如果鸡蛋上的裂缝愈合——那就好像世界被回放，好像时间在倒退。

但高熵存在的可能性大于低熵本身并不足以给出时矢。毕竟，高熵只是过去最有可能出现的情况。从统计学角度讲，熵总是高的——一旦它足够高，它就会达到平衡并且不再变化。在处于平衡状态的宇宙中，除了每隔数十亿年发生一次的罕见统计涨落外，什么都不会发生。但我们并没有生活在平衡状态中。我们生活在一个不断有事情发生的宇宙中，这里的熵仍然有上涨的空间。

得到时矢的唯一方法是假设由于某种未知的原因，宇宙起源于一个极不可能的低熵状态。牛奶能与我的早餐咖啡混合在一起，是因为137亿年前宇宙起源于一个极为罕见的状态。早餐具有了宇宙的意义。奥秘不再是为什么会存在时矢，而是为什么宇宙起源于如此不可能的状态。

当我第一次听说这个神秘的低熵起源时，我感觉这似乎并不合理。那么宇宙微波背景呢？宇宙微波背景是接近时间起点的快照，它显示出宇宙中一个非常平滑的部分，这个部分只占全宇宙的十万分之一。在我看来，这是一种平衡。我查阅了一些书，最终找到了一个解释。时间起始时的低熵并非热力学熵，而是引力熵。一旦你达到足够大的尺度，热力学熵就不再发挥作用，引力开始发挥作用。引力熵有自己的反向时矢。从引力的角度来看，平滑的宇宙已经到了聚集的时候。引力的作用是吸引，所以不可能出现一个“无物聚集”的世界。如果引力一直作用下去，整个宇宙将成为一个巨大的黑洞——引力平衡。

宇宙的时矢取决于引力熵，但是当我试图进一步了解此事时，我发现，物理学家们并不知道什么是引力熵。如果熵是微观尺度信息缺失的量度，那么引力为什么样的微观信息编码呢？当然，如果物理学家们知道这个问题的答案——如果他们知道引力的微观结构——他们就不会思考时矢问题了，他们会发现量子引力。

但是，引力熵在一个地方有着明确的定义：在黑洞的事件视界上。突然，我意识到有些惊人的、深刻的东西潜伏在那里。我不知道那是什么，但我知道我已经找到了我的论文主题。

爱因斯坦发现，质量和能量可以使空间弯曲，但他做梦也没有想到空间中有的地方会变得如此扭曲，就像一条蛇张开大嘴吞自己的尾巴。当一颗大质量恒星燃烧殆尽并在自身重量下扭曲，引力就会引发失控的坍缩。恒星越来越致密，最终将自己压垮，陷入时空基本结构中。这种内爆链式反应的后果是，空间和时间都扭曲得面目全非，实在的骨架暴露无遗。惠勒为这个残破的世界起了名字：黑洞。

黑洞汇集了物理学三大支柱理论——广义相对论、量子理论，以及热力学——并迫使它们一决胜负。如果你正在寻找终极实在，黑洞是值得关注之处。它是时间和空间分解的结果，是宇宙的开端和结局。这里是碎片恢复对称之处。在黑洞的中央潜伏着奇点，这是时空曲率趋于无穷大的地方，是物理学失效的地方。当时空曲率半径缩小到普朗克长度时，我们所熟知的物理学就会失效，某个只有量子引力才能穿过的未知区域就会出现。

黑洞的奇点与时间起源处的奇点具有相似性，所以，我一直认为奇点是黑洞最有趣的部分。但我错了。我很快了解到，真正起作用的地方是边缘：事件视界。视界是无法返回的引力点，是时空表面，引力在此处恰好抵消光速。视界是被引力冻在原地的光线的表面。对于黑洞外的观察者来说，事件视界是一种宇宙墙。由于光线无法从视界中逃逸，观察者无法看到另一侧的任何东西。**总而言之，没有另一侧。**事件视界永远遥不可及，那里发生的任何事情都不会对外部世界产生物理影响。这正是黑洞之所以黑的原因。事件视界把世界切成碎片。

视界是单向门：东西可以进去，但永远无法出来。对于物理学家来说，这是一个大问题。这意味着熵能进去，却永不出来，这意味着黑洞外的宇宙的熵在减少。

1970年，霍金迈出了解决问题的第一步，当时，他正准备上床睡觉，突然，他意识到，要使视界稳定，构成视界的光线就绝不能相遇，只能平行或彼此远离。这意味着，事件视界的面积不可能缩小。如果物质或辐射掉进一个黑洞，其视界的面积必然增加；如果两个黑洞合并产生新黑洞，其视界面积将等于或大于原来两个黑洞的视界面积之和。

事件视界的面积从不减少。当惠勒在普林斯顿的学生贝肯施泰因听说霍金的面积定理时，他感觉这个定理与热力学第二定律神似。它们之间有联系吗？这是一种直觉，但他觉得这有点像异端邪说，要不是惠勒，他可能早把这个想法扫到地毯下面去了。

“我把一杯热茶放在一杯冰茶旁边，然后让两杯茶共同达到室温，这时我觉得自己像一个罪犯。此举使这个世界的能量守恒，却增加了熵。”惠勒告诉他，“我的罪恶将直达时间的尽头，我根本没有办法消除或撤销它。但如果有一个黑洞经过，我把热茶和冰茶都倒进去，那么我的罪证不就被抹去了吗？[1]”

天哪，我想，惠勒是在用正常的语句说话吗？

贝肯施泰因显然明白了他的意思。几个月后，他带着一个大胆的看法出现在惠勒的办公室里：黑洞事件视界的面积不是熵的相似物，它就是熵。惠勒说："你的想法太疯狂了，这很可能是对的。来吧，发表它。"

当霍金读到贝肯施泰因的论文时，他很生气。他觉得贝肯施泰因滥用他的面积定理，推出了一个有内在缺陷的想法。问题是显而易见的。熵意味着热量，任何具有熵的物质都有温度——向外辐射；唯有黑洞不辐射，黑洞是黑的。

气恼的霍金与物理学家布兰登·卡特（Brandon Carter）和吉姆·巴丁（Jim Bardeen）共同写了一篇论文，解释为什么贝肯施泰因的想法不可能是正确的。但这个想法一直困扰着霍金。经过两年的计算，霍金得到了一个令人震惊的结论。他在1975年的著名论文《黑洞创造的粒子》中提出，当量子力学与引力在视界上相遇时，粒子就会出现。这意味着，黑洞也辐射热量，黑洞的温度与质量成反比。如果黑洞能辐射，那么它们一定具有熵。时矢得到拯救，黑洞不再那么黑。贝肯施泰因获得了平反。霍金提出的方程表明，黑洞的熵与其事件视界面积的四分之一成正比。他要求把这句话刻在他的墓碑上。

很快，黑洞物理学和热力学的其他相似之处开始显现。热力学第零定律说，温度是处在平衡状态的热力学系统的常数。同样，引力是跨越事件视界表面的常数。热力学第一定律告诉我们，能量可以改变形式，但始终是守恒的。同样，在黑洞物理学中，当一个物体被黑洞吞噬时，它的质量和能量（通过$E= mc^2$可以互换）被黑洞接管，从而使系统的总能量一直守恒。热力学的每个定律在黑洞物理学中似乎都有等效定律。热力学与引力之间的深刻联系出现了。对于物理学家而言，至少可以这样说，这是一种有趣的联系。毕竟，热力学是关于物质和能量的理论，引力则涉及空间和时间。发现两者之间的联系，就能找到快速通往量子引力的道路。

事后看来，事件视界可以用熵来标记并不令人惊奇——毕竟，熵是隐蔽信息的量度，而事件视界的全部工作就是隐藏信息。但是，为什么代表着三维空间中所有隐藏物的黑洞的熵，与视界的二维面积成比例？那些见鬼的粒子又是从哪儿来的呢？

发件人：阿曼达·盖芙特

收件人：沃伦·盖芙特

标题：一种直觉……

我想我找到论文主题了：霍金辐射。我目前还没开始写，不过这里的确有十分深奥的东西。黑洞的熵正比于视界的面积。这很奇怪，对不对？为什么不是与体积成正比？就像丢了一个维度。这些粒子……从哪里来？视界从"无"中把它们变出来？值得深挖，我敢肯定。

发件人：沃伦·盖芙特

收件人：阿曼达·盖芙特

标题：回复：一种直觉……

你的论文想法听起来光芒四射。霍金粒子不就是虚粒子对被视界分开后的产物吗？不管是不是这样，我毫不怀疑你会找到答案。保持联系。你老妈要送上她的爱和一盒士力架。包裹已经寄出，本周内送达。

我老爸关于霍金辐射的看法是对的，通常故事就是这样发展的。由于量子的不确定性，成对的虚粒子及其反粒子飞出真空。就像转瞬即逝的幽灵，它们在瞬间出现，继而相遇并湮灭，消失在沸腾的量子海洋中。如果这样一对虚粒子在黑洞附近出现，它们会被视界分开。视界外的虚粒子无法参与湮灭，它逃逸到太空中，而它的反粒子配偶子则向着奇点运动。单独的、与其配偶子分开的逃逸虚粒子成为真实粒子。对于黑洞外的观察者来说，视界在辐射。同时，虚粒子的反粒子的负能量会轻微压缩黑洞，所以黑洞丢失质量，看上去在慢慢蒸发。

但是，粒子是场——量子场——的激发，即便处于最低能态，量子场也围绕一个平均值，即零点能量涨落。正频率涨落对应虚粒子，而负频率涨落对应虚粒子的反粒子。不过当存在事件视界时，事情会变得更加有趣。

在一个无限、无界的空间中，每个可能波长的频率有均等的机会被呈现，所以它们相互抵消，留下看似平静的、空荡的空间。但是当你把视界放入空间时，一切都改变了。视界两边的真空是完全不同的。视界外的空间是有限的、有界的，它的能量会发生变化，其他的一切随之改变。新的真空，新的场，新的粒子。

视界通过重组真空创造粒子，我记在我的笔记本上，并且补充了进一步的想法，就像卡西米尔效应？整体情形听上去很熟悉。在卡西米尔效应中，两块平行的、不带电的金属板相隔几微米，它们被一种神秘的力推到一起。这种力其实就是真空。在两块板外，真空的零点能量无限延伸，贯穿整个空间，所以场模式的每个可能波长都会出现并被计算在内。但在两块金属板之间的微小间隙内，只有某些波长是适合的。波只会以整数形式出现——波不可能是半个——波长要与两块金属板之间的空间契合。两块金属板重建了真空，两块金属板外的真空与两块金属板内的真空有所不同。这种不同产生了力：外部更强的真空将金属板推在一起，而内部较弱的真空无法承受这种压力。这就像一个孩子试图关上门，而一支军队却要推开门。物理学家们已经在实验室里观看了这场“无”的较量，这是真的——两块金属板碰在一起，就像磁铁，但是没有磁力可寻。只有“无”。

我一直认为卡西米尔效应是惊人的，因为它使真空的内部运作对肉眼可见。当你谈论真空模式时，一切都太深奥、太抽象了，但是当你谈论两块金属板碰在一起时，问题就突然变得非常具象了。

就黑洞而言，有一件事越来越清楚：事件视界像金属板一样重组真空。把一个事件视界放在时空的某个区域中，它会限制区域中的零点能量的波长。这改变了真空的能量，随着能量的涨落，原本不存在的粒子诞生了。这些都是霍金粒子，从光子到夸克，各种各样。它们在“无”中诞生，被空间和时间的边界刻画。

但是，我意识到这是一种疯狂的类比。我的意思是，视界与金属板最主要的不同点是：你不能穿过金属板，但是你可以穿过视界。视界如何做到足够真实以重建真空，同时又是瞬现的，能让东西穿过？

这个问题让我失眠了几个星期。更准确地说，这个问题和到处窜的量子老鼠让我彻夜难眠。那段日子，我自豪地坐在杂志社的新办公桌前，努力推进我的研究，渴望找到答案。我很快意识到，我手上最有力的研究工具是我的工作邮箱。它确实能创造奇迹。当我自己想不出什么时，我就给物理学家发邮件。**哦，你好，超级著名的物理学家。我是《新科学家》的编辑，我正在研究黑洞力学或量子场论之类的事，我很想更好地了解这些理论。我能麻烦你解释几个问题吗？**我点击“发送”，并在一两天之内就能得到详细解答。这就像魔术。作为一个使用“美国在线”邮件地址的“自由科学记者”，我已经做得很不错了，但是在主要科学杂志当“编辑”，那完全就是另一个境界了。有时候，我简直不敢相信自己的运气。

我一点点地拼凑出事件视界的奇怪特性。爱因斯坦认为，根据参考系的不同，有两种类型的观察者：匀速、惯性运动中的观察者和加速运动中的观察者。当涉及黑洞时，关键是要知道你是哪种类型的观察者。加速观察者是可以安全避开黑洞的引力，留在视界之外的家伙。由于引力牵引，他得加速，要避开那个地狱，他得越跑越快。我称他为赛福安[a]。惯性观察者就不那么幸运了，他会穿过视界掉进黑暗的深渊。如果不加速，你就永远无法摆脱引力。惯性观察者的命运是注定的。我称他为斯困掳[b]。

---

a　英文单词Safe，意为“安全”。——编注

b　英文单词Screwed，意为“扭曲的”。——编注

对于赛福安来说，视界具有一些相当极端的物理性质。它具有相对论中所有奇怪的效应——在视界附近，光被拉伸到巨大的比例；与此同时，时间减慢，最终在视界处停止，空间也一样。视界标记着实在的边缘。而且，由于视界的面积是熵的量度，它是热的——热到足以使任何过于接近它的东西蒸发，只留下散在霍金辐射中的灰烬。

但是斯困拂并没有看到这些。在他看来，视界甚至不存在。假设黑洞足够大，他顺利穿过时不会注意到任何事情。他没有看到光被拉伸，时间变慢，或者空间停止。他并不觉得热。他没有看到霍金辐射。斯困拂看到的不是别的，他看到的是普通的、空的空间。两个观察者看着宇宙中完全相同的部分，一个看到空的空间，而另外一个看到了粒子？这太怪异了，我几乎无法集中精力去思考。实在出了问题。突然间，我完全明白这是怎么回事了。

发件人：阿曼达·盖芙特

收件人：沃伦·盖芙特

标题：天啊！！！

霍金辐射的粒子是取决于观察者的！它们不是不变的！加速/外部观察者看得到它们，而惯性/陨落观察者看不到。视界创造了这些粒子，对于掉进黑洞的观察者来说，视界并不存在。假如视界存在，他无法掉进黑洞！对于他来说，没有视界，没有隐蔽信息，因此没有熵，没有温度，没有霍金粒子。他看到的是一个完全不同的真空状态。两种真空状态不能通过洛伦兹变换产生相关性——两者是不能相提并论的。附件中有将近十篇论文，你看看——欣赏一下！

取决于观察者！太令人兴奋了，对吗？这在普通物理学中是不会发生的……根据相对论或量子力学，观察者们可能对粒子的某些性质意见不一，但是他们都认为粒子存在。视界则颠覆了这一切。有的观察者看到的是空的空间，有的观察者看到的则是粒子；有的观察者什么都看不到，有的观察者却能看到一些东西。太疯狂了。为什么从来没人谈到这些？谈论霍金辐射就好像在说“黑洞并不黑”。这好像很有趣。那么，你对“物质并不真实”怎么看呢？！

发件人：沃伦·盖芙特

收件人：阿曼达·盖芙特

标题：回复：天啊！！！

很好，我觉得你已经想好论文要怎么写了！的确令人吃惊。我从来没有真正意识到霍金的发现这么深刻。不过，黑洞辐射难道不是

一种非常特定而少有的情形吗？它真的适用于
普通物质？

我也从来没有意识到霍金的发现这么深刻。我一直怀疑，由于他的病，他的名声被夸大了——一个男人用机器人的声音说话，这让他的话显得格外深刻。但随着霍金辐射的影响深入我心，我意识到，霍金被低估了。我的意思是，所有人都知道他是谁，但是有多少人知道他做了什么？更要紧的问题是，他所做的事为什么重要？粒子取决于观察者，粒子不是不变的。粒子并非终极实在。

霍金辐射的粒子是真空取决于观察者的具体体现，在平直的无界空间中，所有观察者对最低能态，对没有粒子的状态，对真空意见一致——基本上可以说，所有观察者对什么是“无”意见一致。但事件视界破坏了这种一致的看法。事件视界在空间中设置了边界，重建真空。但是只有加速观察者才能看到这种边界，惯性观察者看到的是平直的无界空间。一个观察者看到“有”，另一个观察者看到“无”。

乍看之下，黑洞的事件视界似乎并不取决于观察者。毕竟，黑洞是一种具体的、局域的物体，我们星系的中心就有一个黑洞。我们似乎都认为，黑洞的事件视界是客观的，不取决于观察者，但是这其实只是因为我们每个人都穿着赛福安的鞋舒适地走路。如果我们想想掉进深渊的斯困掳，就会意识到，对有的观察者来说，视界并不存在——但有足够多的人认为它存在，并把它看作这个世界的客观特征。一旦我们认识到它不是——它是取决于观察者的——我们就会突然看到霍金粒子，霍金粒子的存在与视界有关，最终也是取决于观察者的。

我老爸是对的：我已经找到了我的论文主题，其哲学回响可能堪比地震。自从古希腊有了原子论，粒子就被认为是物质实在的基本单位——固态的、客观的、无可争辩的基本单位。相对论告诉我们，观察者们可能对粒子在空间或时间中的位置意见不一，但他们都同意，某处有粒子。当然，量子力学使粒子变得模糊，但粒子的存在性仍然是安全的。但如果一个理论认为，不同的观察者对于“粒子是否存在”这一问题可以有不同的意见，那么这个理论比相对论或量子理论神奇得多。粒子被称为实在的积木，如果它们是否存在取决于你问谁，那么实在会怎样？

我开始忙活我的论文，每时每刻，我的生活中都充满了霍金辐射——白天在办公室里，晚上在我普朗克尺度的房间里。在工作中，我找到了把研究内容转变成文章的方法，因此，我可以继续阅读关于视界、熵，以及粒子本体论的文章，这不会引起别人的怀疑。到了晚上，缓缓翻动书页的声音，轻轻敲击键盘的声音，以及偶尔窜过的隐形老鼠，都令追求安静的我感到满意。

有时候，我多么希望老爸在我身边啊：当我发现一个惊人的事实时，当我被无法回答的问题折磨时，当我确信我真的在研究某个大问题时，我时常感到孤掌难鸣。不过，通过频繁的电子邮件，老爸一直关注着我所学到的一切，他回应我的声音似乎能越过大西洋，穿过诺丁山人烟稀少的小路，我能听到老爸在为我欢呼。

老爸的问题也在我脑海里恼人地萦绕着：黑洞辐射难道不是一种非常特定而少有的情形吗？它真的适用于普通物质？

这确实是个问题。即使是最爱操心的老妈，也从不操心黑洞。如果黑洞远离我们的日常生活，那么即便霍金粒子是假的，又有什么关系呢？霍金粒子只是理论上的稀奇事吗？

在研究中，我很快就发现，黑洞并非事件视界的唯一来源；事实上，有一个更为普通的来源：加速度。如果观察者正在加速，那么只要他一直加速，从宇宙某些遥远角落发出的光，不论用多少时间，都永远无法到达这位观察者眼中。这听起来令人难以置信，直到我回想起老爸很多年前在他的拍纸簿上画的图。一束光穿过时空的路径是一条直线，而一个加速观察者的路径是一条曲线。当光束即将与该观察者相遇时，他沿着他的曲线路径转弯了，成功地避开了光束，而光束别无选择，只能严格地沿着轨迹继续运动。因此，宇宙中有一个区域的光永远无法到达加速观察者眼中。不可见的区域。黑黑的，就像黑洞。

实际上，这真的就像黑洞。不可见的区域和宇宙其余部分之间的边界就是事件视界。这是一个伦德勒视界（Rindler horizon），它拥有黑洞所具有的所有特点。它具有相对论的所有怪异之处：光的波长以巨大的比例伸展，时间变慢并停止在它的边缘。它有正比于自己面积四分之一的熵——霍金用同样的公式发现了黑洞。有熵就有温度。有温度就有热。有热就会产生粒子。

这种粒子有很多名字——“伦德勒粒子”“昂鲁辐射”“昂鲁-戴维斯辐射”或“霍金-昂鲁辐射”，但都是一回事：取决于观察者的视界制造的取决于观察者的粒子。实际上，黑洞视界和伦德勒视界的方程完全一样。它们看起来似乎是不同的物理状况，但从数学角度而言，它们没有区别。如果你仔细想想，理由也很明显：等效原理。爱因斯坦说，引力和加速度是等效的；不只是相似的或类似的，而是等效的；是用两种不同的方式观察同一件事。如果引力可以创造事件视界，加速度也一定可以。

我设想赛福安和斯困掳都在没有黑洞的普通平直空间中。赛福安是加速观察者，所以当他加速通过平直空间时，他会刻画出事件视界。如果他在奔跑中迅速拿出温度计，他会测量出他周围存在非零的温度，这是伦德勒-昂鲁-戴维斯-霍金粒子造成的。但是如果要求斯困掳去做同样的事，他的温度计就什么都测不出来。不论我如何思考，都无法理解其中的疯狂之处：两名观察者占据完全相同的空间，一个不可否认地被粒子所包围，而另一个则明确地看到空的空间。他们之间的唯一区别是，斯困掳没有事件视界，赛福安则在物理意义上重建了真空，并从某一特定角度出发，创造了实际可测量的粒子。客观地说，粒子只相对于赛福安存在。

多年来，我一直怀疑能把老爸的“无”——无限、无界的均匀状态——变为“有”的秘方是一条边界。在马库普卢的启发下，我想搞清楚，一个观察者的内在视角是否在某种程度上能胜任此事，这种视角始终以观察者的光锥为界。不过，我一直怀疑光锥能否将“无”转化成“有”。毕竟，光锥只是参考系，并不是宇宙中的物。但也许我的怀疑太短视了。我正在了解取决于观察者的边界，这种边界通过观察者的视角而不是更“物质”的某种东西产生粒子。不同于光锥的是，视界取决于时间，在动态中形成。但是，它仍然具有诱人的前景，我在笔记本上写下一些话：**视界可以表明观察者的视角如何在物理意义上重构宇宙。或者，**

也许是H态。

整件事从头到尾都很怪异。关键的一点是，无论是赛福安的真空状态，还是斯困捞的真空状态，都不是“真实的”。相对论表明，空间和时间对不同的观察者来说是不同的。它们不是不变的，它们也不是真实的。现在很明显的是，真空状态及粒子也不是真实的。粒子不是真实的，其存在是取决于观察者的。

这一切又反过来联系着粒子的定义：庞加莱对称性的不可约表示。庞加莱对称性是平直时空的整体对称性，但整体对称性在视界面前形同虚设。视界要求我们局域地定义所有东西，这就得将整体切成一小块一小块的单个观察者区域。但问题是，并没有唯一的优先切割方式，不同的切块给出不同的真空——只有一系列不可通约的局域视图，没有哪个视图更真实。在存在引力和事件视界的弯曲时空中不存在庞加莱对称性。拿走这种对称性，你就失去了“粒子”的明确定义。当你让时空几何——无论是斯困捞看到的平直状，还是赛福安看到的弯曲状——取决于观察者时，你所带来的不确定性会达到一个全新的水平。“那儿有粒子吗？”这样的问题不再有意义。现在，我们必须指明：“对于赛福安来说，那儿有粒子吗？”不过这好像还不够让我大开眼界，我发现了第三种事件视界，一种标志着宇宙边缘的视界。

* * *

假如你有一个在平直空间内加速的观察者，你就会得到一个伦德勒视界。但我很快就发现，你完全可以交换环境，让空间自己加速，让像斯困捞那样的观察者仍然停留在惯性参考系中。随着空间的加速膨胀，即便是在无限的时间内，光束走过的距离也是有限的——不论走了多远，光束前方永远有待走的路，就像在跑步机上一样。有些光束永远无法与斯困捞相遇。因此，对他来说，宇宙中有一部分永远是黑暗的。这黑暗被事件视界包围着——德西特视界。

威廉·德西特（Willem de Sitter）是第一个发现爱因斯坦的方程中隐藏着加速宇宙的物理学家——这种宇宙中完全没有物质，比寒冷星际空间中最空旷的地方还要空，是巨大的、贫瘠的、膨胀的“无”。

但是它又不完全是“无”。它的空间结构中存在着一种奇怪的能量形式，这种能量形式制造了一种反引力效应，一种向外推的力，使空间膨胀。这种能量形式源于广义相对论方程中看似无伤大雅的一项：宇宙常数。因为宇宙常数是空间本身的特征，而且是常数，所以奇怪的反引力能量并没有在膨胀中被稀释：空间越大，宇宙常数越大。这产生了一种失控效应，加速了宇宙的膨胀，使之越来越快地变大。这与引力坍缩相反，与黑洞的形成过程相反。

当德西特在1917年提出他的模型时，爱因斯坦确信它肯定是错误的，因为它公然违背了爱因斯坦的两个哲学观点：第一，没有物质的时空是不可能存在的；第二，宇宙是静态的、永恒的。其实，爱因斯坦认为正是他方程中的宇宙常数使宇宙恰到好处，并防止其膨胀或坍缩。

不幸的是，爱因斯坦的哲学观点没有强大到足以保持宇宙稳定的程度。1929年，拳击手出身的美国天文学家埃德温·哈勃公布了改变世界的观测结果：在天空中，所有的星系都以正比于距离的速度远离我们而去。正如你希望看到的那样，你住在一个膨胀的宇宙中。

我不知道爱因斯坦对哈勃的消息有何反应，但我敢打赌，爱因斯坦一定对着墙打了一拳。我敢肯定，爱因斯坦很快就意识到，他已经错过了给出有史以来最伟大的科学预言的机会。从宇宙膨胀的角度看，大爆炸理论原本一直在爱因斯坦眼前，就在他发现的方程式中，但他不愿意面对。好吧，当然，他在1921年就已经获得了诺贝尔奖，也不会有人说："哥们儿，爱因斯坦是个白痴。"但尽管如此，他一定非常生气。

爱因斯坦有一张照片，在照片上，他通过威尔逊山上的哈勃望远镜直勾勾地看着膨胀中的宇宙。每当我看着这张照片，都会不寒而栗。一个只掌握哲学原理的人写下了一个理论，这个理论轰轰烈烈地成真了，它在巨大的现实世界中发挥自己的作用，凸显心灵的力量和科学精湛的潜能。爱因斯坦写道："古人梦想用纯粹的思想把握实在，我认为这是可以实现的。[2]"我想知道，一个反实在论者怎么忍心看这张照片。难道反实在论者真的会把一切当成纯粹的巧合？当成宇宙的奇迹？宇宙膨胀是因为我们都认为宇宙在膨胀吗？我可以想象，我班上的那个女孩一定会说：膨胀？是在说某个因为膨胀而著名的男性器官吗？

在哈勃发现膨胀宇宙后，爱因斯坦被迫承认广义相对论有合理的非静态解，比如德西特的解。但是德西特的模型仍然只是一种理论上的探索，直到1998年，天文学家团队寻找超新星，并发现宇宙的膨胀速度正在加快。后来，天文学家们对加速开始的确切时间进行研究：五十亿年前，宇宙结束了最初暴胀后的减速，突然开始加速膨胀。似乎有种奇怪的力量蠢蠢欲动，蜷缩在空间的寂静中，等待合适的时机反扑，并超越引力。如果这种力不是爱因斯坦的宇宙常数，那就是一个很棒的模仿者。物理学家有备无患地把它命名为暗能量。

如今，加速膨胀没有放缓的迹象。随着空间的不断膨胀，物质的密度会被稀释，宇宙变得稀疏，任意两个物体都被不断延伸的、无星的空间隔开。由于星系之间的距离变长，天空会变黑。最终，空间的加速会令来自遥远恒星的光永远无法到达我们这里。由于受到宇宙膨胀的影响，上述光将消失，只留下黑暗，我们的银河是漆黑的空之海中一座发出微光的灯塔，它是虚无中的孤岛，被事件视界包围着。我渐渐明白了：在暗能量统治的宇宙中，我们都会完蛋。

居住在暗能量弥漫的宇宙中意味着事件视界正等待着我们。这意味着，这是一个德西特宇宙。这也意味着，所有来自视界的、令人不安的影响并不仅仅威胁着遥远黑洞的安全。这意味着，这些影响就在我们身边。

所以，我所在的位置是：被一个事件视界包围着的、巨大的、膨胀着的德西特宇宙中的伦敦的小路边的迷你公寓中的小办公桌旁。被德西特视界包围就像被黑洞包围——星系就像被引力牵引着一样向视界加速，然后直冲出宇宙。这一回，随着空间本身的加速，惯性观察者斯困掳看到了视界。在斯困掳的参考系中，邻近视界处出现极端的相对论效应，星系的光线拉长，光的运动速度变慢。此时，星系已经进入无法返回的黑暗区域，不管你叫这个黑暗区域黑洞还是德西特视界，无论叫什么，星系都消失了。

随着星系消失在视界背后，视界的面积和熵都增加了。在发现黑洞辐射之后仅两年，霍金就和剑桥大学的同事，物理学家加里·吉本斯（Gary Gibbons）一起证明，与黑洞视界一样，德西特视界的熵正比于其面积的四分之一。有熵就有温度，有温度就有粒子。德西特空间的观察者发现自己被热量包围。我想弄清楚为什么在德西特宇宙中，伦敦似乎总是那么冷。原来，德西特温度是微乎其微的，只比绝对零度高一点，几乎检测不到。不过在未来的某一天，微波背景会发生红移，这将使德西特辐射成为整个宇宙恒定热量的唯一来源。

人们逐渐意识到，就像黑洞和伦德勒视界一样，德西特视界是取决于观察者的。空间的客观加速隐藏了特定观察者的一个时空区域，视界由此产生。一个观察者有一个视界，每个观察者的视界都稍有不同。没有任何两个观察者会对宇宙边缘的位置意见一致。坐在伦敦某处的我与在美国费城的老爸拥有完全不同的德西特宇宙。**我们每个人都有自己的宇宙。**马库普卢一直在谈论光锥，我所了解的光锥是随着时间增长的。等待足够长的时间，你会看到宇宙更多的部分。等待无限长时间，你就能看到整个宇宙，这跟在德西特时空里不同。德西特视界确保你等得越久，看到的就越少。在德西特宇宙中，没有任何观察者能看到整个宇宙，永远不可能。

当然，如果你像赛福安一样开始加速，视界就会消失。现在你处在与膨胀空间相同的参考系中，只要你继续加速，对你来说没有什么东西是不可见的。从斯困掳的角度来看，你会止于德西特视界，并在辐射中被烧焦。但就你而言，一切都好。没有视界，只有更多的宇宙。

不幸的是，你不能永远加速——光速极限可以确保这一点。但是，时空可以一直加速。时空没有速度极限——它的膨胀速度可以超过光速，就像在暴胀阶段那样。如果你与时空赛跑，时空永远是赢家。最终你不得不停止加速，在一个视界背后屈服，停留在一个德西特宇宙中。永远。

我现在意识到德西特宇宙中的宇宙学是完全不同的。当所有观察者都有自己的宇宙的时候，你该从哪儿开始谈论宇宙呢？在我寻找答案时，我碰到了物理学家拉斐尔·布索（Raphael Bousso），他是霍金以前的学生，曾在剑桥大学庆祝霍金六十大寿的研讨会上发表演说。布索的名字如雷贯耳，他与马库普卢在物理学青年学者竞赛中并列第一名。在剑桥大学的研讨会上，布索发表了报告《在德西特空间中的探险》。他解释了霍金和吉本斯如何发现德西特视界的量子属性与黑洞视界的量子属性相同，包括熵和温度。布索指出，德西特视界是取决于观察者的，他认为，霍金和吉本斯已经“将他们的研究结果解释为量子引力可能不允许我们对宇宙进行单一、客观和完全的描述。它的规律可能取决于观察者——每次不超过一个——所在的参考系[3]”。

宇宙没有单一、客观的描述？马库普卢曾提出，我们需要某种取决于观察者的逻辑，用于应对我们每个人占据宇宙不同部分这一事实。现在，霍金认为我们可能需要一个取决于观察者的万有理论？

我拿出夹在我的笔记本里的、皱巴巴的IHOP餐巾纸，并且扫了一眼终极实在的成分列表。时空、维度、粒子/场/真空、弦、宇宙、多元宇宙、光速。

发件人：阿曼达·盖芙特

收件人：沃伦·盖芙特

标题：另一个败下阵来

好吧，我们可以正式把粒子/场/真空从终极实在列表中划掉了。德西特视界使粒子/场/真空取决于观察者。真奇怪……宇宙边缘的视界令这张小桌子变成了一个视角问题。我不应该说“宇宙”，应该说“我的宇宙”。难道宇宙本身真的是取决于观察者的？我们需要跟布索谈谈。他提出“量子引力可能不允许我们对宇宙进行单一、客观和完全的描述”。天哪。

视界和真空之间的关系仍然困扰着我。尽管维度的数量不同，但一个东西似乎可以映射到另一个东西上。德西特视界的熵关系到每个人的宇宙中的量子态的数量，但它自己是有限的，并且与视界面积的四分之一成正比。这很有趣——大家都说宇宙学的大问题是“什么是暗能量”。但你似乎可以反过来说，你可以说，暗能量正是我们生活在德西特宇宙中的证据，所以更有趣的问题是，为什么我们会生活在德西特宇宙中？德西特宇宙是如何改变宇宙学的意义的？

发件人：沃伦 · 盖芙特

收件人：阿曼达 · 盖芙特

标题：回复：另一个败下阵来

你是怎样在那么小的房间里产生这么大的想法的？取决于观察者的宇宙，这个概念有点不好理解。尽管每个观察者都只能看到宇宙中有限的一片区域，但难道就不能存在一个真实恒定的宇宙吗？暗能量/德西特视界的问题很有意思。你认为，为了从“无”到“有”，我们一定得有德西特视界吗？看来我们还有很多工作要做！你的论文进展如何？

糟糕。我的论文。我花了几个月的时间，我的研究却停滞不前。发现粒子并非终极实在是探索的一大突破，我还一直处在兴奋之中，还没有真正静下来写作。两天后就该交稿了。

我的笔记已经攒了一大堆，我开始坐下来写论文：“取决于观察者的视界和物质本体论。”

刚到伦敦政治经济学院时，一位教授曾在课后把我拉到一边，给了我一个奇怪的忠告。“我知道你曾经为杂志写作，”他说，这令我很吃惊，“但是，当你写学术论文时，不能写得像给普通读者看的。”

“我知道，”我说，“我不会把学术论文写得那么通俗易懂。”

几天后，第二个教授在走廊里拦住了我。“当心你的论文，可别写得像杂志上的文章。”他警告说，并提前失望地看着我。

“不会，”我向他保证，“我会让我的论文尽可能干瘪不幽默。”

所以，当我终于坐下来撰写论文时，我想象着一个英国老头的声音，他身穿带仿鹿皮手肘补丁的棕色斜纹软呢外套，坐在斑驳的地球仪旁边抽着烟，傲慢地吹着牛。事实上，正如我将在下文中指出的那样，迪昂的整体论论文在事实上削弱了假说演绎法。吹牛，吹牛，再见。我的句子中充斥着术语，我梳理它们，把色彩和乐趣全都去掉。我概述并在每个部分重申我的论点。这就是我所说的总结。这就是我正在说的话。这就是我打算说的话。我用的都是规范的词，且上下文用词一致。我的教授们肯定会有深刻的印象。

现在，是时候写论文了，我呼唤出老头，一刻不休地写了四十八个小时。

我开始写道：在经典的牛顿物理学的世界里，物质是独立于观察者存在的客观实体，其本体论似乎以绝对的空间和时间为立足点。量子理论和相对论都撼动了本体论的基础，挑战着我们对物质的概念。例如，在量子理论中，很明显的是，电子可以处在由概率定义的可能状态的叠加中，而当观察者进行测量时，电子“坍缩”进一个特定的状态中。就这样，观察者成为定义物质属性的参与者。在相对论中，很显然，我们对物质的感知部分取决于我们所在的参考系，而且两个观察者的看法也并不总是相同的——例如，对一个物体有多长的看法。观察者在某种形式上是参与者，必须首先建立特定参考系才能给出对物质的描述。然而，这些理论并没有完全破坏物质本体论的经典视角。在相对论和量子理论中，物质的性质可能在某种程度上取决于观察者，但物质的存在并不取决于观察者。在这里，我们认为，在广义相对论时空中，视界的量子性质迈出了最后一步，使物质完全取决于观察者，不仅使其性质取决于观察者，也使其存在取决于观察者。这对本体论产生了深远的影响。这是物理学前沿的一个直接成果，使广义相对论、热力学和量子理论开始统一……

我继续写，解释黑洞、伦德勒视界和德西特视界的物理性质。我定义它们的温度和熵，详细介绍视界力学和热力学之间的等效性。然后我停下来考虑三种视界是等效的还是仅仅是类似的。从物理角度看，它们似乎是完全不同的情况。我写道，在一种情况中，有一个黑洞，一个死恒星的骨头堆。在另一种情况中，有一个穿过空的空间逃跑的观察者。还有一种情况则是整个宇宙向外膨胀。它们怎么可能是一样的呢？

然而，从结构实在论的观点出发，这些故事并不重要。真正重要的是结构，是数学；而从数学的角度来看，这三种视界之间没有什么区别。

我写道：视界的物理性质——例如，视界所产生的辐射——来自观察者的参考系和时空几何之间的关系。这种关系适用于上述的三种视界：在黑洞的例子中，引力定义了时空几何；在德西特的例子中，宇宙常数定义了时空几何；而在伦德勒的例子中，观察者的加速度定义了时空几何。但物理性质不来自引力，不来自宇宙常数或加速度，而来自几何与观察者之间的关系。这种关系定义我们所关心的“结构”，结构是等效的。在这一立场上，我们紧随爱因斯坦，爱因斯坦的等效原理指出，引力和加速度不仅是类似的，而且是等效的。

很好，我想。谁能跟爱因斯坦，或者跟开口闭口讲“我们”的叙述者争论呢？

我解释熵的意义，霍金辐射的来源，以及取决于观察者的真空状态的不等效度规，最后下结论说：视界的存在表明真空状态的简并性，没有可定义的从优场模式。由此引发的本体论后果是疯狂的！

我自己回过头来读读，怀疑最后一句可能不够“学术”。我按下删除键，然后再次尝试。由此引发的本体论后果是“粒子”和“场”的概念发生了戏剧性的转变，这种转变在本质上由参考系描绘。

好多了。

保存，打印，提交，睡觉。

8.

创造历史

学校生活结束，我在《新科学家》杂志社为期六个月的编辑工作也结束了。我渴望回到美国，想去看看我的家人、朋友和太阳，想住在牛顿学说中的公寓里。同时，我在《新科学家》的临时工作为我开辟了一个充满可能性的宇宙，给了我不断接触物理学家的机会，也为我探究实在的本质提供了终极借口。我并不打算放弃这个差事，所以我说服了上司。回到美国，我继续当编辑，工作地点是《新科学家》杂志位于马萨诸塞州剑桥的卫星办公室。

飞过大西洋，我知道我还需要深入了解事件视界。太多问题依然困扰着我。即便视界少一个维度，但是你怎么可能把真空的熵映射到事件视界的面积上？我们生活在德西特宇宙中对宇宙学意味着什么？不可逾越的事件视界隐藏在我们的未来？为什么德西特视界会让霍金和吉本斯认为——正像布索所说的那样——“量子引力可能不允许我们对宇宙进行单一、客观和完全的描述。

它的规律可能取决于观察者——每次不超过一个——所在的参考系”？我很肯定答案将帮助我弄清楚什么是不变的，什么是终极实在。

回到美国后，我在剑桥安顿下来。《新科学家》的办公室位于肯德尔广场，这里像是物理学的迪士尼乐园。在离办公室不远的地方，有一条叫伽利略路的街道，有一家叫MC²的餐厅，还有一家叫量子书籍的书店，以及一个叫科学奇迹的酒吧。我在麻省理工学院附近找到一间能俯瞰查尔斯河的公寓。

唯一缺少的就是凯西蒂。我很感谢我父母在我去伦敦的时候照顾它，但现在我又回到了美国，我迫不及待地想接回它。但是，我老妈把凯西蒂扣作“人质”。那个曾经犹豫能不能让一只动物进家门的人，现在拒绝让动物到它的合法拥有者那里去。凯西蒂曾是一只习惯快节奏生活的狗，但如今它已经明显适应了郊区生活，喜欢那里的“空间”和“草”。更重要的是，这个小叛徒现在开始崇拜我的父母了。它仍然在看到我的时候高兴地摇头摆尾，但它像看着家人一样盯着我老爸老妈。

为了填补这个空白，我收养了一只小流浪猫。“你被聘用来应付所有啮齿入侵者，”当我把它带回家时，我这样告诉它，“不论是量子的，还是其他的。”它发出咕噜声。

下一项日程是去圣巴巴拉。就在我离开伦敦之前，我收到了伦纳德·萨斯坎德（Leonard Susskind）发来的《宇宙景观》的样稿。萨斯坎德是斯坦福大学的物理学家，也是弦理论的创始人之一。

在过去的几年里，我一直拼凑着对弦理论的基本了解。前提很简单：相同的、微小的、起伏的弦以不同的方式振动，由此产生了不同的粒子——电子、光子、夸克等。从理论上讲，世界不是由各种粒子组成的，而是只由一种东西组成：弦。约10^{-33}厘米长的弦颤动起来像是吉他的弦，像演奏出音符一样演奏出不同的粒子，其中包括一种听起来跟引力有关的粒子。

当我第一次听到这个理论时，我感觉关于弦的整个想法似乎相当随意。我的意思是，为什么是弦？为什么不是星星或螺线？但是，进一步探寻后我才知道，弦并不是谁随意想出来的。事实上，弦已经出现在实验数据中了。

在物理学家们知道像质子和中子这样的强子是由夸克组成的之前，他们一直对20世纪60年代从粒子加速器中涌出的大量实验结果感到困惑。此时，用S矩阵研究粒子物理学流行起来。物理学家们的想法是，与其试图描述两个粒子在时空中某一点发生碰撞时是如何相互作用的，倒不如只通过它们运动的起点和终点来描述它们。S代表着**散射**，情况是这样的：第一步，两个粒子从起点开始，以一定的速度面对面运动。第二步，它们碰撞，碰撞产生的能量使新的粒子产生，这些粒子衰变为其他新的粒子，它们相互作用形成更多的粒子，所有粒子都被成群的虚粒子包围，这些虚粒子又与其他虚粒子相互作用，进而……循环往复。第三步，不知何故，少数几个粒子从混乱中脱颖而出。

S矩阵——由惠勒于1937年提出并由海森堡在数年后独立进行了改造——可以让你跳过第二步。这是一个概率表：根据碰撞粒子的初始状态，S矩阵将给出粒子出现在另一端的概率。

然而，物理学家们却很难建立一个S矩阵来解释他们在加速器中观察到的强子碰撞的结果。直到1968年，物理学家加布里埃莱·韦内齐亚诺（Gabriele Veneziano）才解决了这个问题：他发现了一个方程，可以控制适用于强子的S矩阵。但为什么这个方程可行？没有人知道。它描述的究竟是什么呢？

萨斯坎德一直窝在自己的阁楼上，他盯着韦内齐亚诺的方程，几个月后他终于想明白了。

这个方程描述的是振动的弦。萨斯坎德、南部阳一郎（Yoichiro Nambu）和霍尔格·贝克·尼尔森（Holger Bech Nielsen）分别提出，强子并不是无量纲点粒子，强子由微小的一维弦组成。萨斯坎德说，你可以这样想：两个名叫夸克的点粒子被一串名叫胶子的点粒子连在一起。

这是一个很棒的想法，但在几年之内，量子色动力学的成功发展几乎将人们对弦的兴趣一扫而光。包括约翰·施瓦茨（John Schwarz）和迈克尔·格林（Michael Green）在内的一些孤独的物理学家依然不肯放弃弦理论，他们在虚拟的孤独中工作了十多年。

不幸的是，他们在数学上没能一帆风顺。弦的振动能量太大，这使微小的它无法成为强子。而且，弦的自旋也有问题。强子是物质粒子——费米子——这意味着其自旋是半奇数。但弦的自旋为整数，像载力粒子一样。玻色子。无论施瓦茨和格林如何观察，都发现弦看上去像是无质量的、自旋为2的粒子，绝对不会是强子。弦完全是别的东西。弦是引力子。

施瓦茨和格林意识到，弦理论根本不是强子的理论，而是引力的量子理论。谁会在乎弦理论对强子不起作用？这可是个香饽饽！

唯一的问题是费米子。有弦就自然有玻色子，但弦理论只有在也能够解释费米子的情况下才能成为万有理论。如果弦理论专家能找到一种方法将玻色子转换成费米子——将整数自旋变为半奇数自旋——他们就搞定一切了。幸运的是，有一个方法：超对称。

在超对称的空间中，你可以找到一个参考系，在这个参考系中，具有整数自旋的粒子可以变成具有半奇数自旋的粒子。这是取决于观察者的，这促使我老爸和我把自旋从IHOP的餐巾纸上删掉。被一个观察者称为玻色子的东西，在另一个观察者看来却是费米子。这意味着，你可以把在弦理论中产生的玻色子拿到不同的参考系中去观察，以获得费米子。现在，你可以从一种基本成分中推出一切自然力和一切物质，这种基本成分是微小的、振动的弦。超对称使弦理论变成一种可行的万有理论。

万有理论之所以特别有用，是因为它消除了粒子在某一点碰撞时所产生的危险的无穷大——第二步中会出现无穷大。这与导致时空分解并消融在量子泡沫中的无穷大是同一种。弦是一维的，可以延伸，但不能在奇点处进行相互作用。这在某种意义上意味着时空没有奇点。

"时空本身可以被重新诠释为一个近似的、派生的概念。[1]"物理学家埃德·威滕（Ed Witten）在《关于时空命运的思考》中这样写道。威滕解释说，弦理论的成功产生了这样的结果："对于相互作用发生在何时何地的问题，人们不再意见一致。"

我感到很困惑。威滕究竟是什么意思？物理学家通常是这样说的：弦理论之所以能够消除无穷大，是因为弦在有限的距离内伸展，抹掉了碰撞的奇点。但是威滕作为弦理论的大祭司，似乎认为并不是弦本身抹掉奇点，而是观察者抹掉奇点。如果观察者们不能就碰撞发生在奇点达成共识——也就是说，如果从一个参考系变换到另一个参考系，时空中的碰撞位置改变了——则奇点是不存在的。奇点不是终极实在。这是否意味着时空本身也不是实在的？时空是取决于观察者的？

从理论上讲，粒子是由弦组成的。但要是问弦又是由什么组成的，物理学家会告诉你，这是一个无关紧要的问题。弦是最基本的，是基本的组成部分，是由其自身而非别的东西组成的。这是一个让人不满意的答案。威滕会提供不同的答案吗？他似乎在说，弦穿过不同的点，在观察者看来，这些点都可能是碰撞发生之处。弦本身似乎是观察者的势的映射，弦似乎由参考系组成。在某种意义上，弦似乎是由我们组成的。

我不禁回想起惠勒的话："因此，有人怀疑，那种认为'越深入研究物理学的结构，越会发现物理学将终止于第n级'的想法是错误的。有人担心，'结构层层深入，永无止境'的看法也是错误的。人们发现，这样的问题让人绝望：在某种闭环中，结构最终是不是并没有回到观察者那儿去，并没有在最小的物体上或最基本的领域中终止，也没有无限深入……"

也许，弦理论会铺平走向惠勒观点的道路，但你必须愿意彻底改变宇宙。你必须添加更多的空间维度。

根据弦理论，不同方式的振动对应不同的粒子。振动方式可能是由弦周围的空间形状和维度决定的。在一维世界中，物体只能前后移动；添加一个维度，物体也可以上下移动了。维度越多，弦的振动方式越多。欲使弦的振动制造所有已知的粒子，除了时间之外，还需要九个空间维度。显然，问题在于我们只能看到三个维度。物理学家们认为额外的六个维度不得不蜷缩在一起——在我们的三个普通维度的每一点上都有很小的、复杂的

“折纸作品”，太小了，我们看不见，但足够容纳弦，弦极小，用未来最棒的显微镜也无法观察到。

如果折叠额外六个维度的方法只有一个，那么结果会很完美。但实际上没有这样幸运。2000年，布索和约瑟夫·波钦斯基（Joseph Polchinski）发现了10^{500}种方法，这个数字比起无穷大不算大，但也相当大了。没有什么好的理由能说明为什么自然界会选择一种折叠方式而不是另一种，而不同的折叠方式造就了不同的真空，意味着不同的粒子，不同的常数，不同的物理。

这令弦理论专家们非常失望，但萨斯坎德看到了其中潜藏的人择原理。在他的书中，他认为，弦理论没能成为单一的、独特的万有理论，但这其实是因祸得福，因为弦理论允许可怕的人择原理解释极小但非零的宇宙常数，这需要一些不太可能的机制，将无限的真空能量抵消到极小，然后停下，留下完美的碎屑来匹配我们所观测到的暗能量的强度。弦理论描述了大量的宇宙。永恒暴胀制造了大量的宇宙。把两者结合起来，你就得到了一个多样化的多元宇宙，在多元宇宙中，每个宇宙的宇宙常数都不一样。

有趣的是，萨斯坎德的书的最后一章是关于事件视界的。多元宇宙论的批评者往往主张，如果其他宇宙被我们的宇宙视界阻隔，对我们来说永远不可知，那么人择解释只不过是空洞的形而上学。但萨斯坎德认为，来自我们宇宙视界的霍金辐射可以给视界另一侧的信息编码，给多元宇宙编码。在这种情况下，我们可以讨论人择的多元宇宙而不必涉及我们视界之外任何不可测的物理性质。整个计划是不逾矩的。

我知道，对于“霍金辐射中是否隐藏着信息”这一问题，萨斯坎德和霍金争论了数十年，众所周知，萨斯坎德赢了。但是，如何给视界另一侧的信息编码呢？答案全都在仍然很神秘的AdS/CFT猜想（与弦理论有关……可解释液体火球？）中和萨斯坎德所谓的“视界互补性”中，萨斯坎德把这个想法描述为一个“新的并且更强大的相对性原理[2]”。我不确定这意味着什么，但我的直觉告诉我这是需要追踪的线索。我必须跟萨斯坎德谈谈。

要跟他交谈，最简单的方法就是为《新科学家》采访他，针对他即将出版的新书进行提问。不过，关于多元宇宙，正反两方的想法我都想听。戴维·格罗斯是弦理论专家和诺贝尔奖得主，他一直反对多元宇宙论。也许我可以说服他们进行一场辩论，我觉得我们从来没有在杂志上尝试过这种事，而我想试试。

令人惊讶的是，萨斯坎德和格罗斯对这个想法都很支持，而且萨斯坎德答应飞往圣巴巴拉，格罗斯是那里的卡夫利理论物理研究所的领导。他们觉得如果向公众公开这场争论，整件事情可能过于粗暴，所以他们决定，这件事应该在私下进行，只有我们三个。对。只有我们三个。弦理论的创始人之一、诺贝尔奖得主……还有我。

在前往圣巴巴拉的路上，我一直很紧张，不只是因为我即将主持两位智力巨头之间的激烈辩论，还因为我已经从很多资深记者那里听说，萨斯坎德和格罗斯特别可怕。仅仅是记者们对他们名字的反应就让我觉得，大概对其中任何一位进行采访，情形都是这样的：战战兢兢的记者问些关于弦理论的、稍显无知的问题，物理学家则上下打量着记者，眼中充斥着十维怒火。这目光让哭泣的记者化成灰，只剩下在地上打转的笔记本。没错，我有点紧张。但是，当我回到酒店查收电子邮件时，我发现一封来自萨斯坎德的邮件，他刚刚从帕洛阿尔托过来，想知道我是否想一起吃晚餐。

我们在海边一家典型的圣巴巴拉餐厅中见面了。萨斯坎德六十多岁，高高瘦瘦，留着白胡子，面带友好的微笑。我小心翼翼地观察他眼中有没有十维怒火——完全没有。我们找了张室外的桌子坐下，头顶星星闪耀，四周是太平洋柔和海浪的声音。我们轻松地聊起了《新科学家》和物理学。他有着惊人的厚重嗓音，老派的纽约口音——每个音节都很清晰，所有元音都拖长声音，所有辅音都响亮干脆。他曾在南布朗克斯做水管工，经过这么多年，他的布朗克斯口音并没有在加州的阳光下退去。他所说的一切听上去都那么坚定而充满智慧。我希望聘请他来讲述我的内心世界。

萨斯坎德让我觉得很放松，但我不能忘记，我是一个从没上过一节物理课的二十五岁女孩，现在却正在跟科学领域极引人注目、极具创造力的天才聊天。我尽我所能表现得成熟和专业——这个计划在几分钟后服务生到来之时彻底失败了。当时萨斯坎德点了一瓶红酒，服务生要求看我的身份证。我立刻就脸红了，然后当我意识到我甚至没有随身带证件时，我的脸就更红了。我恨不得爬到海里去，但萨斯坎德只是笑笑。“我可以为她担保，”他说，“我是一个物理学家。”

晚餐的其余部分进行得非常顺利。我们喝了来之不易的红酒，并且谈论弦理论、视界和霍金辐射。

“我真的非常感兴趣，想更多地了解你在书的最后一章提出的想法，”我告诉他，“关于黑洞信息丢失和视界互补性。”

“很高兴听到你问这些，因为我正在写一本关于这些问题的书，”萨斯坎德告诉我，“约翰·布罗克曼，我的经纪人，说服了我写这本书。”

我在想，你能让布罗克曼做你的经纪人，因为你提出弦理论，与斯蒂芬·霍金进行智慧之战并且取胜。

我笑了。“我迫不及待想要读这本书。”

第二天一早，我在加州大学圣巴巴拉分校校园内的卡夫利理论物理研究所遇到了萨斯坎德。我们去早了，所以只好四处转转，在研究所的一个休闲区喝点咖啡，这里还挂着写有神秘公式的黑板。与萨斯坎德一起坐在物理研究所里就像与约翰·列侬一起坐在咖啡馆里一样。路人们突然注意到他，然后走过去，向他介绍自己，心怀敬畏和崇敬之情。每个人都在兴奋地热议着这场辩论，为自己不能进去听感到遗憾。难以置信的是我拥有后台通行证。我很庆幸没有门卫来查证件。

时间到了，我们走上楼去。走进戴维·格罗斯的办公室就像走进一艘豪华游轮的船长室。这是间非常大的办公室，大到不像话的圆形窗设计成舷窗那样，通过圆形窗能看到太平洋的湛蓝海水。我有点期待能有一只海豚跃过这间办公室的窗户。获得诺贝尔奖看起来确实不错嘛。在被眼前的景象迷惑了一阵之后，我想起介绍我自己。格罗斯向我生硬地打招呼，关于他的一些传闻让我不寒而栗。我观察他眼中是否有十维怒火。没错，真有。

格罗斯提出，辩论双方应该设法提出对手的观点。这让我感觉有些奇怪，对于我们刊物来说根本不适用，但我很好奇，想看看这样做到底如何，而且我也怕与他争辩。

格罗斯先来，他首先提出了支持人择推理的论点：弦理论有 10^{500} 个真空，暴胀赋予它们物质存在，从一个宇宙到另一个宇宙，像宇宙常数这样的值会发生变化——我们曾经希望从简单的原理中推导出唯一的答案，但现在，答案可被认为是完全随机的。他试图公平地表达这种观点，但最终他还是厌倦了。“就说这些吧！再说我就要疯了。”

现在轮到萨斯坎德提出反对观点。“反对意见是什么？天哪，我被打败了！”他开口就这样说。他提到了情感方面的反对意见（“就像用指甲刮黑板”）和哲学方面的反对意见（“波普的跟屁虫们要求的可证伪性”）。他提到历史方面的反对意见（“有很多例子涉及奇怪、神秘的数字——月亮运行的周期、潮汐的高度，在科学解释出现之前，人们用无知的、迷信的说法解释它们”）。他同意这样一种反对意见，即人择观点从本质上假设我们的生命形式——低熵，碳基，依赖水——是唯一可能的形式。

萨斯坎德发现只有一种反对意见令人担忧。由于永恒暴胀和弦景观造就了无限多的宇宙，一切能发生的都将发生无限多次。在这样的世界中，概率失去了全部意义。如果我想要计算约翰·布罗克曼成为我们的代理人的可能性，我就得用他成为我们的代理人的宇宙数除以宇宙总数。换句话说，我必须用无穷大除以无穷大，这只能得到一个令人沮丧的结果：不确定。

你或许觉得你能避开这个问题，比如在某个特定的时间取多元宇宙的有限切片，在切片上计算布罗克曼成为我们的代理人的宇宙数和宇宙总数，然后随着切片的大小趋于无穷大取该比值的极限。但是根据爱因斯坦的理论，这个办法是行不通的。因为“在某个特定的时间”不具有普遍的意义，没有放在多元宇宙外面的时钟，时间不是绝对的。时间是取决于观察者的。一旦你把多元宇宙分割成空间和时间，你就破坏了广义协变性并选择了从优参考系。更糟的是，从一个时间切片到下一个时间切片，你会得到明显不同的概率，而且没有哪一个切片“更真实”。你需要的是一个能告诉你各宇宙的权重是多少的概率测度。如果没有测度，我们就没有办法说“我们宇宙中暗能量的观测值也可能出现在多元宇宙中”，当然，这就是整个问题的关键之处。

无穷大危机在宇宙学界被称为“测度问题”，这是一个古怪而又无伤大雅的名字，宇宙学家用它来为威胁着整个多元宇宙和宇宙学标准模型的东西命名。宇宙学家之所以支持暴胀理论及其造就的多元宇宙理论，是因为这些理论能够预测宇宙微波背景的平滑度和我们视界内空间的平直几何形状。但在测度问题的重压下，暴胀理论已开始崩溃。该理论被迫收回其所有成功的预测。它不预测平滑的宇宙微波背景或者平直几何形状——它预测的是**所有**宇宙微波背景和**所有**几何形状，并且无法告诉我们，我们最有可能看到什么。

“永恒暴胀中充斥着无穷大，一个又一个无穷大，一旦我们学会处理这些无穷大，永恒暴胀的整体思路可能就会崩溃，”萨斯坎德说，“对我来说，这才是真正的阿喀琉斯之踵[a]。这是我最担心的问题。”

a　致命要害的意思。——译注

最后，萨斯坎德还模仿了格罗斯的著名反驳方式。“这是一种文化上的危险，也是科学本身的危险，这与命题的真假有关：如果我们不对人择原理的诱惑进行抵制，那么年轻人就会放弃寻找数学上的、合理的理由。真正的解释被忽视的危险是如此巨大，而人择原理是如此诱人，以至于我们最好不要去想它。”他说。他的语调中满是嘲讽。

“有危险？”我问。

“一切都处在危险中。”格罗斯说，“最近有一篇史蒂文·温伯格（Steven Weinberg）的文章，他声称，我们面临变革，这是后爱因斯坦时代基础科学领域中最大的变革。他也许有点得意忘形，但在我看来，这的确是科学方向的重大改变……我的总体感觉是，论点还不够有力，漏洞随处可见……大家坚称弦理论中缺乏区分宇宙状态的原理，但大家都承认，我们并不知道弦理论是什么……我们目前还没有方程、原理和理论，而且用一个人人都承认还不存在的理论推导出影响深远的结论在我看来似乎很危险。”

弦理论不存在？可是格罗斯是弦理论物理学家。

“最困扰我的问题，”格罗斯继续说，“就是宇宙学缺乏一致性。自从爱因斯坦提出他的理论以来，基础物理学的目标就是不仅能预测目前的状态，还能预测整个时空流形。我们从广义相对论中已了解到，物理学就是这么可恶！‘现在’只是一种幻觉。弦理论还不能被称为一种理论，它令人失望的一个方面在于，到目前为止，我们还无法构建具有一致性的宇宙学……想象一下，物理学领域的根本性改变要建立在这样的基础之上：忽略初始条件，忽略大爆炸，忽略对一致性宇宙的构建……好吧，我们有10^{500}个可能的亚稳态宇宙景观，而在另一方面，我们没有宇宙学。”

我在笔记本上写下一句提醒自己的话：**为什么弦理论不能解决宇宙学的问题？**

“我们知道，在科学中，科学原理通常会变得越来越强大，”格罗斯说，“但人择的观点与之相反——我们知道的东西越多，人择原理的力量就越弱。它的成功来自无知。我认为这不是科学的研究方法。我认为整件事情是不成熟的，是危险的。为什么我会认为这很危险呢？因为它放弃了传统路线，它使人们偏离正确的方向……面对这一切，我得出了与众不同的结论。我们缺少一个重要原理。我们缺少能够让我们建立宇宙学，讨论永恒暴胀的原理。我不会把对现状的争论当成坚持人择推理的理由，我认为这一切只说明我们缺少一些基础性的东西。”

“戴维，我想到几句话，”萨斯坎德说，“‘老人注定要永远重温自己的过往’，‘你要说的越少，花的时间就越长’。至于你说的那种危险，我认为形势已经完全不同了。戴维深爱物理学，他非常令人钦佩，但也让人感到害怕。”

你觉得呢？他太可怕了。

“让谁害怕了？”格罗斯问。

“哦，一个年轻人，我今天早些时候偶然遇见他，我们聊了聊。我已经多次跟年轻男性聊过——女性似乎对此不感兴趣——当我与他们谈论这个世界可能是人择世界时，他们非常抵触。他们很尴尬。有人对这种想法持敌对态度，年轻人被强烈的敌意吓到了。”

“那些人像我一样坚持自己的看法吗？我不担心这个。我担心的是，这些年轻人成长起来后带着十足的权威口吻说话，就好像他们的想法建立在坚实的知识基础上。”

“小子，这是五十步笑百步！噢！戴维，戴维，戴维，你还记得杂化弦理论出现后不久的那些日子吗？”

哦，崩溃！

“那又怎样？这跟我想说的不是一回事。当这些年轻人说话时，我必须提醒听众，说话的人并不知道自己在说什么。我们并不了解弦理论，对吧？”

“是的，我完全同意。”

他同意？但他是弦理论的创始人之一……

格罗斯继续说：“所以，当有人站起来说‘弦理论认为……’，这就已经是一种头脑发热的表现了。我很容易理解我对1984年杂化弦理论革命的热情——我看到历史在我的一些同事身上重演，这正是随机宇宙的诱惑力。我看到这种事发生在可怜的温伯格身上。温伯格是一个无神论者。论文写到最后，他很兴奋，因为天主教会反对景观的想法。”

“我们都喜欢温伯格的想法。我们都觉得这很有趣。”

我笑了。

格罗斯指的是温伯格的论文《生活在多元宇宙中》。在这篇论文中，这位诺贝尔奖获得者写道：“达尔文和华莱士认为生命具有奇妙的适应能力，不需要超自然力量介入。与此相似，弦景观可以解释我们所观测到的自然常数为何能取到适合生命存在的值，而不需要仁慈的创造者进行微调。[3]”

温伯格接着引用了克里斯托夫·舍恩博恩（Christoph Schönborn）在《纽约时报》专栏中的文章。这位红衣主教和维也纳大主教写道："新达尔文主义和宇宙学中的多元宇宙假说旨在将关于目的和设计的压倒性证据赶出现代科学，面对这些科学主张，天主教会将再度捍卫人性，指出自然界中显而易见的内在设计是真实的。[4]"温伯格进而热情洋溢地指出："马丁·里斯说，他对多元宇宙有充分的信心，愿意用他的宠物狗的生命做赌注，而安德烈·林德则说，他会用自己的生命做赌注。至于我，我对多元宇宙有足够的信心，可以把安德烈·林德的生命和马丁·里斯的宠物狗的生命都赌上。[5]"

"我想说的是，"格罗斯继续说，"有些反应与我在1984年欢欣雀跃的反应如出一辙，那时我们认为得到答案指日可待，我们陶醉于此并得意忘形。而且，伦尼，你当时也得意忘形了。赌注太大了。所以，你面对严厉的批评应该开明一些。"

"不过得是科学的批评，"萨斯坎德强调，"科学的批评得是一个定理，指出在弦理论中不存在亚稳的德西特空间；或者得是一种证明，证明永恒暴胀是自相矛盾的。这才是科学，戴维。"

"有些人的理论基础摇摇晃晃，这些人有责任加固自己的理论基础，"格罗斯反驳道，"我用不着去证明不明确的东西没有意义。"

"戴维，你看到走出弦景观的路了吗？"我问道，"你看到特别路线了吗？"

"特别路线？显然没有。如果我看到了，我会处在一个更好的位置。只有科学力量日益增强，人择推理才能被剿灭。过了六十岁，我不大可能有什么独到的见解。关键的问题是什么呢？是'弦理论是什么'吗？是'怎样才能构建具有一致性的宇宙学，构建有意义的宇宙'吗？我们还没有一个有意义的宇宙！"

我转向萨斯坎德说:“即使你支持弦景观和多元宇宙，即使你认同某些局域物理定律是人择的，但你难道就不需要一个元理论吗？你不需要某种独一无二的东西吗？这不就把问题挡回去了吗？”

“是的，的确是这样。我的底线是，我们需要描述整件事，整个宇宙或者多元宇宙。这是一个科学问题，而不是思想观念问题。”

争论持续了几个小时，后来我们三个人去了一家海滨餐厅吃海鲜午餐，我们在那里愉快地聊起物理学。我感到很自在，我们似乎关系紧密，就像从战场上回来的士兵。我听取了辩论双方的意见，却并没有被任何一方完全说服，不过，格罗斯的观点更吸引人。如果物理学由独特、必要、优雅的方程决定，而不由抽签的运气决定，那么我也能松口气。不过，我不确定宇宙是否会在乎我为什么能松口气。弦景观与永恒暴胀的物理多元宇宙融合在一起，这似乎指向一个明显的方向。不过，还没到确定的时候，有太多的问题尚未解决。

比如，为什么弦理论在宇宙学面前这么没用？正如格罗斯所说，为什么弦理论无法描述一个有意义的单一宇宙？我想也许是因为这种理论根本不存在。无穷大到底有多危险？萨斯坎德说过，无穷大是永恒暴胀的阿喀琉斯之踵，令物理学家无法计算概率，无穷大是破坏弦景观吸引力的罪魁祸首。格罗斯曾表示，弦理论和宇宙学中缺少基本原理。但是，是什么样的基本原理呢？如果人择观点在无知中兴盛，那么什么样的智慧能够令其凋零？

飞回东海岸后，我感到不知所措，我需要学习，但可以肯定的是，我已经找到了正确的方向。我需要更深入地研究弦理论，即便它未必存在。我渴望回到视界、不变性、德西特空间和观察者依赖性的问题上。我迫不及待地想弄清楚萨斯坎德的视界互补性是怎么一回事。

我也突然产生了一个令人不安的想法。假如我们确实生活在一个无限的多元宇宙中，那么计算机模拟宇宙的数量将以指数方式激增，并且由于这一点，我们为真的概率——不论意味着什么——就会极小。在一个多元宇宙面前，博斯特罗姆的想法更让人感到恐怖。话又说回来，我还是不相信模拟和实在之间有什么根本区别，因为如果我们想分辨实在和模拟，我们必须具有上帝视角，必须站在实在之外；而无论实在是什么，它都不具有外部。此外，多元宇宙假说是永恒暴胀和弦景观的直接结果，它们本身就是用来解释我们所看到的宇宙的。如果这个宇宙是假的，那么物理定律也无法告诉我们超越模拟物的“真实”世界——硬件生活的世界，不包含多元宇宙的世界，降低我们是模拟物的可能性的世界——是什么样子。

我开始头疼。上述想法让我更接近终极实在，还是让我在原地打转？假如多元宇宙确实存在，那么是否会有无数个我，无限次重复同样的问题？

天哪，这真令人沮丧。压力太大了，我再也无法忍受，我正在不停地说琐碎的事情，愚蠢的声音回荡在广袤而重复的多元宇宙中。我突然理解了博尔赫斯对镜子的恐惧，“复制幽灵或现实倍增的恐惧[6]”。和博斯特罗姆的噩梦相比，多元宇宙使我显得更不真实。在博斯特罗姆的噩梦里，我至少可以想象自己是一个独特的模拟物；而在多元宇宙中，我甚至不能从我所说的或者我所写的哪怕一个字中获得好处。这并不是说我本身是真实的、原始的，其他的“我”都是复制品；假如多元宇宙是真实的，那么我本身就是复制品，我的思绪是复制的，我说的话和这些话的回声一样空洞。在一个无限的多元宇宙中，我所做、所想或所说的一切将承载无限的重量，同时却又毫无意义。“我”就是“我们”，而且“我们”十分廉价。

我回到《新科学家》杂志的办公室，浏览arXiv网站上最新的预印版物理学论文，我发现了一件可以让任何女孩咯咯笑并且喜悦到脸红的事情：斯蒂芬·霍金与CERN的年轻物理学家托马斯·赫托格（Thomas Hertog）合写了一篇论文，这篇论文有希望引入一种新的宇宙学方法，“在这种方法中，提问决定了宇宙的历史[7]”。

出于好奇，我开始读。霍金在开头写道，弦理论给出了宇宙的广袤景观，“但我们还不清楚，在弦景观中，宇宙学的正确框架是什么”。**我们还没有一个有意义的宇宙！**霍金解释说，问题在于弦理论是从S矩阵中发展出来的，人们想用弦理论解释怪异的强子碰撞。当物理学家们模拟粒子碰撞时，他们从站在加速器外的观察者的角度出发，让两个粒子朝着对方运动，他们开心地无视过程中所有的复杂垃圾，记下结果。这是一种自底向上的方法，你知道系统确切的初始状态（第一步），并由此出发，适时预测结果（第三步）。从实验室实验的角度来说，这样做毫无问题，但霍金说，“宇宙学提出了性质完全不同的问题…… 显然，由于我们本身就处在实验中，所以它并不是一个可观测的S矩阵[8]”，换句话说，当谈到宇宙时，我们就是身处其中的复杂垃圾。

身处第二步，我们怎么可能控制第一步？我们怎样才能找到宇宙的初始状态？根据霍金的看法，我们找不到。新生宇宙近乎无限的能量和密度基本上是量子力学的表现。根据霍金的理论，早期宇宙是所有可能状态的量子叠加，没有实在可言。所以，不是我们不知道确切的初始状态，而是根本就不存在可知的初始状态。

这两个事实——我们身处实验中及宇宙有一个量子起源——使S矩阵及其自底向上的哲学对宇宙学毫无用处。

现在是时候重新思考宇宙了，霍金说，这意味着自顶向下的工作。这意味着以观察者为起点，倒退着追寻时间的起源。这种自顶向下的方法，霍金写道，“引出了完全不同的宇宙学观点，以及完全不同的因果关系”。在这种方法中，“宇宙的历史……取决于观察的结果，这违背了我们通常的观念，我们通常认为，宇宙的历史是独特的，不取决于观察者”。我回想起在戴维斯举办的学术会议，当时霍金给暴胀泼冷水，我还想起我在笔记本上潦草地记下的线索：**没有不取决于观察者的历史。**

我需要了解更多信息。我给在伦敦办公室的一位专题编辑打了电话，当然，他已经听到别人在议论这篇论文。他也觉得我们应该写个大新闻，让我欣慰的是，他让我去做这件事。

我知道，采访霍金很难，甚至是不可能的，所以我想先给赫托格打电话。

“自顶向下的方法是一种混合物，它将理论与我们在宇宙中所处的位置混合在一起。”赫托格通过电话告诉我，“从宇宙内部观察者的角度来看，它是宇宙学的框架。与自底向上的方法不同，它绝对不是从上帝之眼的角度得来的框架。”

我请他告诉我更多的细节。他解释说，他和霍金的理论结合了两种关键成分：量子力学中费曼的历史求和法和哈特尔-霍金无边界设想（Hartle-Hawking no-boundary proposal）。

费曼的历史求和法解释了在量子力学中，一个粒子如何从一个地方到另一个地方。双缝实验已经表明，当没有人观察时，一个光子同时沿多条互斥路径传播。如果我打开一盏灯，那么会有光子从灯运动到我的眼睛。常识告诉我，一个光子沿着一条直线行进，但是常识有时是错误的。如果我把开灯实验进行很多次，以某种方式记录视网膜上的干涉图样，那么我可以重建光子的旅行过程，并且根据费曼的理论，我会发现，到达我眼睛的光子在整个宇宙中同时拥有无数条路径，无论这听上去有多么不可能。在一条路径中，光子被月球弹回来，在撞到我的视网膜之前，它围着伦敦塔绕圈，掠过约翰·布罗克曼的帽子。此外，它还能飞越大金字塔，越过一头大象，绕过一个黑洞的视界。在其他一些路径中，光子甚至可以环绕宇宙。一次。两次。它可以被每一面镜子反射，它可以变戏法，它会自己转圈。

每条路径的概率都以波函数的形式出现，波的相位在某些地方干涉相长，在某些地方则干涉相消。荒谬的路径很容易被同样荒谬，但方向相反的路径抵消。当全部干涉都被考虑到之后，最后的驻波会给出一个高概率的合理路径：沿着直线，从灯运动到眼睛。

要想按照费曼的方法进行计算，你还得用到一个奇怪的数学技巧：你需要在虚时间中添加波。虚时间不是“伪装的时间”，而是一种用虚数表示的时间坐标；我们通常用i表示虚数单位，

$i^2=-1$。这样做是可行的。使用虚时间而不是实时才能得到符合实验结果的正确概率。

在20世纪80年代初，霍金与物理学家吉姆·哈特尔（Jim Hartle）决定把宇宙作为一个整体来运用费曼的历史求和法。惠勒首先提出用量子力学来处理宇宙，有几个勇敢的人追随惠勒的脚步，霍金是其中一员。霍金和哈特尔并不需要对体现粒子穿越宇宙的路径的波函数求和，而需要对体现宇宙本身的波函数求和，将整个宇宙的历史编入时空几何。

在这里，也需要使用虚时间——现在，虚时间的影响更加深远了。当提到宇宙的时间时，通常只有两种选择：要么宇宙一直存在，所以时间可以延伸到永恒的过去；要么宇宙有一个开端，时间起源于一个奇点。对于霍金而言，它们都是可怕的选择。如果时间是永恒的，你只能陷在里面，无法解释它从哪儿来，因为它从来没有来自任何地方——它就是这样。如果它起源于一个奇点，你还是只能陷在里面，因为物理定律在奇点那里失效，失去了解释力。

在虚时间中，那两个可怕的选择还在——虚时间可以延伸到永恒的过去，或者可以在奇点处开始——但还有第三个选择。虚时间与空间难以区分，所以回望宇宙起源，在大爆炸后的仅仅1普朗克秒，时间维度很有可能已经转换成空间维度，这令宇宙只有四个空间维度而根本没有时间。时间被假定出现于奇点处，但那里实际上出现了一个新的空间维度，奇点消失了。时空没有边缘，更像是一个球体的表面：有限但无边界，故名“无界”。

霍金和哈特尔意识到，无界宇宙学是我们能从内部对宇宙起源进行解释的唯一希望。在一个无界的宇宙中，霍金写道：“宇宙应该是完全自主的，不受任何外部事物影响。[9]”宇宙图上没有空白点，物理学不会失效，时空没有裂痕，其他东西——外部的东西——无法进入。只有内部，没有外部。

当然，如果你在普通时间中观察宇宙，奇点还是会在那儿，就像宇宙图上的空白点，就像量子怪事。但切换到虚时间，奇点就会消失，裂痕愈合，世界又会是一个整体。

“这或许表明，所谓的虚时间是真正的实时，而我们所说的实时只是我们在想象中虚构出来的，”霍金在《时间简史》中写道，“在实时中，宇宙在奇点处起灭，奇点形成时空边界，科学定律在奇点处失效。但在虚时间中，没有奇点或边界。因此，也许所谓的虚时间才是更为基本的，而我们所说的‘实时’只是我们创造出来的概念，它帮助我们描述心目中的宇宙。不过……问这样的问题是没有意义的：哪个是真实的，是‘实时’还是‘虚时间’？很简单，这取决于哪个是更有用的描述。[10]”

这是实在测试。假如你能找到一个参考系，在这个参考系中某个东西消失了，那么这个东西就不是不变的，而是取决于观察者的。这样的东西不是实在的。虚时间是使奇点消失的参考系。这是否意味着奇点压根就不是真实的呢？奇点仅仅是视角的产物？

霍金和哈特尔提出，宇宙没有外部，因此必然是因果封闭的，只有利用虚时间的第三个选择——奇点在其中消失——的历史才能被计入量子总和。但他们的无边界设想仍然是一种自底向上的方法：它集中了开始于无边界状态的所有可能历史，将它们加起来求出最有可能的宇宙。

现在，霍金和赫托格主张一种自顶向下的方法。他们不是从第一步开始，而是从第二步开始。他们从今天开始。他们从我们开始。

赫托格解释说，为了定义第二步，你要先选择测量结果——比方说，宇宙几乎是平的，宇宙正在膨胀，宇宙有一个小的宇宙常数。然后，你倒推回去，考虑每种可能的、未曾有过边界的、可促成当前结果的宇宙历史。“宇宙没有单一的历史，每一种可能的历史都有自己的概率。”赫托格说。总结那些历史，让它们的概率波彼此干涉，直到只剩下一个波，这样你就确定了宇宙的历史。

赫托格的话体现出这种想法有多么奇怪。他们并不是通过逆向工程揭开宇宙的实际历史。他们是说宇宙没有历史——历史在我们测量的时刻才被创造出来。就在现在。“作为观察者，我们发挥着积极的作用。”赫托格说。通过测量，我们选择了所有可能的历史中的一个子集，单一的过往从这些历史中逐步展现出来。

当然，霍金和赫托格并不是首先宣称今天进行的观察可以决定过去的人，惠勒才是。我回想起惠勒的延迟选择实验，面对双缝，观察者可以选择光子是通过两条缝，还是只通过一条缝，即使此时距光子开始旅行已有数十亿年。“过去并不存在，除非它现在被记录下来，”惠勒写道，“现在，通过决定在量子记录设备中输入什么，我们有权选择如何谈论过去。一直以来被我们叫做‘物理实在’的东西，原来在很大程度上是一种出自想象力之手的混凝纸作品，这种作品被贴在坚固的铁柱之间，这些铁柱源自我们所进行的观察活动。[11]”

现在霍金和赫托格正在将延迟选择应用于整个宇宙而不是少

数几个光子。大爆炸，膨胀，宇宙演化137亿年……这些事情发生了，它们就发生在现在。对我们来说，宇宙的过去就在那里，是可以用我们的望远镜进行窥探的——但都从我们开始，就像倒叙版的《选择你的冒险故事》，只不过我们选择的是宇宙的历史。

在我十几岁的时候，我曾经想过，假如我刚刚出生，而我的大脑中有一套完整的虚假记忆，那么，在我人生的第一时刻，我会觉得我已经活了十几年吗？当然，我不可能记得从出生到现在的所有事情。最初几年或多或少是空白的，照片和家庭视频偶尔可以提供一些记忆片段。据我所知，我在人生的中途醒来，一直试图理解一个没有开端或结尾的故事。但是，此时此刻可能包含着其他时刻；对我来说，这意味着，过去的存在永远不会像现在的存在这样令人困惑，现在的存在本身就是一种起源，它狡猾、神秘，不知去向。

然而，正因为这样，我一直承认，时间至少是近似真实的和线性的，是系绳，是脐带，将我们和我们的诞生以及那之前宇宙的历史连在一起。时间穿越空旷的星际空间，经过锻造出我们身体中的原子的星星，通过星系网，随着空间倾斜、起伏，直到抵达开始之处。大爆炸。但是，无边界设想讲述了一个完全不同的故事：没有锚定绳索的起点。当返回大爆炸的时候，时间变成了空间，绳子转了一个弯，沿着新空间维度的曲线行进，最后回到它出发的地方。根据无边界设想，时间是令我们自我束缚的脐带。

而且实际上，这不就是惠勒的U形图所揭示的情况吗？巨眼着迷地盯着过去。宇宙造就了观察者，观察者在时间中回望并造就了宇宙。这是一个周而复始的自激回路。

这种自顶向下的方法违反因果关系吗？违反物理学不可侵犯的定律吗？我打算冒死问问霍金。赫托格同意替我将一封电子邮件转给霍金。他可能会回复，赫托格告诉我，但不要抱太大的希望。

几天后，霍金回复了。

“难道真的存在一种逆因果关系吗？”我问他。

“对最终状态的观察……决定着宇宙的历史，”霍金回复说，“不过，这种逆因果关系是来自宇宙之外的天使之眼才能看到的。从宇宙内部蠕虫般的仰视视角看，因果关系是正常的。”

乍一看，这是有道理的。从宇宙之外看，你可以看到可能历史的纠结叠加，你可以看到某位观察者正在挑选单一的过去，尽管对这位内部观察者来说，过去好像就在那里，好像一直都在那里。

但我越仔细想，就越觉得怪异。为什么物理定律在上帝之眼（天使之眼）看来不成立呢？你本以为上帝之眼以另一种方式运作——上帝之眼可以看到自然整体，每件事最终都是有意义的，所有令人迷惑的、分散的碎片都将集中在一起，形成原始完整的物理定律。你本以为用单一观察者有限的视角打破对称性，你会看到某种违反规律的东西。我随手在笔记本上写下我的困惑。要想让物理定律完好无损，必须在单一的光锥内考量它？

如果自然界的定律只能在给定观察者的光锥内成立，那么正如惠勒曾设想的那样，物理学的确以某种方式与观察者联系在一起。这是否意味着观察者实际上是一种具有放射性的宝石，“闪烁着照亮整个黑暗宇宙的光芒”？我已经注意到，提出这种宝石思想会带来许多令人不安的问题。

当然，霍金和赫托格并不针对个别观察者。他们并不是说，宇宙的历史对我而言和对我父亲而言有所不同。但是，这也仅仅是因为我父亲和我在第二步中输入的测量结果——宇宙的几何形状或膨胀速率——是完全一样的，因为从天文角度看，我们已经很接近了。但是，如果在遥远的星系中有一些观察者，他们的光锥与我们的光锥几乎没有重叠之处，那么他们的测量结果与我们的测量结果将大不相同。如果是这样，他们的整个宇宙历史就很可能与我们的整个宇宙历史相异。他们不只是计算出一种不同的历史，他们确实生活在具有一种不同客观过往的宇宙中。

这是否意味着他们生活在一个不同的宇宙中？宇宙本身并不是不变的？并不是真实的？

我不知道。霍金似乎倾向于此。不过，无边界设想也只是一个设想。在这个设想中，奇点宇宙学被排除在可能历史的总和之外，奇点宇宙学与“宇宙内部必须包含对自己的解释”这一主张不相容。我认为这种推理很可靠，我们也没有其他的选择。不过，在物理学中，光有假设是远远不够的，你必须在某些更深层次的东西中证实假设。

与此同时，霍金和赫托格看着自顶向下的宇宙历史，看着宇宙的波函数，这个波函数从所有可能历史的总和——从无边界开始，到我们今天所看到的宇宙为止——中显现出来，包含了我们想进行的任何测量的出现概率。有趣的是，最有可能的历史是：宇宙经历过短暂的早期暴胀。这种自顶向下的暴胀并不需要微调，也不是永恒的，不会产生任何超出我们的可观测宇宙的东西。宇宙的历史从现在开始，我在我的笔记本中写道，在宇宙的视界处结束。尽管如此，它看似开始于137亿年前，经历过短暂的暴胀时期。观察者回顾过去，造就宇宙的历史，他看到的正是他赖以生存的那种历史。

我知道永恒暴胀的支持者都不会是霍金新理论的粉丝。毕竟，霍金的理论否认永恒暴胀起源于明确的暴胀场，且不允许永恒暴胀制造超出我们视界的任何东西，更不用说无限多元宇宙了。更重要的是，它将暴胀变成一种取决于观察者的假象。我拿起电话打给安德烈·林德，我只是想开个玩笑。他是暴胀的传道者，在戴维斯时，当我提出神秘的低四极矩可能会令一些物理学家放弃暴胀观点时，他曾对我大喊大叫。我问他对霍金的理论有何看法，并准备聆听慷慨激昂的长篇大论。但是，这一次他的回答是简短而亲切的："我不接受。"

哈特尔更赞同霍金的看法，这很好理解。他的说法就像他们的理论一样奇怪，他在电话中说，鉴于我们被困在宇宙中，这就是唯一的前进方式。"这是一种不同的视角，但它又是不可避免的无奈之选。宇宙学家当然应该关注这项工作。"

无边界设想旨在消灭量子怪事，将奇点从宇宙的起源中移除，并允许我们从内部解释宇宙。但宇宙学家关注霍金和赫托格的工作还有另外一个原因。自顶向下的宇宙论为惠勒的问题提供了一个可能的答案，而这个问题在我脑海中萦绕了数年之久：如果是人择原理，为什么会有人择原理？

对于生命的存在来说，我们所观察到的暗能量的悖理的值是最糟糕的麻烦制造者，但它并不是唯一难以解释的微调值。微调现象到处都是——改变一两个物理值，哪怕是一点点，我们都不可能存在。假如在早期宇宙中，物质的分布再不均匀一点，黑洞就可能在恒星和星系的位置形成；假如再均匀一点，我们就根本看不到任何结构。假如弱力略弱，今天我们周围的元素就只有氢；再弱一点，我们就只有氦。这样的话，我们不会有星星。没有星星也就没有碳；没有碳，就没有生命。引力的强度也是恰到好处——略强一点点，我们的太阳就会过早地燃尽，不足以维持生物进化。假如质子和中子之间的质量差稍微改变一点，原子本身就会变得不稳定。再有就是宇宙常数，它恰到好处，这简直令人难以置信。

许多物理学家都紧随萨斯坎德，用弦真空无限变化的景观解释这些巧合，他们意识到永恒暴胀会造就无穷大的多元宇宙。这是点燃戴维·格罗斯眼中怒火的说法。

霍金和赫托格对弦景观产生了浓厚的兴趣，但他们不同意通过永恒暴胀的方式将物理宇宙填入弦景观。相反，他们将弦理论所描述的各种世界视为可能的历史，这些历史不在物理空间中，而在数学叠加中，我们的宇宙历史就是在这种叠加中产生的。你仍然可以使用人择论据来解释所有的微调现象，不需要引用我们的宇宙视界之外的任何东西。霍金和赫托格将景观颠覆了：我们拥有具有多重历史的单一宇宙，而不是拥有具有单一历史的多重宇宙。

继续思考，你会发现，所有的微调现象在自顶向下的宇宙中都是讲得通的。如果宇宙的历史及其所有的物理特性，是由我们的观察决定的，那么这当然是一个非常适合我们的宇宙——要不然我们怎么会在这里进行观察？人择巧合对自底向上的宇宙学来说是有问题的，因为你是从完全独立于观察者的初始状态开始的；宇宙沿着时间向前演化，直到像我们一样的观察者碰巧出现，成为物理学和偶然事件的副产品。考虑到大约140亿年前的随机初始条件，我们当然会有疑问，宇宙刚好能在每分钟里都支持生命存在的可能性有多大？而自顶向下的宇宙论并不会引发这样的问题。自顶向下的宇宙论并不在宇宙的历史中起源，也没有演化出观察者，它始于观察者并演化出一段历史。如果以生命为起点，最后就一定会出现一个对生命友好、有利的宇宙。

为什么会有人择原理？我写在我的笔记本上，**因为宇宙取决于观察者？**

这种关于生命的完美想法让我很紧张——任何将人类或意识作为某种“特殊”成分的理论都让我感到不适。不过，霍金和赫托格并没有说观察者的意识会使宇宙波函数奇迹般地坍缩。在他们的模型中，没有坍缩，只有多条穿越历史的宇宙路径的干涉。这并不是说你需要生命创造宇宙；简而言之，在这个宇宙里有生命，因此与量子总和相关的历史必定是支持生命存在的。这在逻辑上有点自圆其说的意味，就像一个自激回路。

我在电脑上打开了一个空白文档，卷起衣袖，准备写我的文章。这是一个很好的故事。霍金让我们放弃所有关于宇宙学的旧观念——这些旧观念认为存在着某个独立于我们的时间起源，认为约140亿年的进化与我们的观察无关，认为存在某些独立的实在，认为过去“确有其事”。霍金将惠勒的自激回路与弦理论景观结合在一起，他让我意识到，或许不久之后我们就得把宇宙从终极实在的列表里划掉了。

我写完文章后，把它发给了赫托格，请他帮我检查有哪些不准确之处，并请他在方便的时候转给霍金看看。几天后，我收到一封电子邮件。我打开邮件，里面的称赞是作为实在猎手、伪记者的我所能想到的最好的话：**这篇文章非常不错，非常清晰。斯蒂芬。**

在2008年4月的一个清爽的早晨，我愉快地漫步到《新科学家》杂志的办公室，准备开始新一天的实在追踪，但一位资深的编辑以忧郁的表情向我打招呼。我收起笑容问："怎么了？"

"约翰·惠勒去世了。"

我惊呆了，说不出话来。并不是说我对此毫无准备——他毕竟96岁高龄了，但我仍感觉像当头被打了一棒。

"你对他的工作特别感兴趣，对吗？"我的同事问，"你想写讣告吗？"

我默默地点了点头。我不禁感到心碎。数年来，我一直想象着，当我和老爸最终写出一本关于实在本质的书时，惠勒一定会读它。从某种不可思议的角度说，我一直认为我们的书是为他而写的。我觉得我们会亲自送上一本崭新的书，而他会急切地阅读。当他看完最后一页，合上封底时，他会抬头看看我们，想起自己多年前在普林斯顿大学对我们说过的神秘的话，并且用闪着光的眼睛望着我们说："我知道你们已经明白了……干得好。"

我坐下，打算开始撰写讣告，我通过短信告诉老爸这个坏消息：惠勒去世了。

我的手机很快响起收到回复的振动声，“对实在来说，这真是悲哀的一天”。

9.

宇宙诞生的线索

惠勒的时间走到了尽头，真是不太公平了。就在惠勒有机会解开宇宙之谜之前，宇宙眨眼间就消失了。他提出的四个问题——量子何为？万物源于比特？参与性宇宙？存在何为？——仍然没有答案。

还有其他悬而未决的问题：自激回路是怎么回事？边界的边界又是什么？我们该如何解读它们？

当我撰写惠勒的讣告时，我回想起那天在普林斯顿的情形。我们心怀敬畏地请教圣贤，我们相对无言地站在爱因斯坦的草坪上，感受着心头的余悸。那一天，某种力量诞生了——这种力量带我来到这里，来到剑桥，来到《新科学家》，让我日复一日地伪装成记者。

伪装？经过这些年，我还在伪装吗？还要多久我才不会觉得这就像是某种恶作剧呢？或许所有人都觉得自己在生活中是骗子，我想。也许所有人都是骗子。

或许问题在于，我已经不再是骗子。这份工作可以掩盖一些东西。我是否已经陶醉于此，忘记了终点？更糟的是，我是不是忘记了起点？

当我为惠勒之死感到痛心时，我意识到我还在为别的事感到痛心。我在办公桌前的椅子上转着身子，百无聊赖地画着圈圈。老爸在哪儿？当我在诺丁山的量子公寓中苦苦思索时，他在哪儿？当我在圣巴巴拉的海滩上谈论多元宇宙，在特丽贝卡大酒店谈论非布尔逻辑时，他在哪儿？当我在布卢姆斯伯里[a]，在假日酒店时，他在哪儿？他现在又在哪儿？

我本打算拿下一种长期有效的记者证，让自己和老爸进入物理学内部，这个计划正在进行中，但偏离了方向。开始的时候，我总用“我们”这个词，但现在，我更多地使用“我”，我想创造一种属于自己的生活。我知道，我必须这么做。五年前，就在这样一个春天，我决定在没有老爸的情况下参加戴维斯会议，此举在无意中引发了一连串的事，也正是这些事成就了今天独自坐在办公桌前的我。过往无法改变吗？如果我现在从不同的角度看，我会计算出一个新的波函数吗？我会选择新的历史，或者带着自顶向下的遗憾演绎某种量子过程吗？

那么这段历史在我老爸眼中又是怎样的呢？幸福地生活在郊外的他，通过自己的女儿闯入了物理学的盛筵，当他的女儿实现了父女俩的共同梦想时，他会自豪地在远处看着她吗？还是说他会待在原地不动，陷入依靠自身力量运转的生活中，看着自己的想法从身上溜走，自己的发明加速离开，就像一列他没赶上

---

a　位于英国伦敦，20世纪初曾为文化艺术中心。——译注

的——或者被劫持的——火车？也许在其他一些宇宙中，我们兴奋地跑过爱因斯坦的草坪，不停地跑；也许我们仍一起寻找实在；也许惠勒还活着，且他的问题已有了答案。不过这些都不重要，因为我已被困在这个宇宙中。

“太遗憾了，我们都没能再跟他聊聊。”我老爸说。

我遗憾地点了点头，喝了一大口冰镇汽水。

盛夏，老爸老妈从费城到波士顿来看我。我们三个人都懒洋洋地躺在我的阳台上，俯瞰阳光下的纪念大道和查尔斯河，波士顿的天际线从河岸边升起，倒映在波光粼粼的水面上。老妈开心地做着针线活，老爸和我则像平常一样谈论着物理学。这是对完美一天的完美模拟。

“你们为什么没去呢？”老妈问，她的目光没有离开手里的活儿。

“我们不能去，”我说，“大约一年前，我跟惠勒的同事肯·福特（Ken Ford）联系过，想看看我们能不能对惠勒进行一次采访，但他告诉我，惠勒正住在一家疗养院里。他倒没说我们不能去，但是去那里采访似乎太不敬。”

“你从什么时候起也担心这种事啦？”老妈笑着说。

“我们可以假扮医生进他的房间，”老爸说，“我们可以先程序性地问他一些治疗上的问题，然后顺带问一些有关实在本质的问题。**你感觉呼吸困难吗？你有没有觉得恶心？‘边界的边界是零’是什么意思？**”

“你就是医生！”我说。

他笑了。“呃，好吧！”

“不过，他听不太清楚，可能会听不到。”我说。

“那现在怎么办？”老妈问。

“我不知道。”

真是令人沮丧。惠勒走了，他那些神秘的话却在我的脑海里愈加清晰和深刻。当然，我知道他还没有想出宇宙的答案——如果他想出来了，我们不会到现在都没听说；如果他想出来了，他的名字就会家喻户晓，诺贝尔奖委员会也会立即予以关注，基础物理学将完成任务，我们也不会走上探究终极实在的道路。然而不知何故，我依旧相信惠勒的话是解开实在之谜的关键线索。

也许这种信念是刻意的，因为这听上去浪漫且令人兴奋，还让我觉得自己很重要，就好像我以某种方式擎起了惠勒的火炬，就好像他原本打算把这火炬交给聪慧的物理学家，却在回到普林斯顿的那天，由于眼神不济，错误地把火炬交给了我，交给了我们。如今，火焰濒临熄灭，我只能看到一缕青烟，在空气中留下老鼠尾巴一样的印迹。

“那么采访认识他的人呢？”老爸问，“比如他以前的学生？他们或许知道惠勒一直在思考什么。”

我拍了一下我的椅子。“对啊，我们可以去采访可能知道惠勒的话的含义的人。我们可以说，我们正在写一篇关于这个问题的文章。”

“为什么说我写的是一篇文章？”老爸问。

真是好点子。“好吧，我们就说我们正在合写一本书。”

“你们在写一本书。”老妈说。

我点点头。“没错。”

在某种程度上的确是这样。我们早就说过要写书，老爸曾建议，在找到宇宙的答案时，我们一起写一本书。我梦想中的这本书有一天会由约翰·布罗克曼来代理。每次我去老爸老妈家，老爸和我都会找借口去物理书斋，我们告诉老妈这是为了“写我们的书”。每当我因为忙着学习物理而不能参加聚会，我都告诉我的朋友“我正在忙着写我和我老爸的书”。写书已经成为我们生活的中心，但它又只是一个遥远的梦想，实际上并不存在。写书并不是在纸上堆砌文字。写书旨在研究宇宙，意味着做研究，意味着过日子。当我认真思考时，我意识到我从来没有真正将这些事情分清楚：我的生活，我们的书，宇宙。如果我诚实地面对自己，那么我不得不承认，我虽然并不相信博斯特罗姆的模拟观点，但我一直有敏锐的感觉，我觉得我就住在我们的书里，只有当我们找到宇宙的答案时，我们的书才会变成有形的物。写作意味着寻找答案，而答案总以书的形式展现。

这一切都紧密地联系在一起。我们想告诉一些人，为了向他们请教惠勒的谜语，我们正在合著一本书，而如果解开惠勒的谜语，我们最终就能写出书。这是模仿假想艺术的生活。一种自激错觉。

加州理工学院的卡希尔天文学和天体物理学中心位于一幢奇怪且充满现代气息的建筑物中，这个建筑物似乎是由规范力建造的，为了搭建这个建筑物，规范力似乎将不匹配的参考系拼到了一起。

我和老爸来到加州的帕萨迪纳，拜访惠勒的一位学生，物理学家基普·索恩。我看得出来，老爸因即将见到著名物理学家而兴奋。“我一直认为他是《星际迷航》里的人物！”走在路上，老爸晕晕地说。

我跟老爸被这幢建筑物奇怪且容易令人迷路的结构弄得团团转，从大厅走到索恩的办公室让我们费了些力气。

索恩身材高大，光头，留着带尖的山羊胡子，有点像《星际迷航》里的船长皮卡德。他热情地招呼我们坐下。

“我们跟约翰·惠勒在多年前的一个会议上有过简短的会面，他跟我们讲了两件非常奇怪的事，”我解释道，“他说，宇宙是一个自激回路。另外，在回应宇宙从无到有的问题时，他说，‘边界的边界是零’。你能不能告诉我们这些是什么意思？”

“从数学上讲，边界的边界是一种基本原理，你从中可以得出时空曲率的某些属性。怎么用它来解释宇宙的诞生，我就不知道了。我从没发现这个想法有什么用。约翰认为这是非常基本的问题，我对此有不同看法。”

索恩说得很清楚，他对这个问题没有太多要说的。从他的参考系来看，他正面对着两张同样失望的脸。

“好吧，”我说，“那么什么是自激回路？”

“从某个角度来看，惠勒认为系统只有在被观察时才是经典的。在被观察之前，它们以量子力学的和不确定的方式运行，观察使波函数坍缩。所以惠勒设想宇宙在量子力学的意义上诞生、演化，直至自然地创造出生命体。此后，生命体的观察使宇宙的状态发生坍缩，使其成为经典的宇宙。从某种程度上说，观察来自宇宙之中，而不是来自宇宙之外，这是一种自激过程。当我描述时，听起来很简单，但我的感觉是，这种想法其实远比听上去深刻。”

我点点头。“观察者必须是生物学意义上的生命体吗？”

“我认为这是他的观点，”索恩说，“智慧生物是在宇宙演化的过程中自然出现的。沃尔切赫·楚雷克（Wojciech Zurek）可以帮你更深入地了解这一点。当年惠勒在酝酿这一思想的时候，他曾与惠勒一起在得克萨斯工作。那些年我与惠勒联系不多，但我认为这是一个非常深刻的想法。楚雷克是了解这种思想的还健在的最好的专家。”

“你对观察者怎么看呢？”我问，希望索恩能再多说点。

“我倾向于认为观察者无关紧要。”他说。

无关紧要？如果不考虑观察者的视角，你怎么可能获得终极实在呢？

“我们已经有了结论，终极实在一定是不变的，不取决于观察者。”我说，“但我们认为，观察者不非得有意识，不一定具有生物性。观察者只是参考系而已。”

“所以你认为空间不是实在的？或者你认为时间不是实在的？”索恩问，他似乎很吃惊。

“它们不是终极实在。”我回答。他明显感到惊讶。我心想，可别生我的气，跟爱因斯坦说去！“你不同意吗？”

“作为物理学家，我们建立了极具预测性的图像和数学模型，但我们从未得出终极实在的标准。我想，哲学家更适合讨论这类问题。但是，也只有那些理解物理学的哲学家才有可能在这种问题上取得进展。所以我不会去问什么是终极实在。”

我觉得很有道理，不过我很难想象惠勒的学生厌恶这个大问题。“惠勒对你的物理学思维有影响吗？”我问。

“惠勒拥有一种利用物理直觉猜测事物运行规律的超级能力。

这是一种蕴含着巨大力量的认知方式，这种认知方式对我影响最大。惠勒利用直觉取得了伟大的成果，但成果最终得经受住数学的考验。在我的同龄人中，最善于用惠勒的方法行事的人是斯蒂芬·霍金。受身体条件限制，他无法进行复杂的数学运算，他无法顺畅地使用他的双手，这让他拓展出利用物理直觉工作的能力，他还可以在大脑中利用几何和拓扑解决问题。”

“你有关于惠勒的精彩故事吗？”我老爸问道。

“我可以给你们讲一个故事。”索恩很大方地说，“当前，在弦理论中，有许多关于真空景观的讨论。我们宇宙中的量子场定律可能与其他宇宙中的不同。具有超前思想的惠勒曾经多次思考这个问题。他提出‘变易性’这一概念，即物理定律在宇宙之外的柏拉图式的王国中是不存在的，它们在宇宙诞生时形成，随着宇宙的灭亡而最终消失。1971年，惠勒出访期间，惠勒、费曼和我一起参加在加州理工学院汉堡大陆餐厅举行的午宴。当时，惠勒讲了变易性的思想并提问：‘是什么决定了我们的宇宙中有哪些定律？’费曼转过头来对我说：‘这家伙的话听起来很疯狂。其实他一直都很疯狂。’”

我们都笑了。“你最近在做什么？”我问道。

“我正在尝试在其他领域中从事创造性工作，”索恩说，“我正在为两部好莱坞的科幻电影工作，还给《花花公子》写文章。”

我老爸大声笑起来，然后意识到也许不太合适，于是清了清嗓子，皱起眉头，并试图严肃一些。“是什么促使你这样做？”

“我有长寿的基因，”索恩说，“但我无法不断地在理论物理研究方面取得佳绩。于是我决定，是时候改变方向了，换一个我可以坚持几十年的工作。另外，我厌倦了。”

“唉，有点失望。”在走回酒店的路上我说道。

我们一直希望能得到一些答案，但我们得到的却是一堆“爱莫能助”。索恩不觉得“边界的边界”有任何深刻含义，他甚至认为，这个想法毫无意义。

也许，惠勒的话听起来很有趣，但我们没有任何证据能证实其中有真理。也许这只不过是一位年迈的物理学家发出的绝望而含混的喊声，他知道自己时日无多；也许他还不知道自己已经无计可施。但话又说回来，正如费曼所说，惠勒的话听起来很疯狂。然而他的话往往是对的。

“至少，他向我们介绍了楚雷克，”老爸说，“这很有用。”

的确是这样。沃尔切赫·楚雷克是在洛斯阿拉莫斯的国家实验室工作的物理学家，根据索恩的说法，他是了解惠勒自激回路思想的还健在的最好的专家。

我点点头。“我觉得我们得去趟新墨西哥州。”

* * *

我们入住了一家乡村风格且提供早餐的宾馆，宾馆四周环绕着白色土坯墙，墙上挂着火红的辣椒。接着，我们花了一天时间游览艺术画廊，还讨论了实在本质。

第二天早上，我们驱车四十五分钟来到洛斯阿拉莫斯，我们沿着蜿蜒的山路，一路开到海拔两千多米的帕哈里托高原上，来到了“从未存在的小镇”。早在七十多年前，政府就在这里建立了洛斯阿拉莫斯国家实验室，作为曼哈顿计划的绝密总部。一些物理学家离开大学，怀着结束第二次世界大战的心愿从全美各地来到这里制造原子弹。惠勒——他与玻尔合作进行核聚变研究，并提出了原子弹的理论基础——当时驻扎在华盛顿的汉福德，那里有一个为洛斯阿拉莫斯国家实验室提供钚的核反应堆。他偶尔会到新墨西哥州工作，并与费曼讨论电动力学。

惠勒从1944年开始在汉福德工作，当时他收到弟弟乔从意大利前线寄给他的明信片。这张明信片上只有两个字：快点。但直到乔牺牲近一年后的1945年7月，原子弹才被制造出来。在洛斯阿拉莫斯国家实验室以南约三百千米的沙漠中，工作人员测试了以钚为原料的“小玩意”，引爆了历史上第一颗原子弹。物理学家们在十几千米外的安全大本营内看到了剧烈的爆炸。爆炸产生了耀眼的光芒，强烈的热，隆隆作响的冲击波和蔓延超过十千米的蘑菇云，把方圆三百多米的沙子变成了玻璃。J.罗伯特·奥本海默作为该实验室的主任，郑重地引用了《薄伽梵歌》中的话：“现在我成为死神，世界的毁灭者。”

当惠勒的同事们沉浸在原子弹爆炸造成的恐怖气氛中时，惠勒则因弟弟去世而感到内疚，他后悔没能更快地完成任务。“事后再假设历史没有任何好处，”他在1998年写道，“但我不能因此就不去反思自己的角色。我本应更早地了解德国威胁的严重性。如果我试试的话，我也许可以影响决策者。五十多年来，我一直生活在弟弟去世的残酷事实中。我无法轻易摆脱这件事对我的影响，但有一点是明确的：当形势需要的时候，接受政府公职是我的义务。[1]”所以在1950年，当受邀研制氢弹时，惠勒答应了。他搬到了洛斯阿拉莫斯，并且在奥本海默的旧居生活了一年。

驱车穿过平顶山，我沉浸在那段悲壮的历史中，我感到奇怪：像相对论和量子力学这样的模糊、抽象的概念竟然能够制造如此难以想象的现实后果——我和老爸讨论这些概念十多年了，我们本以为它们不过是一些智力谜题。在不变量和“不取决于观察者”的层面，这些概念未必是实在的；但在鲜血、战火和悲伤中，它们却是实在的。

我们找到了去楚雷克家的路。楚雷克是量子信息科学领域的重要人物。楚雷克与惠勒的另一个学生——比尔·乌特尔斯（Bill Wootters）——一起证明了量子不可克隆定理。该定理认为，量子信息的未测部分不能被完全复制。他还在解读量子退相干过程方面取得了重要进展，这有助于解释为什么在日常生活中，宏观世界似乎不那么量子化。

即便你能假装区分观察者和被观察者——正如玻尔和他的哥本哈根团队所做的——把世界的一半称为“宏观的”或“经典的”，而把另一半称为“微观的”或“量子的”，你还是能将边界推到越来越大的尺度，让观察者成为被观察的对象，让内部吞噬外部，让经典世界被日益增长的量子世界吞噬。但是，为什么我们测量一张沙发的长度、一个孩子的身高时，或确定月亮的位置时，没有看到叠加残余——那些出现在双缝实验中的干涉条纹？为什么在大家伙的世界中，主宰者是经典概率（它假定物体永远只有一个位置），而不是量子概率（它假定物体在被测量之前同时处于多个状态），即使物体本应该由量子概率描述？

答案是退相干，这在很大程度上要归功于楚雷克。这个想法很简单。当描述一个系统的两种可能状态的波函数——例如，描述电子通过A狭缝的波函数分量与描述电子通过B狭缝的波函数分量——加在一起时，会形成干涉图样。依次入射的电子被记录在感光板上，每个电子的落点都是随机的，被编入波的总和的、被编入叠加的概率分布允许这种随机性存在。由此产生的条纹图样依赖波的相对相位：暗条纹出现在各波异相相抵的地方，亮条纹位于各波同相相长处。电子一个接一个入射时，波之间的相位差保持固定，因此叠加是相干叠加。然而，如果电子被淹没在一个更大的环境中，如空气中，在从狭缝运动到感光板的过程中，电子受周围十亿多个分子碰撞。当一个电子通过狭缝时，它的路线会偏离轨道，其波函数的两个分量之间的相对相位差不再固定。随着电子在感光板上堆积，单一相干叠加不存在了，无法生成能制造明暗条纹的概率。然而，测量可以反映单个波函数的概率——如果粒子一次只穿过一个狭缝，而不是同时穿过两个狭缝，你就有希望得到确切的概率。如果粒子不是**量子化**的，你就有希望得到这种概率。

叠加的相干性被抹掉，量子概率分布经典化，由此，环境退相干看起来像量子波函数坍缩，各种可能性被转化为单一的事实。但其实，波函数并未坍缩，电子被它碰撞到的每个空气分子纠缠，其波函数与每个空气分子的波函数交叠，一切都**更加量子化**。我们没发觉这些，只不过是因为我们没有测量空气分子。如果我们不仅测量电子和探测器，还测量更大范围的环境，我们会看到比以往更多的干涉。

楚雷克亲自在门口迎接我们。他待人和善，不修边幅，他有浓密的橙色头发，还有同样浓密的胡子。他操着厚重的波兰口音。我们跟着他走进一间充满西南部风情的大客厅——房间的尽头是一个石头砌成的壁炉，房间的另一头则是一扇从天花板通到地板的落地彩窗，上面绘有群山之下的峡谷。

“你是怎么认识惠勒的？”我们三个刚坐下我就开口问道。

“我1975年到得克萨斯大学读研究生，约翰·惠勒在一年后去那里工作，”楚雷克说，“我选了他的电动力学课。我印象最深的就是惠勒试图在黑板上进行推导。有时候没推导出来，惠勒为表歉意，会把推导的内容划掉，并写上大大的‘错’字。这种犯错的自由是我从惠勒那里学到的最重要的东西。我记不清是一年还是两年后，我选了他的量子测量讨论课。课上既可以探讨疯狂的想法，也可以粉碎这些想法，就像批上‘错’字。你可以探讨疯狂的想法，但在某些时候，你必须诚实地进行评估。在那之后，我彻底迷上了惠勒研究物理学和量子力学的方式。而且，量子力学之外还有更广阔的天地。量子测量令人着迷，但更重要的是，我们得搞清楚，作为观察者，作为生命，我们是怎样适应宇宙的，我们的存在为什么能符合物理定律。”

“自那以后，你致力于研究经典世界如何从量子中现身。”我说。

“叠加原理告诉你，如果你有两个量子态，你可以按任意比例让它们结合，合成新的态。”楚雷克说，“退相干发生之前，所有态——所有叠加的叠加——都是符合规律的。但是，月球只能出现在一个地方；猫要么活着，要么死了。正如爱因斯坦所指出的，封闭系统的量子力学并不能解释上述问题。但退相干能。”

“最近你提出了一个你称之为量子达尔文主义的理论。”我说。我已经看到了一些相关内容，但不知道具体是怎么一回事。

“量子达尔文主义超越了退相干。这个理论认为我们不能直接测量任何东西，”楚雷克说，“想要研究某种事物，我们只能依靠环境。现在你在看我，我们只有咫尺之遥。你知道我在哪儿，我长什么样儿，这仅仅是因为你拦截了光子环境中少量由我散射的光子。很明显，到处都有关于我的相同信息。对退相干来说，环境一个问题提一次就足够了。但在现实生活中，环境到处烦人地问着同一个乏味的问题，传播着同一个无聊的答案。我们抓住一小块环境，就能找到答案。”

这很有趣。毕竟，量子信息与经典信息的不同之处就在于，当你获得一比特量子信息时，你实际上已经改变了它。你与它纠缠在一起。情况并非你看着一个量子态，得到一些关于它的信息，然后走开，让它不受干扰地等待下一个家伙来看它。这是不可克隆定律的根本所在，许多物理学家从中看到了安全和加密技术的前景。你无法在不改变量子信息的情况下窃听量子信息。如果我看到一个独特的量子态——一比特信息——那么其他的观察者都不能以同样的方式看到它。它不可能是不变的。是这样吗？我感到困惑，我在我的笔记本上写道：**单一、独特的量子态不是实在的？还是说实在就是先到先得？**

“所以当相同信息足够多，我们能对‘那儿有什么’意见一致时，客观实在就出现了？”我问。

“是的，这正是我的想法，”楚雷克点点头说道，“这就是理解客观性的关键所在。在一个量子宇宙中，我们无法做任何直接测量。如果我对一个系统进行直接测量，就会干扰它的状态。我从不这样做，因为通常来说，环境会替我进行测量。它决定一系列被发现、被传播的状态，我从来不直接与系统相互作用。我把环境当作见证人。观察者得到的是已经被广泛传播的信息。”

“几年前，我们曾与惠勒聊过一次，在那次聊天中他用了两个非常奇怪的说法。我们希望你能告诉我们它们是什么意思。第一个是，宇宙是一个自激回路。”

“我觉得这就像道家学说，意味着激发你的灵感。他似乎并没有得出确切的理论。他画了一幅U形图，图中有一只回望着自己的眼睛——我喜欢这幅图。但我不知道如何把它变成方程。如果你跟学宇宙学的人聊聊，会发现他们越来越相信人择原理了，这在一定程度上可以追溯到约翰·惠勒。我的本能反应是不寒而栗，因为，你知道，这就像一条多少有点违法的捷径。不过我觉得，人们正在认识到，我们能以某种方式观察宇宙，是因为宇宙可以容纳观察者；并且，如果你有许多遵循不同规律的可能宇宙，那么‘观察者可以在那里生存’这一事实将选出‘能为观察者提供生存环境’的宇宙小子集。我觉得这还不能满足惠勒的愿景。我觉得他所设想的是一种独特性。”

我突然发现，退相干似乎会破坏观察者的作用，而在惠勒看来，观察者对实在来说非常重要。“惠勒认为，这是一个参与性宇宙，因为量子力学需要观察者去测量事物，并使之成为实存物。”我说，“退相干会不会让这种想法变得没有必要呢？”

“通常是由环境替你进行测量，但有时你也得自己跟量子系统打交道。在这种情况下，如何设置你的设备，如何测量，选择权在你。惠勒的延迟选择是一个奇妙的例子，做主的人是你。一般来说，由于有退相干，我们不必亲自动手。但是，我们的宇宙允许我们做一些有直接干预意味的事情。”

“观察者和环境最终不可能有真正的区别。”我老爸插话说，“从另外一些角度看，观察者就是系统，或者是构成环境的光子与分子中的一部分。所以，当你设置形式体系时——”

“你说的最终是什么意思？”楚雷克打断老爸的话问道，“是说你可以在宇宙之外看整个波函数如何演变吗？好吧。但是，那是上帝视角，不是我们的视角。我们被困在宇宙里面。‘最终’是一张大地毯，你可以从它下面扫出很多东西。我认为这方面的确有些重要问题。其中一个应该审视的问题是，为什么要有一个个系统呢？这可能是你的思路，对不对？为什么不把观察者、环境和设备合为一体？我的初步回答是，如果你不把宇宙细分为一个个系统，就不会有测量问题。所以，当你试图解决测量问题时，你不必为系统的存在而感到抱歉。”

有道理。从我们所在的宇宙内部来看，我们似乎总是用玻尔的分界线将宇宙分为不同的系统，观察者加被观察者的系统，或者观察者加被观察者加环境的系统。正如我老爸所说，这种分类在本体论的意义上就不是层次分明的，并且在某种意义上是取决于参考系的。但正如楚雷克所说，也许更深层次的问题是，为什么要把宇宙分割成一个个系统呢？或许马库普卢已经给了我们答案：光锥。由于光的速度有限，我们被有限的视角困住，被视界困住，视界将所谓的单一世界切成碎片，切成一个个系统。暗能量的存在和它所创造的德西特视界只会使上述视界更永久，使量子宇宙永远分裂。

“惠勒说的另一个概念是‘边界的边界是零’。”我说。

“嗯，没错，是这样。”楚雷克说，“如果你给一个东西加上边界，你就不必再去束缚它。它已经封闭了。这是一种观察结果，一种规律，这很简单。每个人都应该力争用同样简单的方式对事物进行解释。”

给一个东西加上边界，你就不必再去束缚它。我写在我的笔记本上。就这么简单？

我想让楚雷克多谈谈，但他却没再继续说。

“就这样？”我问，“惠勒似乎认为这一点非常深刻。”

“我觉得他喜欢以小见大。查利·米斯纳（Charlie Misner）、基普·索恩和我，我们三人写了一篇关于惠勒的文章，其中有一幅惠勒往黑板上写字的照片。他在黑板上写的是一句拉丁文。我们的拉丁文不太好，想尽办法翻译这句话，最终发现这句话引自莱布尼茨，莱布尼茨指出，如果你有0和1这两个元素，你可以构建整个数学。利用0和1，你能得到一切。我觉得就是这个意思。”

这使我想起集合论，想用空集构建整个数轴，只需要把空集放进括号内。

“‘边界的边界是零’给了你解决方案？你能从‘无’中获得一切？”我问道，我想听到更重要的信息，“惠勒使这句话听起来像条线索。”

我记得楚雷克深深地叹了一口气，那种感叹像是在说，我知道有一天会有人来问这样的问题，但是，我没想到会是今天。然后，他走到壁炉前，推了推墙上的一块砖。一个暗格露了出来，在暗格中有一个黑色的丝绒盒子。楚雷克拿着这个盒子坐回到沙发上，老爸和我就坐在沙发边上，目瞪口呆。他捧着盒子，仿佛万一它掉在地上，整个世界就结束了。我发现盒子的一面是惠勒U形图的金色浮雕。楚雷克站在我们面前，打开了盒盖。盒子里面跑出一道耀眼的白光。当我们定睛观看时，我们似乎在白光的中心看到了宇宙的答案，不知何故，它似乎无限遥远，却又永远可见。

在现实中，楚雷克耸了耸肩。“我不知道该说些什么。”

我叹了口气，决定就这么算了。“我们正打算弄清楚什么是实在，”我说，“我们已经定义了一些实在的东西，这些东西是不变的，是不取决于观察者的。你对实在有什么看法呢？”

“我们相信，我们的语言足以描述我们生活的世界，但其实这是行不通的。”楚雷克说，“语言有特定的用途，与分析基础物理学无关。哲学家喜欢堆砌语言，可是当你以一种深入的方式思考物理学时，所有的话都烟消云散，不起作用了。我对实在的看法与哲学家所说的主体间性有关。这也正是量子达尔文主义的范畴。实在是我们一致认同的。在这个意义上，它是所谓的不变的东西。但是，这种不变性——以及因此而来的量子实在——并不是根本的，它是突现的、近似的。大话是诱人的，但如果你仔细想想，你会发现自己不明白那些大话是什么意思。”

我点点头，虽然我相信自己知道实在的含义是什么。

“你和惠勒似乎花了很多时间研究信息在物理学中扮演的角色。”我说。

“我很想知道为什么会有信息，”楚雷克说，“惠勒大胆得多，他想把信息作为基础。信息和实在之间的联系是非常有趣的。在经典物理学中，信息完全是不实在的。你有物体，信息描述物体，于是你有关于物体的信息。这种信息完全是主观的。在量子力学中，信息是更为根本的东西。惠勒曾经设想过观察者突破边界的情况。信息是牛顿物理学之外的东西，但它是量子物理学的一部分，它是实在的。这是至关重要的。我的目的是了解信息是怎样从量子力学中产生的。但是，这样的关系往往是双向的。你可以了解信息如何从量子力学中产生，然后你可以回过头来，了解量子力学如何从对信息的深层次理解中产生。约翰·惠勒给了我们认真对待这种想法的勇气。”

“为什么信息在量子物理学中是实在的呢？”我问道，“因为事物是二进制的，由此你可以用比特来描述它们？”

“不止如此。”楚雷克说，“在经典物理学中，你可以查明一个系统的状态，然后另一个人也可以查明这个系统的状态，你们意见一致。在量子力学中，这通常是不可能的。获取信息并不会揭露某些先存的实在。获取信息在某种程度上定义了实在。这更接近惠勒的参与性宇宙。我们的理论与常见情况不同——常见情况下会发生退相干，信息依据量子达尔文主义传播，但宇宙规律允许不常见的情况发生。我们不应该忽视这一点。这是宇宙诞生的线索。”

当我们开车离开时，一只土狼飞奔穿过马路，它在我们的车前短暂地停下来，盯着我们。我告诉自己，它的皮毛和骨头都只是假象，是信息的化身，是食肉的，是进化而来的，是近似客观的。我告诉自己，这只土狼是量子达尔文主义的产物，是沙漠中泛滥的、不断重复的信息。

“他看上去像杰斯罗·塔尔乐队的长笛演奏家。”老爸说。

“土狼？”

“楚雷克。”

“他的确很有趣，”我说，“但我还是没完全明白惠勒想要表达什么。”

“也许没有太多含义吧。”老爸说，“也许就像禅宗公案一样，只是为了让你从不同角度思考？”

我耸了耸肩。“那可就没什么意思了。你现在想做什么？”

我们决定去参观布拉德伯里科学博物馆，那里有关于洛斯阿拉莫斯国家实验室、曼哈顿计划，以及核武器的展览。

“当我还是个孩子的时候，大概11岁吧，我喜欢收集岩石和矿石。”我们开车进城的路上老爸告诉我，“有人送给我些石头，我不记得是谁。它们和第一颗原子弹试爆现场的石头很像。包装上有一小块印着爆炸画面的硬纸板。我完全被迷住了。在我的印象中，我一直把它们当成氪石。”

当我们走进博物馆时，我思考着楚雷克说的话。即使退相干为我们完成大部分参与性工作，也还是有需要观察者进行选择的模糊之处，正如惠勒曾设想的，是这种选择把信息带进世界，构建了宇宙的点点滴滴，这是宇宙诞生的线索。楚雷克认为，退相干有效地回答了这个问题：为什么我们在日常宏观生活中看不到干涉效应——量子叠加最显著的标志。但更深层次的问题是：为什么首先要排除干涉呢？

“楚雷克所说的经典信息和量子信息之间的差异真令人着迷，”老爸假装跟奥本海默的雕像说话，这位世界的毁灭者戴着布罗克曼式的帽子，“经典信息与某些东西有关，但是量子信息就是东西本身。”

“嘿，快看！”我边说边指着奥本海默雕像旁边的展品。那里有一些小的、浅灰色的石头。“一种新的人造矿物，被命名为‘玻璃石’。”展板上解释说。“这就是你刚才说的那种石头！”我说。

“哦，太棒了！”老爸盯着展板微笑着说，就像刚刚找回了许久不见的童年玩具一样。但是，当他继续读简介时，他的笑容变为困惑和担忧的神色。“但是，说真的，给我石头的人是谁呢？它们是放射性的。我的父母让我坐在那里拿着那些石头玩儿……”

我很高兴我们不虚此行。我觉得我们离理解惠勒的话又近了一步。按照楚雷克的说法，自激回路指的是观察者会创造信息——这也许是世界被切成碎片的结果；我们在宇宙内，无法拥有上帝视角，因此，世界被切成碎片。边界的边界则是简单的几何事实，“如果你给一个东西加上边界，你就不必再去束缚它”，这意味着我们能以某种方式将信息带离虚无，转化为存在，但我还不太确定该怎么做。万物源于比特，比特源自“无”。深层的问题仍然没有答案。退相干对隐藏实在的量子性来说是十分重要的，但实在为什么具有量子性呢？惠勒的问题仍然摆在那儿没解决，就像新墨西哥州沙漠上空的蘑菇云。**量子何为？**

回到家里，我在网上搜寻惠勒以前的学生的信息，试图找到更多人帮我们理解惠勒的话。我在得克萨斯大学奥斯汀分校1978年的校友杂志上翻阅惠勒的简介，简介写于他从普林斯顿搬到得克萨斯州一年后。其中一段特别的文字引起了我的注意。

“当他有新想法时，他会做什么呢？”这篇文章写道，“他会在精装日记本中写下他的想法。从二战期间养成这个习惯至今，惠勒已经写了将近四十本日记了……当他与同事聊天的时候，他会记下同事对他说的话，以及之后他的想法。当他要演讲时，他会在日记本上写下自己要说的话，他用黑色墨水笔写下的字漂亮、清晰。他把邻居家的孩子送给他的生日贺卡、他在国外买到的明信片、他看到的可笑漫画夹在日记本中，以便自己日后引用，这些资料将给研究科学史的人带来惊喜。[2]”

天哪。

惠勒一直记日记？近四十本日记？记录他的每一个想法和每一次谈话？上述文章写于1978年。在之后的三十年里，他又写了多少日记？这些日记现在变成什么样子了？我们怎样才能拿到手呢？

我只知道，我们需要看那些日记。

10.

《爱丽丝梦游仙境》那坨屎

亚利桑那州立大学坦佩分校的物理学家劳伦斯·克劳斯（Lawrence Krauss）发起了“起源计划”，这是一个旨在探索“宇宙的起源，以及恒星、行星、生命、意识、文化和人际关系”的项目。我想知道还有什么没被包含在里面。为了启动这个项目，他们召开了盛大的研讨会，《新科学家》派我到现场采访。在三天的会程中，一些科学界的顶级大腕发表了演说。不过，第一天的会议结束时，我心中只有一个名字：布罗克曼。

物理学家们第一天主要讨论宇宙起源的可知性。安德烈·林德宣扬多元宇宙的优点，而戴维·格罗斯则坐在那儿摇头，他似乎想捅人。古斯和维连金（Vilenkin）对解决无限多元宇宙中的预测难题持乐观态度。接着，格罗斯开始反击。我们不知道弦理论到底是什么，它没能提供一个具有一致性的宇宙论，永恒暴胀的技术和概念基础并不稳固，我们根本不知道游戏规则，他说。他认为，诉诸多元宇宙是一种逃避，我们应该去寻找真正的答案。观众欢呼起来。

奇怪的是，没有人提到我心目中的宇宙学大挑战——比如，当取决于观察者的德西特视界勾勒出宇宙时，谈论“宇宙”意味着什么？我们如何才能超越半经典的暴胀，理解宇宙的量子起源？抑或这起源并不是过去的事，而是现在的事，这是一种自顶向下、延迟选择式的诞生，宇宙的脐带回绕着它的观察者？

那天晚上，一个酒会在这所大学的艺术博物馆中举办。我在会场里游荡，打算跟合适的人聊聊。我看到了那顶巴拿马草帽。我不用往下看，就知道帽子下面是谁的脑袋。

我的嘴发干，我的心跳开始加速。我拿出手机给老爸发短信：**布罗克曼在这里！我该怎么办？**

一分钟后，我的手机响了，是老爸的回复：**慌什么？！**

对策，我告诉自己，**我需要一个对策。**

我想出了一个很好的对策：在酒会上乱转，和其他人保持安全距离，排练一下我想说的话——也许我有勇气说。

不过我没这样做。

米兰·昆德拉说，每一个动作都是其主人的自画像。今天的画面看起来是这样的：一个女孩，极其不显眼地靠着墙，在角落里盯着一位戴巴拿马草帽的男士。标题：**一起聊聊。**

第二天的会议在位于斯科茨代尔的豪华度假村举办，度假村背靠一千二百万岁的花岗岩，附近还有索诺拉沙漠巨大的仙人掌。在茶歇时间，大家鱼贯而出，走向摆放着咖啡和点心的走廊。我与丹·福尔克站着闲聊，他是一位自由记者，我在戴维斯会议上认识了他，之后在几个物理学会议上与他熟识起来，我们讨论着刚刚结束的讲座，并交换采访笔记。“说实话，”我坦率地说，“我真的想跟布罗克曼谈谈。但我很害怕。”

“这可是个机会。”福尔克边说边用下巴示意我往身后大厅的尽头看。我转过身。

布罗克曼穿着他那身白色亚麻西装，戴着巴拿马草帽，看起来比汤姆·沃尔夫[a]更刻薄、更强硬，他正在跟一堆诺贝尔奖得主聊天，那可不是你可以去打断的那种聊天。不过最终诺贝尔奖得主们转身回到报告厅，有那么几分钟布罗克曼一个人待着，我得向他自我介绍一下。我不能错过这个机会，我身体里的每种生物本能似乎都在尖叫，**飞过去！飞过去！**

当我做深呼吸的时候，福尔克笑了，他从背后推着我的双肩，沿着走廊走向布罗克曼。然后，我慌了。我在最后一秒转身，向着我刚刚假想出来的同事挥手。我转身回到报告厅，败下阵来。

下一轮讲座之后是午休时间，我们在度假村的主餐厅用餐，离会场只有几步之遥。我往外走时看到布罗克曼也出了门。我鼓起全部勇气。我走向他，他看到了我的眼睛。这回是不可能逃跑了。

“嗨，约翰？我介绍一下自己。我的名字是阿曼达·盖芙特。我在《新科学家》工作。”我哆哆嗦嗦地伸出手，但布罗克曼站在那里没动。

布罗克曼表情严肃地打量着我，然后用沙哑的声音坚定地

---

a　汤姆·沃尔夫（Tom Wolfe，1931—2018），美国记者、作家，新新闻主义鼻祖。他的报道风格大胆，以使用俚语、生造词和奇怪的标点为特征。——译注

说："我知道你是谁。"

我没想到会这样，也不知道该如何应对，我一脸茫然地问道："你认识我？"

"罗杰跟我聊到过你。"他说。

罗杰，我想了想，是罗杰·海菲尔德，英国科学记者，最近刚刚接任《新科学家》主编。我知道罗杰写了一些科普书，但我没有意识到他是布罗克曼的客户。一想到罗杰·海菲尔德和约翰·布罗克曼一起谈论过我，我就感到很高兴，如果超现实一点，我怀疑对话可能是这样进行的：

布罗克曼：你接手《新科学家》后过得怎么样？

罗杰：都是拜阿曼达·盖芙特所赐，我们被人起诉，甚至濒临破产，《新科学家》变成了一本悲惨的杂志。

我最近写了一篇评论文章，这篇文章可能会招来诽谤官司。

我不禁退缩了。"我最近给罗杰带来些麻烦。"

布罗克曼打量了我一下，冷静地赞许道："挺好。"

我笑了。布罗克曼对我制造麻烦的行为表示赞许，这并不令我吃惊。我开口准备回应，但显然他已经决定最多跟我讲三句话，他突然走开去跟更重要的人说话了。

回到剑桥，我渴望钻研萨斯坎德的视界互补性。布罗克曼说服他写了一本关于视界互补性的书，所以我知道这是个非常重要的观点。我也知道，如果我可以为我们杂志写一篇关于视界互补性的文章，我就会有完美的借口与萨斯坎德多聊聊，继续谈论我们在圣巴巴拉海滩谈论过的话题。

"他说，这是相对论的强有力的新形式。"我对一位专栏编辑说。我深知没有哪位编辑会拒绝一个与爱因斯坦有瓜葛的故事。这个办法非常管用。我的提议被采纳了，我马上联系了萨斯坎德。

一切都始于一个悖论，他在电话中告诉我，这个悖论被霍金发现。萨斯坎德认为这一悖论极其重要。当黑洞向外辐射时，它们开始蒸发，变成不断缩小的球，最终从宇宙中消失，带走掉入其中的一切。霍金的观点是：如果一头大象落入一个黑洞，且这个黑洞向外辐射，它就会把大象带走，不留痕迹，不会透露任何相关信息来解释这种奇怪的消亡。

对于萨斯坎德来说，这种设想是不折不扣的危机。“我有一个原则：在物理学中，信息不会丢失。”他告诉我，“在量子力学中，这意味着最终状态可恢复为初始状态。这是非常、非常基本的原则。量子态是有意义的。物理学知识尽管杂乱无章，但都基于信息守恒这个事实。”

如果一个物理定律——比如，信息守恒定律——在黑洞的边缘失效，那么它在任何地方都有可能失效。世界要么是量子力学描述的那样，要么不是——找到一个量子力学失效的场景，整个量子力学就没用了。萨斯坎德说，如果黑洞会吞噬信息，那么量子力学的整个大厦就会摇摇欲坠，描述量子系统随时间演变的薛定谔方程就会毫无意义，波函数会变得没有说服力，从过去到未来，一切连续性的假象都会消融，基于量子力学的预测会变得荒谬，因为概率总和会小于或大于1。

但如果黑洞不会吞噬信息，广义相对论就会出现问题。这是因为，只有一种途径能够拯救那些逐渐消失的信息。信息无法从黑洞的内部逃逸，因为穿越视界需要超越光速的移动速度。唯一的希望是，信息从来没有掉进黑洞，视界在某种程度上会阻止信息进入黑洞。

但是，这种设想违反了作为广义相对论基石的等效原理。爱因斯坦最得意的思想就是，一个以自由落体方式运动的观察者会发现自己处在一个不受引力约束的惯性系中，任何物理实验都能验证这种思想。就像一个人从屋顶掉落一样，落入黑洞的大象感觉不到引力作用。从物理学的角度看，大象此时处在静止状态。“万有引力”是当我们从别的参考系观察大象，发现它在莫名其妙地加速时，引入的一种虚拟力。这是我们修补两个错位参考系，维护单一实在假象的一种方式。

如果大象静止于自己的参考系，它面前不会突然出现无法穿过的墙，信息阻塞壁不会在不违反物理定律的情况下凭空冒出来。

“等效原理认为，如果你处在一个曲率很小的时空的邻域中，那么你不会遇到任何奇怪的事。”萨斯坎德解释，“视界附近的曲率非常小，所以穿过视界的人或物应该不会遇到什么奇怪的事。如果信息没有丢失，那么信息肯定不能穿过视界。但在另一方面，等效原理认为，视界没有什么特殊之处，所以信息应该可以穿过视界。”

乍一听似乎不对——黑洞视界附近的曲率很小吗？你可能会觉得，黑洞拥有宇宙中最强的、可将一切吸入的引力，曲率应该很大才对。萨斯坎德解释说，如果黑洞足够大，视界处的引力的潮汐力可以忽略不计。不论视界有多大，你总能看到足够小的部分，这使空间显得平坦而普通，没有能力阻止信息通过，或背叛爱因斯坦。

这是一个完美的悖论：丢失信息会违反量子力学，不丢失信息会违反广义相对论。霍金站在爱因斯坦那边，通过牺牲大象和量子力学拯救相对论。但萨斯坎德相信，量子力学不会就此分崩离析，我们周围的世界也不会分崩离析。他有一种挥之不去的预感，信息从一开始就没有穿过视界。但是，他必须找到一种方法使等效原理完好无损。

其实，从黑洞外的加速观察者视角不难证明信息不会穿过视界。在研究霍金辐射时，我已经知道加速观察者赛福安如何看到光被拉伸到不太正常的比例，如何看到时间变慢，直至在视界的边缘冻结。赛福安不会看到任何东西穿到视界的另一侧，因为对他而言，没有另一侧。对他来说，视界标志着实在的边缘，世界的尽头。赛福安也不会丢失任何信息，因为根本没有让他丢失信息之处。

但是如果你从斯困掳的角度去思考，这个故事就变得棘手了。斯困掳穿过了视界，因为根据等效原理，对斯困掳来说，视界不存在。对他来说，信息，比如他身体内的大量信息，可以很容易地穿入黑洞，但不能再出来。赛福安认为信息在视界之外，斯困掳则认为信息在黑洞里面。萨斯坎德意识到，如果两个故事从某种角度讲都是真实的，那么既不会违反量子力学，也不会违反广义相对论，这样一来，在这个宇宙中，它们都是真实的。

问题在于，如果这两个故事都是真实的，那么信息必须同时处在两个不同的地方，就好像每比特信息都有完全相同的克隆体。不幸的是，楚雷克的量子不可克隆定理明确禁止这种情况出现。原因很简单：如果你能克隆一个量子粒子，你就能打败不确定性原理。你可以测量一个克隆物的位置和另一个克隆物的动量，这样你就能精确了解一个共轭对的两个方面，不确定性消失。但是不确定性原理是不可违背的。信息不能被克隆。萨斯坎德再一次被悖论困住了：两个故事必须都是真实的，而这两个故事又不可能都是真实的。

当萨斯坎德提出他的想法时，连他自己都意识到它听起来有多么疯狂。“其他可能性都被淘汰了，只剩下一种可能性，”他说，“这似乎是完全荒谬的，但我知道它是对的。”他在1993年的一次会议上首次把他的想法公之于众。“我不在乎你们是否同意我所说的，”他告诉与会者，“我只希望你们记住这是我说的。[1]”

“我觉得我们应该在布罗克曼还记得我是谁的时候采取行动，”我在电话中对老爸说，“我认为我们应该写出书方案。”

“但是咱们原本打算在找到宇宙的答案之后再写书。”老爸说。

“是的。”我说，“但如果你开始写，就一定能写成。”

“什么？”

“《梦幻之地》。如果我们签下合同，答案自然会来的。”

“我不确定是否可行。”老爸说。

“如果布罗克曼代理你的书，那就可行。”

老爸是对的：这本书一直存在于模糊的、遥不可及的未来，这未来就像一个事件视界，我们追得多快，它就跑得多快。我估计我们都希望如此，因为我们知道，在现有的书中，没有哪本书能与我们的书相提并论；因为我们知道，写完这本书，我们的旅程就结束了。

不过，惠勒的去世让我有了紧迫感。我曾经跟老爸谈过

"无"的含义，我不想在十年、二十年、三十年后发现此事不了了之。我希望能有些摸得到的东西让我们坚持不懈，让我们一起奋斗，比如出书合同之类的东西。

"好吧，"老爸说，他的声音听起来有些焦虑，但又带有几分兴奋，"如果你认为现在到了去找布罗克曼的时候，那我们就去找他吧。"

"在哪儿？在哪儿？在哪儿是什么意思呢？[2]"在被问及"粒子在被观察之前在哪儿"时，尼尔斯·玻尔问道。

萨斯坎德追随着玻尔和爱因斯坦的脚步，提出了解决黑洞信息丢失悖论的方法：信息的位置是取决于观察者的。如果你要问信息在哪里，你必须回答这个问题："对谁而言？"

要维护量子力学及其中的信息守恒思想，赛福安得在黑洞视界之外看到信息。要维护广义相对论和它的等效原理，斯困掳得在黑洞内看到**相同的信息**。量子不可克隆定理禁止复制信息。但是，萨斯坎德说，这些并不重要。毕竟，谁能同时在两个地方看信息？没有人可以同时处于事件视界的内部和外部。

萨斯坎德发现，解决这一悖论的关键是认识到在任何参考系中，信息都不可复制。这需要你坚信：任意给定的观察者要么看到赛福安的故事，要么看到斯困掳的故事，但绝不会两个都看到。真是令人惊叹：两个故事都是真的，但你一次只能讲其中一个。你必须选择一个参考系，并持之以恒。在任何给定的参考系中，观察者都不会看到违反物理定律的事情。违反物理定律的事情仅出现在上帝视角中，幸运的是，这是一种任何观察者都不会实际拥有的视角。视界内和视界外的两种描述是互补的，萨斯坎德说，就像描述一个电子时，波动性和粒子性既相互排斥又相互补充一样。他将自己的想法称为黑洞互补性，更普遍的说法是，视界互补性。

物理学家们对萨斯坎德的想法很感兴趣，但霍金固执地认为，信息确实会在视界的另一侧消失，蒸发，不留痕迹。许多物理学家追随霍金的脚步，对量子力学的命运持否定态度。但是，萨斯坎德坚持自己的想法。黑洞信息丢失悖论就像笼罩一切的乌云。

然后，在1997年，出现了一个改变游戏规则的人。物理学家胡安·马尔德西纳（Juan Maldacena）一直致力于研究反德西特（Anti-de Sitter，AdS）空间中的弦理论模型。我们的德西特空间的宇宙常数被定义为正值，与此相反，AdS空间有负的宇宙常数。我们的正宇宙常数将空间向外推，使宇宙加速膨胀。反正为负，变推为拉会使空间弯曲，像马鞍一样弯曲，空间和时间以只有埃舍尔才能想象的方式扭曲，看似不可能发生的事情发生了，比如，光束获得了在有限的时间内到达无穷远处并返回的能力。为了让事情变得更加复杂，在马尔德西纳的模型中，AdS空间是十维的，其中五个维度像折纸作品一样在各点蜷缩。为了方便理解，萨斯坎德告诉我，只需要把它想象成一个球体，这个球体有五个大维度（此外再加上时间），这五个大维度被四维边界包围。

通过天才的直觉和复杂的数学运算，马尔德西纳发现，在AdS球体内部的十维中运行的弦理论在数学上等价于在四维边界上运行的一般意义上的粒子的量子理论。他发现，粒子的量子理论与量子色动力学非常相似，量子色动力学描述我们宇宙中的夸克和胶子的相互作用。唯一的区别是，马尔德西纳的量子理论是共形场论——CFT——这意味着它在所有尺度上都相同，这与量子色动力学不同。在量子色动力学中，距离越小，强力越弱。AdS空间中的弦理论与该空间四维边界上的CFT之间的等价性被称为AdS/CFT对偶。

这一切听起来很深奥，但我越想越意识到这一切有多么惊人。首先，它表明，作为一种含引力的理论，弦理论在数学上等价于不含引力的、一般意义上的粒子的量子理论。很多人试图把量子力学和广义相对论硬塞进单一的万有理论中，但AdS/CFT表明，换一个几何角度进行观察，也许量子力学看起来就像引力一样。难怪一些世界顶尖物理学家在第一次听到这个想法时跳起了预祝胜利的舞。其次，还有关于维度的奇怪问题。一种五维理论可以完美地映射在四维理论上。

自从贝肯施泰因发现一个黑洞的熵与其视界的面积成正比，而不与其体积成正比后，萨斯坎德就一直在思考维度问题。如果熵计算的是隐藏在黑洞内部的三维空间中的信息量，那么为何熵的数值由黑洞边界的二维面积决定？这就好像三维黑洞在某种程度上也是二维的一样。当我第一次听到这个问题时，感到很困惑，而且我很高兴地得知，萨斯坎德也感到困惑。

萨斯坎德意识到，熵和面积之间的奇妙关系并不局限在黑洞中，它适用于空间中的任何区域。毕竟，只要你能塞进足够多的质量，空间中的任何区域都可以变成黑洞。黑洞是熵最高的物体，所以，如果黑洞的熵适用于低维表面，其他物体的熵也可以。

这真是疯狂、违反直觉，却又无法否认：三维空间中任意区域的信息总量与其二维边界的面积成正比。萨斯坎德把这个思想称为全息原理，这使人联想起全息图，在二维底片上对所有必要信息进行编码，就可以重建一个三维图像。

萨斯坎德在一天下午打电话向我解释这个问题的时候，我正在《新科学家》的办公室里东张西望。我顿时觉得这听起来简直不可思议。每一把椅子，每一个记者，从地板到天花板的每一个空气分子都能在墙面上被精确地映射出来，不损失分辨率。三维空间的体积远远大于其边界的表面积，但信息内容是一样的？三维似乎毫无用处。一直以来，我们对维度的思考似乎都错了。

萨斯坎德曾提出世界本身就是一种全息图，是某种被编码在宇宙边缘的低维无引力理论的投影。我只不过是计算机模拟物，或者我只是来自世界边缘的全息投影，我不知道这两个想法哪个更诡异些。可能是全息投影。在任何情况下，马尔德西纳的AdS/CFT对偶都是萨斯坎德的全息原理的完美体现。它说服了包括霍金在内的持怀疑态度的物理学家：信息不会在黑洞中丢失。

在AdS/CFT中，在空间的五维内部和四维边界之间存在一对一的数学映射，所以你可以在数学的指引下，在边界上为高维时空中的物体或物理过程找到精确对应体。一个有趣的问题产生了：黑洞的低维对应体是什么？黑洞是引力的产物，但在马尔德西纳的模型中，边界上没有引力。无引力的黑洞会是什么样子？马尔德西纳计算出答案。无引力的黑洞看起来像普通粒子组成的热气。事实上，它看起来像夸克-胶子等离子体。

夸克-胶子等离子体？突然，我想起我曾经为在相对论性重离子对撞机上观察到的等离子体写过文章，为此我还记过笔记。

让人家惊讶和困惑的是，这种等离子体的黏度使它成为有史以来人类观测到的最为理想的液体，其流动性远高于水，普通物理学无法对此进行解释。研究AdS/CFT对偶……可解释液体火球？

“夸克-胶子等离子体与黑洞对偶？”我吃惊地问萨斯坎德，“有人认为AdS/CFT可以解释相对论性重离子对撞机的测量结果。”

没错，萨斯坎德说，等离子体与黑洞对偶，并且黑洞的事件视界有可计算的黏度。事实证明，马尔德西纳十维黑洞的黏度几乎与在相对论性重离子对撞机上测量出的夸克-胶子等离子体的黏度相等。

“等等，”我说，“这意味着我们可以使用十维黑洞的数学计算四维夸克-胶子等离子体的黏度吗？或者说，测量夸克-胶子等离子体相当于戴着四维眼镜看十维黑洞？”作为一个本体论的结构实在论者，我喜欢打破砂锅问到底。

“这取决于你问谁。”萨斯坎德说，“也许夸克-胶子等离子体类似于十维黑洞，不过它们之间可能有更深的联系。很多人都这么认为。”

“已经有太多人说过，弦理论是无法验证的。”我说。

“你是说验证弦理论？”萨斯坎德问道，“我想是的。”

我觉得，这是在为萨斯坎德辩护：萨斯坎德最初发明弦理论是为了描述夸克和胶子组成的粒子，强子。后来大家发现这个理论实际上在描述具有更高能量的东西。不过事实证明，萨斯坎德终究是正确的。弦理论确实在描述强子——在十维和一种完全不同的时空几何中描述强子。

“黑洞和夸克-胶子等离子体之间的这种对偶性使物理学家们开始相信信息不会丢失？”我问。

是的，萨斯坎德说。众所周知，信息不会在普通粒子构成的热气中丢失——这是基本的量子力学。如果夸克-胶子等离子体与黑洞对偶——如果它们是针对同一事物进行的两种不同描述——那么黑洞就不会丢失信息。霍金承认自己错了。萨斯坎德在这场三十年的战争中取得了胜利。

“但我们没有生活在一个AdS宇宙中，”我对萨斯坎德说，“我们的宇宙是德西特空间。AdS/CFT足以改变霍金的想法吗？”

“是的，”萨斯坎德说，“包括霍金在内的持反对意见者不得不放弃自己的看法。AdS /CFT在数学上是非常精确的，以至于所有理论物理学家都得出结论，认为全息原理、互补性、信息守恒是成立的。AdS/CFT是信息丢失的丧钟。”

AdS/CFT也是维度不变性的丧钟。我终于理解了一直困扰我的黑洞熵的降维：这意味着维度最终不是实在的。全息原理，特别是AdS/CFT表明，对同一物理性质的两种描述可以有不同的维度。这两种描述在数学上是等价的。作为本体论的结构实在论者，我知道，无论哪个描述都不会被认为是“实在的”。唯一实在的是它们的数学关系。维度并不是不变的，它不是终极实在的成分。

弦也不是。AdS/CFT表明，弦只不过是你在高维的弯曲空间中看普通粒子时，它们所呈现的样子。如果边界上的粒子和内部的弦能够完美地彼此映射，那么两者之间就没有真正的区别。粒子、弦……它们只是看待同一事物的两种方式。

一旦AdS/CFT对偶使物理学家们相信信息不会在黑洞中丢失，他们就会跳上萨斯坎德的视界互补性列车。更根本地讲，这是唯一能够在保存信息的过程中不违反量子力学和广义相对论的办法，其意义十分深远，可谓博大精深。我越细想赛福安观看大象落入黑洞的画面，就越发意识到这是多么深奥。

这是一个可怕的场景。大象接近视界时，它从鼻子到尾巴都会被拉伸，当大象缓慢向深渊移动时，还会扭曲和变形。它慢慢地接近不返回点，它周围的空间变得越来越热，越来越危险。但在大象穿过视界之前，它会被霍金辐射烧掉，除了一片悲伤的灰烬，一无所有。

斯困掳则骑着大象。从他的角度看，他和大象顺利进入黑洞，他们没看到赛福安眼中的视界。没有扭曲，没有燃烧，只有简单的、空的空间。如果黑洞足够大，斯困掳和大象在撞到奇点之前可以幸福地度过余生。

所以大象死在黑洞外面，却又在黑洞里面活得很好。这是一个相当严重的矛盾，就好像薛定谔的猫在盒子里既死又活，而这个盒子既飘在空空的空间里，又在十亿光年外起火燃烧。大象似乎有副本，但是量子力学不允许克隆这种事发生，而且一头大象不能同时处在两个地方。但萨斯坎德的观点是这样的：**任何观察者都不会同时看到两头大象。**

“在传统中，人们认为视界后面的东西或信息和视界前面的东西或信息是不同的，”萨斯坎德说，“你不会将它们搞混。但是，我们现在发现，我们无法说出视界后面是什么和视界前面是什么。”

他解释说，这种混淆可能与误用“和”这个字有关。“关键字是**或**而不是**和**，”他说，“量子力学的互补性常常涉及用**或**代替**和**。光是波**或**光是粒子，这取决于你做什么实验。电子有精确的位置**或**有精确的速度，这取决于你测量什么。在每种情况下都会有互补的描述，但你不能同时使用这两种描述。黑洞也是这样。我们用视界后面的东西描述掉进黑洞的物体，**或**用散发出来的霍金辐射描述它。令人惊讶的是，这种混淆或冗余会在如此巨大的尺度上发生。如果我们有一个直径为十亿光年的黑洞，那么我们就对黑洞深处十亿光年的信息进行描述。人们通常认为量子只在小尺度上表现出模糊性，但现在我们知道，量子引力越重要，与之相关的尺度就越大，甚至是巨大的。”

最酷的部分是，任何你能想象到的、试图看到两头大象的实验都会彻底失败。比如说，似乎有那么一个瞬间，每个观察者都可以看到大象，而此时大象的两个版本都在视界之外。这是因为在撞与未撞的瞬间，比如说，在大象与视界的距离不到1普朗克的时候，大象被霍金辐射炙烤。在这一瞬间，赛福安看到大象变为灰烬，而斯困捞看到大象完好无损，此时大象的两个版本都在黑洞之外。你可能会认为有第三观察者——萨克[a]。萨克想趁着这一瞬间看到两头大象。但是从技术上讲，“看”意味向被看的东西发射光子，并希望某些光子反射回来，撞击视网膜；而且光的波长必须小于要被分辨的物体。波长越小，能量越大。为了看到与视界相距不到1普朗克的大象，萨克需要使用能量大于普朗克能量的光子——这要么是完全不可能的，要么会再制造出一个黑洞，这样就会产生另一个视界，遮住大象。所以不论用哪

---

a　英文Sucker，有“容易上当的人”之意。——编注

种方法，萨克都不可能既看到赛福安的大象，又看到斯困掳的大象。

那么假如赛福安在看到大象燃烧后跳进黑洞，他能看到如幽灵般安然无恙的大象吗？物理学再一次阻止了他。如果赛福安想在霍金辐射中测量被炙烤的大象的信息，哪怕只涉及一比特，都必须等到黑洞质量蒸发掉一半之后才能进行。而那个时候，由于某些简单的几何规则，斯困掳和他的大象一定已经被奇点毁掉了，他们不可能绕过奇点。任何观察者都不会同时看到两头大象。

当我想到这些时，我意识到，“两头大象”完全是一种误导。只有一头大象，是**或**不是**和**。赛福安的大象**或**斯困掳的大象。故事结束。谈论两头大象会自动违反量子不可克隆定理，违反物理定律。

我的思路被打乱了。当你试图以上帝视角观察宇宙时，自顶向下的宇宙论认为你违反了因果律，这让我怀疑你是否还违反了其他定律。**要想让物理定律完好无损，必须在单一的光锥内考量它？**目前，视界互补性的回答是肯定的。所有物理定律——无论是相对论还是量子力学——只能在单一的光锥内成立，它们是有限的。

我和老爸讨论不可能存在的上帝视角已经好几年了。毕竟，这是爱因斯坦的教训：你在谈论宇宙的时候不能不问“从谁的视角看”。参考系使一切变得不同。**宇宙之外为空**。由于光速有限，任何观察者只能看到宇宙的一部分。我们一直从哲学的角度谈论宇宙：既然没有人能从上帝视角看宇宙，那我们就踏踏实实地避免使用这一视角对宇宙进行描述。视界互补性则带来了更加强势的观点：这不仅是哲学问题，也是物理问题。试图用能看穿视界的、无存在可能性的参考系描述宇宙，**你只能得到错误答案**。你会数出两头大象，而不是一头。量子物理学的定律将分崩离析。

视界互补性的含义是明确的：**物理学只在单一观察者的参考系内有意义。**

这个思想太激进了，我很难接受。大象的情况似乎很奇怪，因为直觉告诉我们，即使我们不能同时在视界之内和视界之外，也仍然会有某个终极答案告诉我们大象真实的位置。但是，我们用"真实"这个词，其实是假设了一种实在——人们可以从上帝视角描述这种实在。没有单一的"真实"。只有赛福安的"真实"与斯困捞的"真实"。仅此而已。

"这不仅是互补性的新形式，也是相对论的新形式。"萨斯坎德告诉我，"相对论告诉我们，某些事情是相对于观察者的运动而言的——比如，两个事件是否同时发生。但也有另外一些事情是保持不变的。镁光灯在我的房子里面熄灭。这是一种不变的陈述。但是，在黑洞层面上，这件事就不是这样了。无论是在黑洞视界的后面还是前面，信息的位置取决于观察者的运动。基本事件在哪里发生取决于观察者，这在标准的相对论中不会出现。当引力变得重要时，信息的位置变得模糊且取决于观察者。

爱因斯坦提出，三维空间和一维时间取决于观察者，但认为统一的四维时空不变。现在，视界使四维时空也取决于观察者。时空不再不变，它不再是实在的。

"如果视界互补性告诉我们，时空是取决于观察者的，那还剩下什么是不变的呢？"我问萨斯坎德。

“剩下什么是不变的？”他停顿了一下，“这是一个很好的问题。”

“我觉得，我们应该把书的主题定位在寻找不变量上，它们似乎在每个转折点都被削弱，怎么回事呢？”我对老爸说。我回到老爸老妈在费城的家过周末，老爸和我整天泡在我们的物理书斋里，忙着写出书方案。根据AdS/CFT、全息原理和视界互补性，我们现在已经将列表里的维度、弦和时空都划掉了。“每次都是这样，物理学家以为某种东西是不变的，后来发现它是取决于观察者的。这是一种错觉。这就像刘易斯·卡罗尔（Lewis Carroll）的诗。那首诗叫什么名字来着？”

“《爱丽丝梦游仙境》？”

“不，是诗，”我说，“关于蛇鲨的。”

“我不记得了。”

“有些人在猎捕蛇鲨，但从来没有人见过蛇鲨。每当他们以为抓到一只蛇鲨，就发现原来是一个怪物，蛇鲨不见了。”

我在自己的旧卧室里翻找，终于找到我那本《蛇鲨之猎》。我大声为老爸念出敲钟人、银行家、海狸和船员一同起航去猎捕蛇鲨的故事。

“‘墨卡托的北极、赤道、热带、气候带和子午线好在哪儿？’敲钟人这样喊。船员们回答：‘它们只是方便的符号！’[3]”

“它们是取决于观察者的！”老爸插话说。

“‘其他的地图是这样的，上面有岛屿和海角！但我们要感谢我们勇敢的船长，’（船员会抗议），‘他为我们带来了最好的地图——完美的、绝对的空白！’”

我抬头一看，老爸正笑着。

我一直读到重要的结尾，面点师认为他发现了难以捉摸的动物："'这是一只蛇鲨'是他们听到的第一句话，这简直好得不像真的。然后就是笑声和欢呼声的洪流，接着是警世之言：'这是一个怪——'"

"我很喜欢。"老爸说。

"哦，天哪，听这个。"我说，接着开始读马丁·加德纳为这本书写的序言。加德纳写道："《蛇鲨之猎》是一首关于存在和不存在的诗……怪物比死亡更可怕。它是所有搜寻的结束，是最终的、绝对的灭绝，用奥登的话说，是可怕的虚无之物。[4]从字面意义上说，卡罗尔的怪物意味着'无'。它是空虚的、巨大的空白，我们奇迹般地从中出现；通过它，我们最终将被吞没；通过它，这荒谬的星系在毫无意义的旅程中无休止地旋转和飘移，从'无'到'无'。"

"爽快。"老爸说。

"也很恰当！蛇鲨就是不变的终极实在。每次当我们以为找到一只蛇鲨时，就发现它原来是一个怪物。它消失了。"

我们开始写出书方案，书名叫《猎捕蛇鲨：物理学家对终极实在的追寻》。

像卡罗尔的超现实主义诗歌里的人物一样，物理学家们正在追寻他们自己的蛇鲨。他们的蛇鲨是终极实在，是不取决于观察者的客观世界。这个世界"就在那里"，它的存在与我们是否察觉到它无关。但情况远比人们想象的更加棘手。在二十世纪初，阿尔伯特·爱因斯坦发现空间和时间在根本上并不是实在的，而是取决于观察者的。与此同时，量子力学的奠基者们开始认识到，观察者扮演着影响深远的角色，远超任何人的想象。但很少有人知道，近年来，情况愈加诡异。如今，物理学前沿迫使我们重新考虑实在的性质和我们在宇宙中的位置。在研究黑洞物理学的过程中，物理学家们发现粒子取决于观察者，在探索全息原理时，他们发现，甚至四维时空也是取决于观察者的——爱因斯坦认为它是不变的。伦纳德·萨斯坎德说这一发现是“一种新的相对论”。

我们解释说，在这本书的每章中，物理学家都会猎捕不同的蛇鲨——空间、时间、引力、粒子、时空、维度、规范力、弦——但它们居然都是取决于观察者的怪物，最后，物理学家只得重新思考宇宙。

很多结论都令人困惑。很多东西曾被认为是实在的根本特征，但后来我们发现它们只不过是镜花水月。一块块宇宙积木看似坚实，但这是因为我们从自己的角度进行观察——宇宙本身是一种奇怪的虚构物。猎捕蛇鲨不适合畏首畏尾的人。似乎我们对实在本质看得越深入，就越清楚地发现，除了我们自己的倒影之外，什么都没有。最终，最接近蛇鲨的东西可能是‘无’本身。

“写得很棒。”老爸说，“不过说实话，感觉不像咱们的书，感觉就只是一本书而已。”

我知道老爸的意思。我们的书应该跟大部分充满想象力的书一样包罗万象，包括生命、宇宙以及其他一切。这本书应是独特的、无限的，应是宇宙的答案。

“从某种程度上讲，我们的书得先成为一本书。”我说。

他点点头。“你说得对。”

最终，老爸去睡觉，而我一直在努力工作，决心完成这件事情。我买了一本教人写出书方案的书，这本书告诉我，下一步应该对作者进行介绍。

在“猎捕蛇鲨”的旅途中，沃伦·盖芙特和阿曼达·盖芙特这对父女在物理学和宇宙学的前沿追寻终极实在。沃伦·盖芙特是……

糟糕。

我该如何解释我老爸的角色呢？在参加“科学和终极实在”研讨会时，我曾经用“和另一个人一起去”这样的幌子骗过会议主办方，但我不知道该如何带他去见布罗克曼。无论他的证件在医学界多么引人注目，在布罗克曼那里都无足轻重。而且，让老爸参与会引发很多问题。例如，为什么我这样一个所谓的经验丰富的科学记者，需要一个合著者？为什么合著者恰巧是我老爸？为什么会请一名放射科医生合著一本关于终极实在的书？

根本就没有办法解释。我唯一的选择就是理所当然地把老爸写在方案中，但愿这本书听起来好到无法拒绝。

因为蛇鲨是怪物，你懂的。

当约翰·布罗克曼的电子邮件出现在我的收件箱中时，我感到胃里一阵痉挛。终于来了，我想，我等的就是它。

我点击打开邮件，屏住呼吸。

不是我等的邮件。

这封邮件中没有提到我们的方案。这是一封道德心理学会议的邀请函。

我对这个会议的主题并不感兴趣，但我抓住了这个机会，去参加布罗克曼的活动。我从波士顿开车到伯克希尔丘陵南麓的一个小镇，这个小镇奢华到足以让富裕的曼哈顿人把它当成乡村之家，并且偏僻到没有手机信号。

这次会议在一家庄园风格的豪华酒店举行。这真是布罗克曼式的会议，九名精英科学家受邀，还有少数记者，大都来自《纽约时报》《新闻周刊》《科学美国人》。

会议历时三天。第二天晚上，布罗克曼邀请大家在他的村居吃晚饭，那是一个坐落在隔壁小镇的大型农庄。我品着酒，打算与科学家们闲聊几句，可是眼前超现实的情景让我目瞪口呆。这感觉就像昨天我还在念叨布罗克曼的农庄，不知道怎样才能受邀与现实俱乐部的成员打成一片；而现在，莫名其妙地，我就已经在这里了。

晚饭是自助餐，大家取餐后围坐在一张大餐桌旁。布罗克曼的妻子卡廷卡·马特森（Katinka Matson）在我旁边坐了下来。她是一位艺术家，是布罗克曼公司的经纪人和总裁。马特森极具吸引力，一头明亮的白发将她的脸庞衬得鲜明而现代。我们聊了聊，她低头看着我的胳膊。“那不是真的吧？”她问。

跟随着她的目光，我看到了我手臂上的文身，我笑道：“是真的，这是真的。”

“这是永久的吗？这是什么意思？”

我伸出手臂，这样她可以读到文在那里的句子——出自谢默斯·希尼的《苦路岛》。

在这本书中，希尼去爱尔兰多尼戈尔的苦路岛旅行。在传说中，圣帕特里克的炼狱就在这里。希尼并不是去寻找上帝，而是去寻找自己，寻找他作为一个作家的声音。在困倦与饥饿中，希尼遇到了詹姆斯·乔伊斯的鬼魂，乔伊斯的鬼魂告诉他："你的义务/不会因任何普通的仪式而解除。/你必须去做你该做的事/在日常工作中获得回报。最主要的是写作/因为乐在其中。培养一种工作欲望/它的天堂就像黑夜中你的双手/在胸膛的太阳黑子中做梦。/你现在禁食，头晕，处在危险之中。/从这里起飞。不要这么急切，/让别人去穿麻衣，蒙灰尘。/放手，放飞，忘记。/你已经听了足够长的时间。现在写下你的感受。[5]"

在后一首诗中，希尼照做了，诗的名字是"第一缕光"。这首诗文在我用以写作的手臂上，加拉蒙字体，黑色。马特森大声读起来："紧握笔杆/从第一行/从装订线/一直写到边缘。[6]"

多年前，当我在身上文这些字时，文身师建议我给自己的手臂拍张照片，把照片送给希尼。"他会感到非常荣幸！"他坚持认为。

"当然，"我回答说，"我敢肯定，他会把照片挂在诺贝尔奖章旁边。"

"约翰看过这个文身吗？"马特森问道，"约翰！快来看看这个！"

布罗克曼走到桌边，马特森指着我的胳膊。

他大声读着诗句，然后抬头看着我。"你为什么文这个？"

"因为这表示要忠于自己的声音，"我说，"在写作上要敢于冒险。"

他赞同地点头。

第二天下午，会议结束了，我向布罗克曼走过去，打算在回波士顿之前说声再见。

“你应该来纽约，”布罗克曼说，“我会带你去见所有出版商，看看是否能找到适合你的项目。”

我开始点头，但不知道该说些什么。说《猎捕蛇鲨》如何？

“约翰，她已经想到要写什么书了。”马特森说，她刚巧经过我们身边，我高兴得想拥抱她。

“好吧，那好，”他说，“给我讲讲吧。不过我可不希望听到你谈论那种书，就像《爱丽丝梦游仙境》那坨屎。”

我解释说，我想写的书的内容是：最新、最前沿的理论物理学告诉我们终极实在的本质是什么。

“书名叫什么？”布罗克曼问道，“它得能打动人心。”

我的思绪飞驰起来。突然间，我能想到的每个书名都与“爱丽丝梦游仙境”类似。我尽量让自己不受这类书名影响。最后，我脱口而出：“实在的终结。”

“还不错，”他说，“给我写份方案。两页。”

“好吧，”我热情洋溢地说，“我会的。”

我感谢他们二位接待我，然后离开了。

“你的文身给你带来好运！”当我出门时，马特森向我喊道。

我写完视界互补性的文章之后，不禁回想起在圣巴巴拉谈论弦景观时的情景，我突然对多元宇宙的整个概念产生了不小的怀疑。当我们谈论多元宇宙时，我们说的是无限多个没有因果联系的宇宙，它们全都被视界分开。跨越事件视界进行描述会消灭物理定律。如果物理定律只在单一观察者的参考系内成立，那么多元宇宙到底是什么意思呢？

我正想给萨斯坎德打电话时，我的收件箱里突然蹦出一封他发来的邮件。他发来一份他写的关于视界互补性的书稿，其中还提到了他与斯蒂芬·霍金持续三十年的争论，正是布罗克曼说服他写了这份书稿。我很高兴能在出版之前读到书稿，我迫不及待地一看究竟。

在书稿结尾，萨斯坎德描述了当前宇宙膨胀的加速情况，并且想要探究视界互补性是否适用于我们的德西特视界，就像适用于黑洞视界那样。“目前，我们对宇宙的视界知之甚少，”他写道，“藏在视界背后的物体——不论它们是否是实在的，也不论它们在我们所描述的宇宙中发挥什么作用——的意义可能是宇宙中最深层的问题。[7]”

“我们看了你的方案。我们虽然一致同意与你合作，但很可惜，这不是你一个人的书。”卡廷卡·马特森打电话告诉我出书方案的审读结果，“这种合著形式让人很困惑，我们不清楚为什么你的父亲会参与这件事。”

“我知道了，”我说，“但是，这一直是一个合作项目。”

“我们不支持合著，”马特森说，“没有你的声音。你在其中居于何处？你的文身呢，哪儿去了？”

我退缩了。文在我手臂上的那些具有讽刺意味的话依然在。这么多年来，我并没有真实地面对自己的声音，我写的不过是些耳语。在我为杂志写的文章中，我几乎听不到自己的声音，因为从一开始我就假装成另一个人，这个人有着不同于我的、正确的、记者的声音。我在学术论文中把自己伪装成沉闷的英国男人，所以我当然听不到自己的声音。现在想想，我知道马特森是对的——我也没法在胎死腹中的书中听到自己的声音，因为我仍然在模仿别人。

“考虑考虑吧。”马特森和蔼地说。

我告诉她我会考虑的，并挂断了电话。

马特森的话回响着：没有你的声音。在这漫长的十年中，我所知道的了解实在真相的唯一办法就是伪装。但我究竟在掩饰什么呢？如果面具背后什么都没有，甚至冒名顶替者本身也是被冒名顶替的，那会怎么样？如果我像超人克拉克·肯特那样，撕开外面的衣服只为露出里面的衣服，那会怎么样？如果我只是个普通的记者，只不过有时说服自己相信，自己的秘密使命是揭露实在本质，因为这会使生活充满兴奋感并且更有价值，而我老爸也许只是想陪着我，也许也像我一样自欺欺人，那会怎么样？我想，我们分享了这么多的想法，不能说我们分享的都是错觉。

马特森认为合著会埋没我的声音，也许她是对的。这或许就像赛福安和斯困掳的联合结构一样令人困惑。当你试图同时站在两个观察者的角度说话时，你就违反了物理定律，或许你也违反了出版规定。也许我们的书从一开始就注定不可能出版。也许试图用两个人的声音写一本书是毫无意义的，因为两个声音加起来等于完全没声音。

我突然理解了为什么当初我写论文时，觉得学术论文御用的“我们”一词非常搞笑。用这个代词是为了表示科学独立于观察者，为了表示纯粹的客观性，纯粹的实在本质，可是它所描述的东西其实并不存在，是被物理学禁止的，它所描述的东西令人失望到无以言表，明显不是实在的。

能承载实在希望的唯一代词是“我”，但我不确定自己是否知道这指的是谁。用虚假的声音写作了这么多年，我不再相信我还有真实的声音。

世界的某处有一堆落满灰尘的日记本，日记中藏着惠勒谜语的答案。

对惠勒的学生进行追踪访问并没有让我们得到多少启示，似乎没有人真正知道惠勒在想什么。唯一的选择是直接从源头了解他的想法。也许，在与老爸合作写书的任务中，我已经失败了，但我下定决心要把惠勒的日记拿到手。

我又一次在网上搜索着日记的下落，我偶然发现，米斯纳，惠勒在普林斯顿的另一位学生，最近在马里兰大学办了一次讲座。在这次讲座中，米斯纳说："约翰确实有这个习惯，我猜想，他全部的生活就是一堆日记本……惠勒身边总是有很多日记本。当他的办公室里有一群学生时，他会坐下来，在日记本上记下正在进行的讨论。他可能也会记录自己正在进行的计算，或者记下他计划做的工作。他还会写下物理学中的重要问题是什么……顺便提一句，这些日记本由位于费城的美国哲学学会保管。"

费城？

那些日记就在我的家乡？

我立即找到了美国哲学学会的手稿馆藏目录，搜索惠勒的日记——但是没搜到。我再次尝试……没有。我试着在WorldCat中搜索，这里有超过一万条馆藏目录数据。最后出现了一条信息：《惠勒集》，二十八卷日记。这条信息后面写着：**对不起，未发现相应的图书馆。**

最后，我在美国物理学会的国际目录源中发现了《惠勒集》的相关信息，证实了米斯纳所说的话，这些日记确实在美国哲学学会。但是这条信息中既没有电话号码，也没有更多说明。只是简单地说，**联系存放处。**

所以，我联系了存放处。我告诉他们，我老爸和我正在合著一本关于惠勒的书，虽然惠勒的日记被限制借阅，但是我们迫切需要它们，以便开展我们的研究工作。合著可能违反量子不可克隆定理和出版规定，但我想图书管理员可能不会注意到这些，我是对的，他们同意让我们看看这些日记。

我给老爸的办公室打电话，告诉他这个消息："我找到了那些日记。"

11.

希望创造空间和时间

关于美国哲学学会，我要说的是，那正是你有望发现宇宙秘密的地方。

美国哲学学会起源于本杰明·富兰克林的秘密社团。富兰克林——发明家、印刷工、政治家、共济会成员——最初规定，这个秘密社团只能有十二名成员，人员筛选的程序严格保密。这个社团每个星期五碰一次面，要求每名成员“就道德、政治或自然哲学中的任何一点提出一个或多个问题”，这十二个男人接着会讨论“追求真理的真诚精神”。十六年后，富兰克林将这个社团变为哲学学会。“这是一个小型社团，被称为美国哲学学会，由社会名流或天才组成，他们分属几个不同的群体。”富兰克林规定。社团的宗旨是探索“能让光明照进事物本质的所有哲学实验”。富兰克林当选该学会的第一任主席。早期的成员包括托马斯·潘恩、乔治·华盛顿和托马斯·杰斐逊。后来的成员还包括罗伯特·弗罗斯特、阿尔伯特·爱因斯坦，以及约翰·惠勒。

美国哲学学会的主楼坐落在费城老城区中心地带的第五街，是一幢乔治王朝风格的经典建筑。这幢建筑物的西北边是独立纪念馆——杰斐逊曾在这里发表《独立宣言》，独立纪念馆北边不远处的自由钟如今已有了颇具讽刺意味的裂缝。美国哲学学会在主楼附近的一条鹅卵石小街上盖了一座图书馆，紧挨着美国第二银行的办公楼。如今，这座办公楼已经变成画廊，展出独立战争时期的肖像画。美国哲学学会图书馆拥有一千一百万份珍稀手稿和数不清的藏书，其中包括牛顿的《原理》（初版）和达尔文的《物种起源》（初版）。

"真不敢相信，我们就要读到惠勒的日记了。"老爸得意地说，他使劲拉开图书馆的大木门。那是八月里一个炎热的早晨，我感觉仿佛回到了十八世纪，仿佛听到了塞满游客的马车走过的声音。

我当时也相当得意。根据手稿管理员的记录，只有两个人曾经来这里阅读过这些日记。按照富兰克林的要求，我们准备好了自己的问题：那天，在普林斯顿，惠勒所说的话是什么意思？我不知道会查到什么。我希望这不会是另一条死胡同。

我们走进不大却令人印象深刻的门厅，里面有高高的天花板和引人注意的黑白方格大理石地板。墙壁上方有华丽的装饰，下方则是护墙板，墙上的橱窗里陈列着杰斐逊的《独立宣言》的手稿副本，以及克拉克亲手绘制的刘易斯和克拉克的远行地图。

我们在前台办理了登记手续，拿到了进入图书馆阅览室的证件。穿过拱形大门，我们进入了一间带有储物柜的房间，包括铅笔和纸在内的所有不准带到手稿附近的物品都要存在这里。除了笔记本电脑和电源线，我们把所有东西都放进储物柜，然后通过巨大的玻璃门进入阅览室。

整个场景看起来非常完美。我们看到一面面书墙和一段通向露台的楼梯，爬上楼梯可以拿到高处的书。红木桌子上方悬挂着铜质吊灯。富兰克林和杰斐逊的半身像注视着几位正在安静地翻书的学者。太美了。我不禁觉得这些旧书都是道具，学者都是雇来的演员。“看上去有点假。”我低声对老爸说。

他点点头。“像电影里的画面。”

秘密社团？珍稀手稿？限制借阅？共济会？我们将根据神秘莫测的象征符号寻宝，以消除十年来神秘的话给我们带来的困扰？这关系到存在的秘密吗？

“我觉得我在丹・布朗的书里。”我低声说。

我们走近坐在办公桌后面的馆员，并解释说我们是来翻阅惠勒的日记的。

“哪一本？”他边问边递给我们一个厚厚的牛皮纸文件夹，里面是惠勒材料的目录清单。

我象征性地翻了几页，然后回答说：“这些都要，谢谢。”

他将信将疑。“日记有很多本。”

我笑了笑。“我们知道。”

“好吧，”他略带警告地说，“我会先给你们拿出一部分看看。”

我们在房间中心的一张桌子前坐了下来，馆员推着一辆堆满日记本的小车再次出现，这些厚厚的日记本是精装的，褐色或栗色。

“翻阅时小心点。”他边说边紧张地盯着我们。我们俩看起来一定像一对出现在圣诞节早晨，伺机撕毁礼物的多动症儿童。

“我们会小心的。”我说，我的口气也许太急切了。馆员走了，留下我们单独与惠勒的文字在一起。

“记住，”我低声对老爸说，“不要放过任何有关自激回路或‘边界的边界’的线索。”

我从小车上随便拿起一本日记，上面标着“相对论笔记本第十九号”。我小心翼翼地翻开封面，发现第一页上贴着一张幸运纸，与幸运饼干里夹着的那种纸类似。幸运纸上有一句话：**坚持会得到回报**。我把它当作鼓励我追寻下去的指示，并开始阅读日记。

我发现在这本日记中，惠勒正在思考他所谓的“定律的贫乏”。令人难以置信的是，宇宙的所有复杂之处似乎都受自然界的几个简单定律控制，这些定律有可能被统一成更简单的定律。“越接近核心，我们发现的定律就越少，它们的形式就越简单。”他写道。

翻过几页后，我读到“力学定律、相互作用定律应该自动保证源守恒，可通过‘边界的边界是零’这一原则来保证”。

“快看！”我压低声音说，“有了！”

惠勒继续写道：“这似乎使麦克斯韦和爱因斯坦的定律微不足道地体现了发生在‘内部’的较为简单的事——不包括‘内部’预设了空间的概念，空间应该是一种次级概念。”几页之后，在一个名为“打倒空间”的条目中，他潦草地写道：“空间对维度有偏见，哪怕在不应该有任何维度的时候，这种偏见也存在。”

“费曼会说这是痴人说梦，”惠勒写道，“费曼认为人们应该去运算。我担心的是：如果人们只思考那些能计算的东西，就不会去思考更为重要的问题。换言之，寻找正确的问题比寻找正确的答案更重要。[‘真理不会自己飞过来，人们必须历尽千难万险才能获得它。’]”

我在这本日记中没有找到更多关于“边界的边界”的线索，不过很快我老爸就轻轻推我，他兴冲冲地指着一段话给我看。我靠在他的肩膀上看。“情况并非我们将逻辑应用于某件事，而是逻辑就是整件事……没有结构，没有方程，是**我们**强行引入结构。我们塑造了塑造我们的东西。[把相对论看作‘边界的边界’符合上述想法。要是能证明‘边界的边界’源于‘无’的话就好了……]”

我们塑造了塑造我们的东西。这听起来就像是自激回路。但自激回路与“边界的边界”究竟有什么关系呢？惠勒通过什么方式认为“边界的边界”源于“无”呢？

又翻了几页之后，老爸再次指着一段给我看。“昨天，由于意大利发生罢工，我不得不在伦敦停留，这期间我给彭罗斯打电话，我告诉他：我认为除了隐藏在万物背后的‘前几何’之外，没有结构，没有维度，没有广义相对论……我又提到了‘只不过是弹性’的想法。我还说‘边界的边界’接近‘无量纲’的概念。彭罗斯觉得这种结构太美了，以至于他怀疑它可能只是四维时空的假象或表象。另一方面，我在思考没有结构的结构，没有定律的定律，以及没有物理的物理。我们设想，归根究底，定律是一种总方式，根据定律，我们可以认为结构源自没有结构的东西。”

广义相对论“只不过是弹性”吗？我开始怀疑，这些日记提出的问题可能比答案还多。惠勒会说，这是一件好事，但我觉得有一两个答案也无伤大雅。

我继续往下读，我惊讶于这些日记的精密编排——不是图书馆工作人员做的，是惠勒自己做的。每一本日记的开头都有内容的详细目录，标有每个条目的标题和页码。在每个条目旁边的空白处，惠勒标注了日期、时间以及写作地点。他甚至还在日记中贴了一些散页——他有用信封背面或会议日程单记笔记的习惯。他不仅标注了记笔记的日期和时间，还标注了贴笔记的日期和时间。惠勒还会在照片上用彩色记号标明每个人的身份。假如和一位物理学家通话，他会记下精确时长和对方的电话号码。如果与同事一起出去吃饭，他会画出座位表。如果他把咖啡洒在页面上，他会在污渍处标记“咖啡”。

他也在不断地探索文字。我现在明白了，惠勒创造了这么多的术语和短语绝非偶然，比如“黑洞”“虫洞”“量子泡沫”“自激回路”“边界的边界”。他近乎狂热地渴望找到合适的词。日记中列满了词，成百上千的词，像词典一样：“秘密、寻求、感官、感觉、影子、阴影、形状、无形、分享、打破、尖锐、光泽、遮蔽、防护、闪耀、冲击、支柱、发射、混乱、包围、下沉、迷人、歌唱、骨骼、皮肤、天空、石板、幻灯片、沉睡、视线、烟雾、走私、积雪、清醒、土壤、寄居、士兵、固体、孤独、谜底、解决……”

老爸像往常一样明白我的想法，他俯身低声说：“这家伙有严重的强迫症！”

我点点头。你觉得呢？

他甚至旅行时也随身带一本同义词汇编，我从他的旅行装箱单中了解到这个事实，每一个曾经装入旅行箱的物品，连同其重量都被记录在装箱单上。相当多的重量被书籍占据了。每次旅行，他差不多会带两本物理学方面的书，再加上几本哲学书，几本诗集和一本同义词汇编。惠勒的父母都是图书管理员。显然，他继承了他们的文字能力和分类编目能力。

“摒弃、小型望远镜、拥挤、稳定、断断续续、阶段、邮票、立场、直立的、恒星、启动、状态、停留、钢铁、陡峭、舵手、转向……”

我老爸和我默默地读着，这些厚重的日记本被放在楔形泡沫板上，页面很脆，翻动时要小心。由于时间流逝，加上日记本内夹着或贴着大量图片、明信片和散页，日记本的装订松动了。我在想，当年艾森豪威尔曾批评惠勒在火车上弄丢了关于氢弹的绝密文件，惠勒的强迫症是否已经发展到无所不贴地把这件事也贴进日记本中。

我很快就发现了惠勒为“边界的边界是零”设置的符号：$\partial\partial\equiv 0$。这个符号经常出现。“在所有规律中，对我最有启发的是$\partial\partial\equiv 0$。”“一切都源于‘无’，$\partial\partial\equiv 0$。”他形容这是“时空对质量的掌控”“空间微微皱眉”。他写道：“‘边界的边界是零’的代数几何原则是无量纲。如果一切都基于“没有定律的定律”和结构杂乱无章的宇宙，那么要找到一种更简单的原则来构建物理定律是很困难的。因此，有趣的是，我们看到电磁学、引力、夸克束缚场的杨-米尔斯理论正是基于这个原则建立的。然而，在每种情况下，理论中都有一部分结构不那么简单。”

电磁学、引力和量子色动力学是如何建立在“边界的边界”上的呢？很明显，惠勒认为从“无”中得到某些东西是物理学的统一原则和可能的方式。但是，这到底是什么意思呢？恒等号是什么意思？我斜着身，把上述疑问讲给老爸听。

“这是一种标志。”他低声说。

“这不是一般的等号？”我问。

“从定义上讲，等号表明两件事情恰好一样。恒等号意味着它们是完全相同的。”有道理。我继续往下读。

“出去走走，见见人，提些问题。”惠勒写道——并做到了。他到世界各地会见物理学家、哲学家、数学家，以及对他探索、理解宇宙有帮助的人，并在日记本上写了许多相关内容。但有时他也略感沮丧：“所有为证实想法而进行的旅行都没有让事情变得明确，我们不清楚如何从‘无’中建立结构。”

我很快就发现，惠勒知道，这种崇高的哲学野心会被他的同事们看不起，有件事明显困扰着他，也困扰着他的夫人珍妮特——似乎对她影响更大。1976年1月31日他写道：“珍妮特和我到普林斯顿……那里有很多了不起的人。但整体上，他们对我所说的持怀疑态度。今天早上，珍妮特一醒来便告诉我，她觉得委屈。她告诉我，在会议上，她差一点哭了。她认为我在讲一些大学生才讨论的问题，我对实在本质的模棱两可的评论简直天真到令人难以置信，引用了大量很浅显的东西。一个好的讲座不应该缺少硬内容。在我演讲到一半左右的时候，她看到吉安·卡洛·威克（Gian Carlo Wick）悄悄对着坐在他旁边的I.I.拉比（I. I. Rabi）笑，她觉得她看到了。我超时了……在会议结束后，拉比对我说：‘我听说你为了这种事情放弃了物理学。’我反驳了他，并谈到了我为《博格曼纪念文集》写的有关散射理论的论文。刘易斯·托马斯（Lewis Thomas）也有点反哲学。叶史瓦大学的奥格·彼得森（Aage Peterson）则说我的报告是‘充满诗情画意的报告’，但也表示其中的‘量子原理’可能会使人感到困惑。”

第二天，霍金到普林斯顿大学拜访惠勒，并邀请他去剑桥大学发表演说。惠勒心情沮丧地回复：“也许去，也许不去。”“我向他提及我收到的反馈，并告诉他我希望低调一些，但这种问题如果不讲，人们就不会去思考。他表示同情，并说他只跟一两个人谈论‘形成中’的想法。”

惠勒也担心他的探索会影响他的忠实追随者。在1979年5月25日，他在新奥尔良凯悦酒店的房间里写道：“惠勒把人们引到一条羊肠小道上。他不能把他们丢在悬崖底下。他得找到路。许多人都在他所开创的道路上追寻着自己的未来。他不能让他们失望。他担负着巨大的责任义务。”

图书馆晚上关门的时候，老爸和我回到了铺满鹅卵石的街道上。我过了一会儿才从惠勒的思路中走出来。这种感觉就像离开电影院时，你沉浸在虚构世界中的大脑突然蹦回现实，只不过我刚刚看的“电影”长达八小时，内容是一个备受折磨的天才的扭曲想法。

我笑着看着老爸。“哇。”

“我明白。”他说。他看起来既茫然又兴奋。

“跟我想象的不一样。我一直以为他是那种快乐的、轻松的家伙。我没想到他这么……”

“坚韧？”

“是啊。坚韧。毅然决然。不同于一般的决心。”

老爸点了点头。“是痴迷。”

在接下来的几天，我发现惠勒特别关注库尔特·哥德尔。“我认为，哥德尔问题已经渗透进物理学，而物理学中也蕴含着对它的理解，深入了解哥德尔问题是十分重要的。”惠勒在1973年7月22日潦草地写道，“我的问题恐怕是这样的，我写下这个回路后就没有思路了，要做的事情无限多，但没有一件能明确地理出头绪。”

“哥德尔问题”，我猜指的是哥德尔不完全性定理。这个定理认为，如果一个数学系统具有相容性，就不可能完全。为了证明这个定理，哥德尔用数字语言创造了一个数学句子，大意为：**这个数学系统不能证明这个句子。**如果系统可以证明这个句子，那么这一表述就是假的，该系统因制造假表述而不具有相容性。另一方面，如果系统不能证明这个句子，则这一表述是真的，系统无法证明自己的一个语句，系统具有相容性，但不完全。真即是假，假即是真。一个典型的悖论。**这句话是谎话。**

但事情是这样的：很明显，哥德尔的句子是真的。数学系统不能证明这个句子，因为如果能证明，系统将自毁。这句话清楚地说明了事实。这句话是真的，但无法被证明。即便数学系统不知道这一表述是真的，**我们也可以知道**。为什么？因为我们拥有该系统没有的制高点：**我们在系统外面**。从系统外的上帝视角看，我们可以判断这句话的真假。站在系统里面看，除了矛盾没有别的。

全部的混乱最终落在两个字上：**这个**。这一表述是在谈论自己。自我诠释是整个内部/外部问题的根源。你在系统内部无法评估关于该系统的表述的有效性。要想确定表述的真假，你必须从更高的水平向下审视。哥德尔不完全性定理认为，一旦涉及自我诠释，我们的了解范围就被限制了，除非我们能够置身事外。关于宇宙和客观实在，我知道一件事，那就是**你永远不可能置身事外**。

在写这条内容之前的几个月，惠勒曾在普林斯顿大学经济学家奥斯卡·摩根斯顿的鸡尾酒会上与哥德尔交谈过。惠勒和哥德尔有一个共同的亲密朋友：阿尔伯特·爱因斯坦。惠勒对哥德尔说，他在直觉上觉得哥德尔不完全性定理和海森堡不确定性原理有深层次的内在联系，这两个理论在几年之内相继被发现，对宇宙的可知性提出了突然的、令人不安的限制。哥德尔不想谈论这个。惠勒问哥德尔原因，他得知哥德尔对量子力学不太感兴趣。正如惠勒所说的那样，“他常常与爱因斯坦交谈并一起散步，这足以使他对量子理论毫无兴趣——这对我来说是一大悲剧，因为哥德尔的见解可能非常关键”。

惠勒似乎确信，隐藏在哥德尔不完全性定理里面的东西正是量子力学的含义。但这是为什么？“命题演算与前几何同构，此时，这种想法比以往任何时候都更有趣。”他潦草地写道。

我知道命题就像逻辑的原子，是或真或假的简单表述，比如，“雪是白的”或“我的裤子着火了”，而命题演算是将相关命题联系起来的一系列逻辑规则。我知道前几何是惠勒创造的又一个词，是某种神秘的、比时空更基本的东西，是客观实在的构成材料，可能以$\partial\partial\equiv 0$为基础。但是，为什么会有从命题演算到某种前几何的同构映射，我对此一无所知。

我发现了一条线索，惠勒援引数学家汉斯·弗罗伊登塔尔（Hans Freudenthal）在有关命题演算的讲座中所说的话，“我们的词汇不需要包含一个固定的主题。谓词就像浮在空中一样，不指代任何东西”。对此，惠勒写道：“多么引人入胜，这几乎成为创立量子力学加前几何学的公开邀请。”

不过，惠勒迷路了。“前方没有清晰的坦途，”他写道，“必须在荆棘丛中艰难穿行。‘世上本无路，路是靠人走出来的。’”

命题演算给出了将真/假二元命题联系起来的规则，这与命题的含义无关。内在的含义是无关紧要的；所有的问题在于逻辑关系，不论单个命题是真是假，这种逻辑关系始终为真。如果p表示q，而q为假，那么p也为假——这是一种不论我的裤子是不是着火了都成立的规则。在这种规则中，惠勒瞥见了没有结构的结构，没有内容的形式，他瞥见了某种诞生于“无”，受$\partial\partial\equiv 0$引导的东西。

“真正的方程必须具有一定的独特性、自然性和美感。”他写道，“首要的是，简单。人们所知的最简单的数学知识是什么？……没有什么比选择正负、真假、对错、上下更简单。可以建立在二元元素上的结构有许多，但这些结构都拥有一些任意的元素、数量或结构，唯一例外的是命题演算，它似乎以一种令人满意的、引人注目的方式拥有独特而简单的理想元素。逻辑太重要了，不能留给逻辑学家。”

惠勒还不准备放弃哥德尔。在鸡尾酒会上被冷落之后，惠勒还让他的几个学生去普林斯顿看望哥德尔，并询问不可判定性和量子力学之间的关系。哥德尔把他们撵出了办公室。于是，惠勒尝试了另一个策略。我发现了一封信，是1973年12月惠勒写给哥德尔的信。很明显，惠勒认为哥德尔更有可能回答选择题。信中写道：

几个月前，在奥斯卡·摩根斯顿组织的小型聚会上，我很吃惊地发现，你相信存在一种有时被称为客观宇宙的东西，这与目前所设想的量子原理背道而驰。当然，我很可能理解错了。但如果我理解正确的话，这就可以解释人们为什么不太愿意用新的术语理解量子原理，不论是从命题演算的角度，还是从别的角度。如果你不相信某个想法是对的，那干吗还试图解释它！我知道你很忙，我保证我是最后一个强迫你回信的人。你能不能多花点时间回答这封信所附的问题？我已随信附上回信信封和邮票。与奥斯卡·摩根斯顿和很多人一样，我十分敬佩你和你的工作，你的想法对我非常有帮助，如果能了解你的想法，我将十分荣幸。新年万事顺意。

你忠实的

约翰·阿奇博尔德·惠勒

以下是惠勒设计的、令哥德尔为难的问题。

你有没有公开解释过你为什么不赞同量子原理？

☐ 问题不明确

☐ 从未公开提及

☐ 公开解释过，请见________________________

你的核心思想是什么？________________________

☐ 太长了，没法在此说明

惠勒的放肆让我觉得很好笑，同时我又很钦佩他。**坚持会得到回报。**

几周之内，他又寄出了一封信，收信人是给保罗·科恩（Paul Cohen），一位在斯坦福大学工作的数学家，他在逻辑方面的工作令他获得了菲尔兹奖。和哥德尔的结论类似，科恩已经证明，在集合论中，某些数学表述是不可判定的。

"盘点二十年来对引力物理学和相对论的研究，"惠勒写信给科恩说，"我的结论是，事物的奥秘藏在较深的地方，藏在量子原理中，量子原理在深层次上与逻辑和命题演算相关，宇宙的结构在某种深层次的莱布尼茨意义上与我们自己的存在相关。只有认识到宇宙有多奇妙，我们才能理解它有多简单。我没有特别的目的，我只是希望更深入地了解。我有强烈的感觉，你所做的伟大工作一定与困扰我的问题有深层次的联系，而这是大部分物理学家没有意识到的。欧几里得的平行公理曾经只是'一个逻辑上的问题'。后来，鲍耶（Bolyai）和罗巴切夫斯基（Lobachevsky）登上历史舞台。再后来，黎曼（Riemann）用与物理紧密、直接相关的数学理论为爱因斯坦和广义相对论开启大门。同样，今天很多人认为不可判定性只不过是'逻辑上的问题'，但恐怕上帝不会像现在的大学一样精确而分明地为物理系、数学系、哲学系分配经费，他恐怕把一切都混在一起了。”

惠勒显然肩负着一个任务——但这是为什么呢？他试图寻找的是什么？几页之后，他的计划变得更加明确。惠勒在环球航空公司的航空信纸上写了一段话，标题是：“让‘不可判定命题’与‘参与者’结合，以达到物理目的”。

“我们认为，量子原理是物理学中最核心、起源最神秘的理论。量子原理中的关键概念是参与，量子原理的出发点是数理逻辑的‘不可判定命题’。由此看来，物理学不是机器系统，逻辑不是偶尔用在机器上的润滑油。相反，包含物理学在内的一切都来自两个根源，一切都是这两个根源互动后产生的图像。一个根源是‘参与者’，另一个根源是数理逻辑的不可判定命题的集合体。‘参与者’依自己的自由意愿为这些命题安排真假值，此时，他的眼前出现了相应的世界。没有参与者就没有世界！……命题不是关于任何事物的命题，它们是用于建造‘实在’的抽象积木或‘前几何’。”

我聚精会神地读着日记，突然，某种鼓声划破了寂静，我差点从椅子上摔下来，图书馆中回荡着某种声音——是《扬基歌》的声音？我看了看，发现一支军乐队，整队人身着独立战争时期的衣服，他们敲着鼓走过图书馆的窗口。这鼓声把我们从惠勒的思维中震了出来，我们像是回到了1776年。我想是时候吃午饭了。

“我就是不太明白关于哥德尔的问题，”我边对我老爸说，边把一些龙虾炒饭盛到我的盘子里，“惠勒认为，哥德尔的不可判定性给量子观察者的参与创造了空间。就像你有某个逻辑命题，

‘电子是自旋向上的’，这个命题是真的还是假的？这得由站在命题演算之外的观察者判定。惠勒的想法是，每一次，当一个观察者确定一个命题的真假时，他就登记了一点信息，或者更确切地说，他将一点信息引入世界，我们用点点滴滴的信息构建起实在。他写道：‘逻辑是建筑材料。’”

“那么，确定命题是真还是假就像让波函数塌缩？”老爸问。

“我猜是。不可判定性需要一个外部观察者，量子力学同样需要。”

“但说到宇宙时，你不可能成为外部观察者。这不是将量子力学与广义相对论结合时遇到的基本问题吗？”

我点点头。“是啊。我不知道不可判定性到底有什么帮助。”

“你觉得惠勒知道它有什么帮助？”

“还不确定。到目前为止，我认为他只是怀疑不可判定性与量子力学是同一事物的两种表达方式。但是，一个问题的两种表达方式加起来并不能得到一个解。除此之外，我觉得哥德尔不可判定性无法适用于像电子自旋这样的问题。难道它只适用于观察者针对自己提出的命题？”

回到图书馆，我又沉浸在惠勒的世界中。他页复一页地因相同的问题而苦恼，圈点着相同的思路，渴望从词语中找到新的联系。他深信，哥德尔问题中还有更多内涵，其中一定蕴含着一种量子逻辑。这是一种要求外部观察者来判定内部不可判定性的逻辑，要从一个乱石堆中建立方程，这样观察者们就可以“展开自己的翅膀”，“干涉…… 被设想为量子原理的最原始形式”。他一次又一次地回到边界的边界，他确信，这是了解我们如何通过自我指称循环——一种来自“无”的自激回路——从无结构中构建物理结构的一条线索。“物理，”他写道，“就是一种无中生有的手段。”点点滴滴，测量再测量，从命题到命题，他看到稳固的“无”，他幻想着我们一起从自己制造的原始阴霾中建立世界。

我很困惑。自我指称循环会涉及内部观察者，这意味着宇宙看着自己，是一个没有窗户的整体，只有内部没有外部；是单面的硬币。正如索恩曾表示的，“从某种程度上说，观察来自宇宙之中，而不是来自宇宙之外，这是一种自激过程”。但惠勒的哥德尔愿景所需要的外部观察者却可以从某种更高的层级进行观察。在哪里？在宇宙内还是宇宙外？

我不是唯一一个感到困惑的人。在这本日记中，惠勒提到："有数学头脑的急躁学生问，参与者本身不是物理学造就的吗？所以，会不会出现一种哥德尔式的情形，在这种情形中，系统对系统进行元数学描述……我回答说，我会把参与者当成系统外的抽象元素。我所说的是一种试验方法，并非数理逻辑，而是数理逻辑加参与者。考察该试验方法能否得出像量子力学一样的东西是最重要的。如果能，我们可以继续向前；如果不能，我们就得修改想法。”

他似乎在跟随他的导师玻尔的脚步，在观察者和被观察者之间画出一条明确的界线。但是惠勒终究知道这样的一条线不可能一直存在。“如果观察设备和被观察系统之间没有区分线，就不可能有基本现象。”他写道，“但是这条区分线就像一个错综复杂的迷宫，从一个角度看，它在观察设备那边，可被认为是观察设备；从另一个角度看，它在被观察系统那边，可被认为是被观察系统。[1]”我们塑造了塑造我们的东西。“我们把‘宇宙’和‘生命与意识’分开，我们会不会做错了？”他写道，“我们难道不应该设法把它们当作一个整体来思考吗？”

我看了看老爸，他正在专心读日记，我笑了。一切又回到了本来的样子，回到了起点，回到了惠勒那里，回到我和老爸并排坐着阅读，静静地探索宇宙之谜的时候。

又翻了几页，我发现惠勒在日记中贴了一篇文章，是发表在伦敦《每日电讯报》上的《白天越来越短了》。

第二天一早，在图书馆中，我们坐在老位置上，继续扎进惠勒的脑海中。我再一次发现他在努力思考观察者在创造实在中所起的作用。他想知道成为“观察者”的标准，想知道是什么构成了能够将部分“无”变为实在的“观察”。

“一直以来被我们叫做‘物理实在’的东西，原来在很大程度上是一种出自想象力之手的混凝纸作品，这种作品被贴在坚固的铁柱之间，这些铁柱源自我们所进行的观察活动，”惠勒在他的日记中写道，“观察构成了真正的实在。”但似乎也有他无法回答的问题：观察者是谁？更重要的问题是：只有一个观察者还是有很多观察者？

“在我的一生中，没有哪个问题比赋予存在‘意义’时，个体和全体的相对权重问题更让我迷茫。”惠勒写道，“昨天晚上睡觉前，我还在想，个体赋予存在意义，没人能质疑这种想法；我想解释的世界只能在我的脑海中，否则，它还能在哪儿？”但不久之后，惠勒从罗得岛乘坐火车去往波士顿，他在途中潦草地写道：“认为每个人都重新创造宇宙的想法非常荒谬。此外，意义来自相互作用，而非仅由‘个人意识’决定，不论这意味着什么。”

为什么要让意识掺和进来？我很想知道。惠勒应该知道，这是一个神秘的泥沼，一件无法理解的事不可能解释另一件无法理解的事。为什么惠勒理论中的观察者不同于爱因斯坦理论中的观察者？在爱因斯坦的理论中，观察者只是参考系、坐标系。毕竟，在自激回路中，是宇宙先造就了观察者。这意味着，观察者无论是有意识的还是没有意识的，都必须建立在普通物理学的基础上，并非仙尘。

不过当我继续往下读时，惠勒转而关注意识问题的理由变得更加清晰。他认为，这是解决第二观察者问题的唯一方案。

“当几个观察者在同一个宇宙中‘工作’时会发生什么？”惠勒在他的日记中问道。这不是一个小问题。只有回答了这个问题，我们才能理解量子的含义，进而理解存在。惠勒确信，解释存在得靠自激回路，这是唯一可行的解释结构，能够避免龟驮龟式的无限回归，避免遗漏基本成分。但当观察者不止一个时，他不知道如何将他们塞进这个回路，这一直折磨着他。

惠勒并不是第一个指出当你引入第二观察者时，量子力学会滑入悖论的人。诺贝尔奖得主，物理学家尤金·维格纳（Eugene Wigner）就曾经用“薛定谔的猫”式的思想主导了一个实验，这个实验被称为“维格纳的朋友”。这个实验是这样的：在一个实验室内，维格纳的朋友做了一个实验，一个原子随机放出一个光子，从而产生一道闪光，在感光板上留下一个点。在维格纳的朋友检查感光板上的闪光记号之前，量子力学认为该原子处在发射光子和未发射光子的叠加中。但是，一旦这位朋友看到感光板，他就会看到单一的结果——原子要么闪光，要么没有。总之，他看到的是原子波函数的坍缩，将两种可能性变成一个单一事实的坍缩。

与此同时，维格纳站在实验室外。从他的角度，量子力学表明，原子一直处在发射光子和未发射光子的叠加中，直到他的朋友将实验结果告诉他。更重要的是，此时他的朋友处在已经在感光板上看到光点和没有在感光板上看到光点的叠加中。量子理论认为，只有在维格纳询问他的朋友发生了什么之后，波函数才会坍缩。

这两个人的经历是相互矛盾的。对于维格纳的朋友来说，原子的波函数在他看感光板时坍缩。而对于维格纳来说，他的朋友进入了与原子叠加相关联的叠加中，直到维格纳问他的朋友实验结果时，叠加才坍缩。哪个人的经历是正确的？谁是事实的真正创造者？是维格纳还是他的朋友？

维格纳写道："只要我保持终极观察者的特权地位，量子测量理论在逻辑上就具有一致性。[2]"从维格纳的角度看，量子力学"之所以显得荒谬是因为量子力学认为我的朋友在回答我的问题之前处于休眠状态"。维格纳说，摆脱这种荒谬的一个办法是主张他自己是宇宙中唯一的观察者，这是一个他负担不起的解决方案。"要如此否定一个朋友的意识太不近人情了，这几乎是唯我论的，没有人会真心同意这一点。"他写道。维格纳用这个悖论表明，意识在物理学中扮演着某种特殊的角色——原子和感光板，以及整齐码放的日记本可以处在叠加之中，但有意识的人不能处在叠加之中。

休·埃弗雷特是惠勒在普林斯顿的学生，他同样也看到了作为量子力学核心奥秘的第二观察者问题。1955年，埃弗雷特在惠勒的指导下写了一篇论文，他写道："如果我们认为宇宙中的观察者不止一个，那么量子力学的解释……是站不住脚的。[3]"埃弗雷特认为，一种可能的解决办法是，假定宇宙中只存在一个观察者。"这正是唯我论者的立场，站在这种立场上，我们每个人都得认为自己是唯一有效的观察者，宇宙的其余部分及其居民得一直服从波函数的线性演化，除非宇宙的其余部分及其居民成为观察者。这种观点在逻辑上具有一致性，但当一个人为不认同量子力学的人撰写量子力学教科书，描述波函数因观察而坍缩时，一定会感到不安"。

不过埃弗雷特提供了一个解决方案：不需要让有意识的观察者享有特权。这与维格纳的方案完全相反。埃弗雷特完全放弃了波函数坍缩的概念。他说，相反，我们应该假定宇宙，连同它包含的所有观察者，由一个单一的、从不坍缩的波函数描述。这样，认为维格纳的朋友处在叠加之中就是合理的了。这种想法对维格纳及其他所有人都有效。伴随着我们作出的每个小小的决定——打盹还是起床，鸡蛋还是华夫饼，东76街还是栗子街——我们日益演化成已做事宜和未做事宜的复杂的叠加。如果我们能站在宇宙之外——以及我们自己之外——我们会看到这些混乱的事，看到每个可能发生的变化的无限重复；但我们不能，每个人不可避免地只能拥有一个有限的视角，在这个视角中，量子波函数似乎坍缩了，我们似乎生活在一个单一的实在之中。

1957年，《现代物理评论》刊登了埃弗雷特论文的简缩版本，一起刊登的还有一篇惠勒分析其优劣的文章。"埃弗雷特对量子力学的解释，"惠勒写道，"不引入超观察者的思想，他从一开始就拒绝这一概念。[4]”这是一件好事，惠勒解释说，因为除了埃弗雷特的解释之外，“没有其他自洽的思想系统能解释将广义相对论中的宇宙那样的封闭系统量子化意味着什么”。量子引力的核心问题再次被提及：如果宇宙之外为空，你如何从内部让量子力学有意义？现在，我意识到这是换一种方式问：当观察者不止一个时，会发生什么？

尽管惠勒支持埃弗雷特的想法，但是他更倾向于玻尔的观点，玻尔认为观察者与被观察者之间的区别是根本性的，尽管“这条区分线就像一个错综复杂的迷宫”。读了惠勒的日记，我们不难知道原因。在量子力学中，惠勒找到了通过设置是/否问题，在“无”中一点一点地构建实在的机制。但是，如果观察者只是系统中的一部分，只是普通物理对象，没有特别之处，那么他们就不会具有特殊的实在建造力。如果观察者在系统之内，他们也会与其他所有东西一样具有哥德尔不确定性，无法判断命题的真假。在埃弗雷特的世界中，观察者没有发挥积极的作用。他们不需要让叠加坍缩，他们只是简单地被薛定谔的波扫过。观察短路创造一切。你只剩下一个单一的、大规模的宇宙波函数，却无法说明它从哪儿来。

不过，玻尔的观点，正如维格纳所指明的那样，只适用于只有一个观察者的宇宙。所以，惠勒知道他有三个选项。一：成为一个唯我论者，带着他的观点去任何地方跟任何人讲，这有一点疯狂。二：接受埃弗雷特的平行分支事实，并且不再试图通过观察者解释存在。三：保持意识不受物理定律支配，并能够神秘地通过波函数坍缩来影响物质世界。“无法清楚地阐明‘万物源于比特’比问‘谁的比特’更让我感觉不舒服。”他写道。

有时惠勒也转向唯我论，他认为，在每个观察者的独立宇宙中，观察者本身是波函数坍缩的唯一推动者。这是一种“多世界”的观点，但并不是埃弗雷特的那种观点。在埃弗雷特看来，单一的波函数被共享，每个观察者占有自己的分支。在唯我论的景象中，每个观察者都有自己的事实，每个观察者有一个宇宙——一个波函数——而不是所有观察者分享一个单一事实。

“我关注‘观察者-参与者’已经很久了。我一直在寻找‘一个意义’，我认为这个意义以‘观察者-参与者’所发现的事物为基础，并能够总结这些事物。但是，我现在觉得自己做错了。”惠勒在一本日记中写道，“我要引用[沃尔特·李普曼所说的]‘人类并不是一眼能看到一切的亚里士多德之神’，这让我觉得，面对物理学，我们必须放弃‘单一世界’这个概念。

“‘这个世界’是对‘我们所有的世界’的误导性简化吗？这些独立的世界是什么样的，它们如何一起构成核心问题？……这么多识别回路，没有一个具有普遍性吗？是的。那么，随之而来的关联问题着实令人着迷。真是个‘混沌状态’！”几天后，他写道：“没有‘单一世界’，这种想法并不新鲜，有多少观察者就有多少世界，而‘意义’来自他们的和解。但是，有多少种和解方式？”

“他开始思考宇宙本身是否是不变的。”我低声对我老爸说。我老爸正在翻阅日记，他抬起头，歪过身来看我指给他看的句子：“我准备质疑‘宇宙’这种东西。”

但继续读下去，我看到惠勒对唯我论极为不适应，他不可避免地倾向于回到一个更为公共的视角。“我无法在‘无’中创造什么东西，”他写道，“你也不能，但我们一起就完全可以。”

我回想起惠勒的《宇宙逍遥》，在这本书中，他曾明确指出，要建立客观实在就需要多个观察者。他说，没有任何一个观察者能够独自进行足够的测量，以提供建立整个宇宙所需的全部数据。“从老鼠到人，以及地球上所有可能与构建意义相关的‘观察者-参与者’都无法独自承受如此巨大的信息负担。[5]”他写道。

惠勒被困住了。想让多个观察者生活在同一个宇宙中，同时保住他们创造实在的能力，唯一的办法是赋予意识特殊的角色，只能如此，不论惠勒多么不情愿。这引出了许多奇怪却不可避免的问题，比如，“什么程度的意识？”“蠕虫有资格吗？”“家用电器如何？”

“电脑有大脑吗？对于硬连线的蠕虫来说，带内置响应器的电动洗碗机与扑克牌有什么区别？高级一些的大脑会学习：加强有利反应，削弱不利反应。更高级的大脑还会相互学习，尤其是学习语言，创造具有意义的词，进而让这些词的意义不清不楚！”有一次，他甚至贴了一篇E.O.威尔逊（E.O. Wilson）写的有关动物信息沟通的文章。

“那么意识在赋予意义方面扮演什么角色呢？”惠勒写道，“人们如何看待量子原理在世界建构中的必要性？我在同一个问题上来回绕圈，试图找到进入奥秘中心的途径。”

我们跟他一起绕了一圈又一圈。我不得不怀疑，我们是否有进展。也许，我们只是在浪费时间。

“我一直在思考第二观察者问题。”我吃午饭时跟老爸说。我们每天都去同一家餐厅，服务员都认识我们了。

“你们在附近工作吗？”服务员问我们，他好几次见到我们在午餐时间研读笔记。

“我们在街角的美国哲学学会图书馆做研究。”老爸告诉他。

“哦，酷啊！”他说，“什么样的研究？”

“物理。”我回答。

“太酷了！”他说，“我学的是物理哲学。”

老爸冲我笑了笑，似乎在说：恭喜你！看，这就是你的未来。

“哇，”我边点头边说，“哇。”

服务员笑着说：“我马上给你们上餐。”

“第二观察者？”老爸问。

“是啊，这个思想认为，一个观察者可以使波函数坍缩，而第二观察者则看到第一观察者处在与被测量物相关的叠加中。波函数坍缩也许与创造实在类似，但对于不同的观察者来说，波函数坍缩似乎发生在不同的时间。”

“就像实在是取决于观察者的？”老爸问。

“我猜是。这只是表述内部/外部问题的另一种方式。”我说，“第一观察者处在他所测量的系统之外。随后，第二观察者对第一观察者进行测量，这意味着第一观察者此时处在系统内部，而第二观察者则在系统外部。然后你还可以有第三观察者——”

“总有一些视角令观察者变成被观察者。”

“对。这意味着，对于观察者来说，没有什么特别的本体论，他们只是宇宙的一部分，他们就在宇宙里面。但你无法将宇宙解释为一个自激回路，因为你无法解释观察者怎么会有创造宇宙的特殊力量。而且，怎样才算观察者？惠勒认为，具有意识可能是成为观察者的标准，但这显然是胡扯。我的意思是，意识只不过是大脑中的物理过程。它不是魔术。”

老爸点了点头。“他谈到意识时有点像疯子。”

“没错，”我说，“但是，你会发现他是被迫这样的。他被逼到了墙角。他在采纳埃弗雷特的观点时必须放弃解释存在的能力，而且他不能采纳唯我论的观点，不能说只有一个观察者。”

“为什么呢？”

“因为他认为一个观察者制造的信息不够，不足以创造宇宙。他认为，宇宙中的信息总量肯定是有限的，你得把曾经存在的观察者和将会存在的观察者都算上。”

服务员端着热气腾腾的餐盘走过来。

“你知道，全息原理已经解决了第一部分，”我说，“全息原理认为，任何时空区域中的信息量必须是有限的。但我觉得，它使第二部分更难解决了。”

“与累加多个观察者有关的那部分吗？”

“是啊，因为萨斯坎德的视界互补性表明，你最终会进行大量过度累加。你会克隆信息，违反量子力学。”你不能把赛福安的观察结果和斯困捞的观察结果加在一起，否则你会得到错误的信息量。“当你这样想时，唯我论似乎是最有可能成立的。”

“你在自言自语吗？”老爸笑着说。

“是啊！”我说，“看样子我吃不了这些面条，得给你分点！”

回到阅览室，我一直在思考全息原理。惠勒没来得及欣赏这一发现实在令人惋惜。马尔德西纳在普林斯顿发表了关于AdS/

CFT的报告，但当时九十高龄的惠勒很可能没听到。而且奇怪的是，霍金辐射和事件视界对实在的概念影响极大，但惠勒在日记中提到它们的次数并不多。惠勒不仅为它们奔忙，还一直处在主导地位。毕竟，正是在惠勒的启发下，贝肯施泰因发现视界有熵。事实上，我现在明白了，“科学和终极实在”研讨会胸牌上的图案——标着0和1的球形图案——是黑洞视界的熵的图案。惠勒显然认为这是非常重要的。这表明，宇宙建立在二进制信息的基础上。但是，为什么他不把更多的精力放在研究“视界释放粒子”和“真空取决于观察者”上？他急切地想表明观察者创造实在，你会觉得他一定会对上述议题感兴趣。

在1974年的日记中，惠勒评论了霍金发表在《自然》杂志上的论文《黑洞爆炸？》。“惊人的结果。”惠勒潦草地写道，“观点。保守。”

两年后，惠勒写道：“霍金、比尔·昂鲁（Bill Unruh）认为观察者决定黑洞周围的粒子数。”但他就此停笔了。几个月后，他潦草地写道：“搞清楚：霍金粒子是数学作品吗？”

在1990年的日记中，我偶然读到一个条目：“再想想视界问题。最近三个月内，我已经就这个问题给昂鲁打过一次电话了。如果我没有记错，与视界问题相比，他感觉自己对加速问题更有把握。我记得——也许与视界问题有重要的联系——昂鲁在圣菲说过‘没有粒子这样的东西’……现在就给他打电话！”

不过，惠勒没有对视界问题进行太过深入的研究——我想，也许，这是因为视界只会使世界分裂成众多不可通约的视角，而惠勒正在努力把世界聚为一体。“‘我们的’话语或想法，是从别人那里来的，或受别人推动。”他写道。他认为，宇宙——这个宇宙——是“一个我们都参与其中的巨大结构”。

他也从来没有研究过弦理论。1989年6月，在圣菲的一次会议上，惠勒写道：“默里·格尔曼（Murray GellMann）……说：‘你应该学习弦理论，这里面有你想要的一切。’我说，这不过是龟驮龟式的理论，根本没有观察者参与的余地。它是实在的，‘观察者’却是幻想的？正好相反……这个理论只谈外部世界——这是什么理论！”

那天晚上，我躺在床上，这卧室是我长大的地方。我思考了更多关于内/外的问题，即第二观察者问题。宇宙学的第一性原理必须是“宇宙之外为空”，但是一个将自己的观察者包含在内的宇宙会因为病态的自我指称而出问题，因为任何描述宇宙的观察者都会将自己纳入描述之中，哥德尔已经指出，自我指称会导致内在不确定性，命题的真假飘忽不定。

哥德尔还有后继者。1936年，在哥德尔证明他的不完全性定理之后五年，在海森堡发现不确定性原理之后九年，波兰逻辑学家阿尔弗雷德·塔斯基（Alfred Tarski）提出，任何能进行自我指称表述的语言都无法评估自己语句的真假。同年，计算机科学之父阿兰·图灵（Alan Turing）提出，计算机程序无法确定自己的运行时间是有限的，还是无限的——也就是说，计算机程序无法计算自己；也许人类的思维也是这样。在一连串这样的发现中，科学家、哲学家、逻辑学家和数学家一次又一次地面临同样深刻的教训：你只有走到系统之外，才能突破自我指称带来的限制。

“一方面调用观察者或调用可从命题中得到的信息，另一方面调用‘被观察者’，”惠勒在他的日记中写道，“由此可以添加更多的公理或放大系统，在原型中决定一切，但随之而来的是系统外不可判定的、无法坐标化的、新的、更大的区域。总是有这样的‘不确定性’。总是……无法从内部确定命题真假。”

在这种“不确定性”中，惠勒瞥见了量子力学的本质，这使他深信必须不惜一切代价服从玻尔的观点，观察者得在系统之外。问题是，玻尔的图景在第二观察者出现并观察第一观察者时分崩离析。当维格纳靠近时，玻尔的外部观察者突然就到了系统内部——他以为自己正在从外部观察这个系统。观察者变成了被观察者。一个人怎么会既在系统外部导致波函数坍缩，同时又在系统内部处于叠加之中呢？两个故事不可能都为真，但我们现在遇到了都为真的两个故事。我们被困在宇宙之中，这里总有一个第二观察者，他认为我们是系统内的一部分。正如惠勒的U形图所显示的，我们就是看着自己的宇宙。那么，要将量子力学应用于整个宇宙，同时又不掉进自我指称和递归的怪圈似乎是不可能的。

我回想起我十几岁时的夜晚，也是在这个房间里，我读着存在主义者的著作，为自己的焦虑寻找一些理由。我记得当时读的是萨特的《存在与虚无》，这本书是我在二手书店里买到的，我毕业后曾在那里打工。当你得知有人在看着你的时候，你有什么感受？萨特描述了这种感受。害羞？眩晕？恶心？这是你从主体转为客体时的突变。如果萨特了解量子力学，他一定真的想吐。你不仅从主体变为客体，还用混凝纸创造实在，在某种猫的炼狱中徘徊。

我当初在特丽贝卡大酒店遇到的内部/外部问题又出现了，

即量子引力的问题：观察者在哪儿？再次申明：量子力学禁止我们既是主体又是客体，但我们在一个只有内部没有外部的宇宙之内，这要求我们必须既是主体又是客体。而且，说真的，难道不是这样吗？我老爸在我的故事中，而我也在他的故事中。一个参考系中的主体在另一个参考系中是客体。

话又说回来，萨斯坎德曾教导我，只有当你一次只讨论一个参考系时，物理学才有意义——至少涉及事件视界时是这样的。要么赛福安，要么斯困拶。要么加速系，要么惯性系。此处也有类似情况吗？也许量子力学不允许我在同一时间谈论我老爸的故事和我的故事，也许我们俩谁都不会同时成为主体和客体。这就是解决第二观察者问题的方法吗——每次只讨论一个观察者？但是接下来你如何将零散的故事拼凑到被我们称为宇宙的单一区域中呢？从单一观察者的参考系变到整体参考系，上帝视角似乎使大象被重复计算，使波函数既坍缩又不坍缩。"将局域尺度和大尺度恰当地聚合在一起是爱因斯坦的伟大成就之一，"惠勒写道，"那么，我们该怎样把局域与整体弄在一起呢？"

假如没有整体呢？假如没有宇宙呢？"最重要的问题是：一切都是'无'吗？"惠勒写道。他说他准备质疑的恰恰就是宇宙，我感觉自己也应该准备质疑宇宙了。

"信息理论的某些特征就在物理学、时空，以及存在本身的底层。"惠勒在1986年4月19日写道，"如果有人问我的临终遗言是什么，就是这句简短的话。"他在去医院动心脏手术的路上。

我不禁想知道我的临终遗言会是什么，我应该也需要一句简短的话。真实的就是不变的。不，那太简单了。“无”是无限、无界的均匀状态。我不能用这个，这是我老爸说的。宇宙学的第一性原理必须是…… 天啊，我竟然找不到一句原创的话作为我的临终遗言？

惠勒的手术成功了，他继续进行“可爱的、寂寞的探索”，但他比以往更敏锐地意识到来日无多，他既需要抓紧时间解决存在之谜，又担心在这个过程中毁掉自己的声誉，他在这两者之间左右为难。“达尔文不会，玻尔不会，牛顿也不会像我一样把自己不成熟的思想广泛散播。”他在1987年3月6日写道，“不过，我这样做也无妨。我知道别无他法，只有通过对话来澄清。我总会有离开的那一天，但我不知道我去世之后谁能承担这些工作。”

1988年8月16日：“我需要被折磨，直到‘忏悔’出一个真正伟大而简单的想法。哈！不是一个想法，而是想法只有一个。不要谈论某人在某时将如何提出这个想法。保持安静，安静地与那些可以帮忙的人谈谈，忙起来，提出这个想法。”

“三至五年的预期寿命。”他在那个月晚些时候写道，“我认为我最重要的责任是破解我们身边的最大难题，搞清存在是怎么来的：存在何为？…… 如果我不继续攻坚克难，我就不是我。停下，我就成为一个萎缩的老人。继续，我的眼中就还闪烁光芒。”

我们又读了几天，读到十四年后的日记，惠勒依旧在闪闪发光。2002年3月8日，他写道：“我还在苦苦思索。在下周的会议上，我该说些什么？”

“哦，我的上帝，你看！”我捅了捅我老爸，给他看这页上写的话，“我们闯进去的那次会议！”

“我仍试图详细论述‘万物源于比特’，”惠勒继续写道，“无！怎样把我们注入‘无’？这是个哲学问题？但这种哲学问题也许重要到不能留给哲学家。”

我急切地转向后面的内容，兴奋地读着他的会后印象，希望能有只言片语提到一个可爱的小女孩和她的老爸，以及这两个人提出的尖锐问题。奇怪的是他没有提及，他根本没有记下任何有关这次会议的东西。

“我想我终于明白了！”我走进厨房时，老爸激动地说，“边界的边界！”

老妈已经上床睡觉了，我们两个人倒了点咖啡在厨房桌子旁聊了起来。

“与能量和动量守恒有关吗？”我问。我在日记中已经看到相关内容，但还在努力理解中。

“没错。惠勒的想法表明，广义相对论方程遵从‘边界的边界是零’的要求。时空的局部曲率抵消了质量的能量和动量。这就是为什么质量会使时空弯曲。”

“所以全加起来是零？”

“在任何局部区域都如此。但是只有在区域边界不暴露边缘时，计算才有效。只要边界的边界是封闭的，一切就都抵消了。”

他撕了一张纸，画了几何形状，向我展示四维区域是怎样以三维立方体为边界的，三维立方体自身的边界是二维面，每个面与相邻面共用一条边，形成封闭的流形。对穿过面的动量-能量流求和，需要将每条边计算两次（因为两个面共用一条边），一次为正，一次为负，得到一个完美的零。曲率使几何的面扭曲，其相对边不再是平行的，它们被相邻的面拉扯着，整个边界由于质量的存在而弯曲、扭曲。这一切具有相当的技术性，但关键点足够简单：四维时空最复杂的结构似乎最终植根于"无"。

"在日记中他认为，广义相对论和量子场论都基于'边界的边界'原则，"我说，"所有的规范场论都如此。"

"没错。这很普遍。这正是场对质量或电荷的反应方式的基础。"

边界的边界是零，这意味着如果你想了解某个时空区域内部发生了什么，你不需要看内部，直接从区域边界读取信息就可以了。"外部揭示内部。"惠勒写道。动量守恒和能量守恒可以从面上看出，内部的质量可以从弯曲的边缘推导出来。

"这就是他将'边界的边界是零'与弹性相比时想表达的想法，"我老爸说，"要计算某个变形体的弹力，你只需要计算表面，里面的一切都不必考虑。"

"等等，他写了与这有关的东西。"我边说边在我的笔记中翻找，"这里。他在1973年写的，弹性力学是人们所能拥有的最低形式的物理学。只需要处理'物的表面'。他想说，电磁学和引力是同一品种的猫，只是它们也许不需要任何维度。"

没有维度？物的表面？外部揭示内部？边界的边界原理会不会是全息原理的早期迹象呢？

老爸知道我在想什么。“听起来有点全息原理的意思，是吧？”

惠勒曾写过：“人们希望空间‘维度’（或者更准确地说是‘平均有效维度’）由基本理论决定，这种基本理论建立在简单、基本的基底上，即前几何，前几何本身没有维度这样的属性。”他还写道：“弄清楚是不是所有定律都可以写成$\partial\partial \equiv 0$的形式。多维是怎样减少到如此之少的？”

这个问题提醒了我，令我感到不安，我已经了解到，时空体积中的信息量正比于体积的边界面积——仿佛有一个维度整个是多余的。这就是惠勒画出标有0和1的球时，一直在思考的问题吗？能从黑洞边界读出黑洞信息内容意味着世界从根本上来说是由信息组成的？那么信息从根本上来说是由“无”组成的吗？

1988年1月8日：“我们利用丰富的想象力，从问题和答案中得到想法，我们的想法与回路和$\partial\partial \equiv 0$最接近。”

1985年10月20日：“我越来越确定，一切都是从‘无’中建立起来的。这是多么合理的选择！”

2005年2月22日：“无！无！你从‘无’出发得到一切。”

去图书馆的最后一天，我一个人翻阅了惠勒的日记。我们几乎读了全部日记，而老爸没法再请假，所以我自己来到图书馆读完最后的内容。

惠勒这时已经九十多岁了，日记的篇幅越来越短，相隔时间越来越长，也越来越难以辨认。他继续绘制U形图，曲线越来越不稳定。他经常引用玻尔的朋友皮特·海因的诗：“我想/在剧终之前知道/整场演出/全部的含义是什么。”

最后，他让秘书杰克·富斯基尼帮他记下他口述的内容。这些内容出现奇怪的重复，仿佛惠勒的思绪困在一个循环中。“空间和时间是从哪里来的？”他会一遍又一遍地问这个问题，常常还伴随着这句抱怨：“这完全是一种幻觉。”奇怪的是，有大量关于达尔文的参考文献。“我们认为几何定律在时间开始之时就被建立起来了，但是是这样吗？”惠勒问道，“这个问题让我想起了另外一个问题，我们今天看到的‘一直在这里’的植物和动物物种是怎么来的？这个本来不太容易回答的问题对于乘坐英国皇家海军小猎犬号勘察船的年轻调查员来说并不难回答。”

他又回到了核心问题上：一个观察者还是多个观察者？

2005年11月8日：“当我们想当然地认为我们生活在带有空间和时间的世界中时，就很难问‘为什么’……如果我们是‘建造’时空的人，为什么不每人各建一个？为什么只有一个时空？进一步追寻。”

惠勒与珍妮特住在新泽西州海茨敦的疗养院，离普林斯顿大学不远。富斯基尼会到疗养院帮惠勒把想法记下来。

2006年10月11日：“华氏72度，温暖并且阳光明媚。约翰坐在疗养院的阳台上，看着窗外的风景，看着院中美丽的鲜花和灌木。正是秋天……关于空间和时间或者达尔文，他今天什么都没说。”

下一个条目写于2006年12月7日，是一句梦幻般的话：“希望创造空间和时间？”

再下一个条目出现时，时间已过去了一年多。在这片空白中，珍妮特去世了，享年99岁。两人已经结婚72年了。

2008年1月："约翰尼已经很长时间不碰日记本了。下一次我来时，我们会开始写点什么。"

我翻过页。

一片空白。

12.

假想的秘密物体

真是疯狂，我已经走了这么远。一个看似简单的问题——你如何定义“无”？——使我从普林斯顿低安全级别的会场辗转到量子鼠出没的伦敦公寓，从布罗克曼的康涅狄格农舍奔波到新墨西哥州的陌生小镇。我在图书馆里对着日记本的空白页抽泣。我来到旧金山国际机场的赫兹租车柜台，跟老爸老妈站在这里听加油的规定。

老爸和我要继续探索未解之谜，比如，如果“无”、H态曾经发生变化，那么为什么会发生变化？观察者在宇宙的存在中扮演什么样的角色？如果正如古斯所说，“有”就是“无”，那么为何“无”看起来像“有”？宇宙视界背后的物体意味着什么？销售员能停下唠叨，让我们的寻找终极实在之旅走上正途吗？

我们已经知道终极实在的标准是不变性——如果宇宙的某个特点仅仅是从特定观察者的角度看到的人为结果，那么它就不是实在的基本组成部分。“实在”意味着“不取决于观察者”。令人惊讶的是，我们发现几乎没有什么能符合这一条。相对论已经把空间、时间和引力，连同与它们有关的概念，如质量、能量、动量和电荷一起排除出去了。规范场论已经排除了电磁力和核力，基本力被排除一空。霍金辐射导致粒子、场和真空的终结，而AdS/CFT和全息原理又消灭了维度、弦和时空。如今，我们那张破旧的IHOP餐巾纸上只剩下宇宙、多元宇宙、光速，并且由于视界互补性，前两个已被深度怀疑。我越来越觉得我老爸的猜测也许是正确的：没有什么是实在的。这当然也意味着，“无”是实在的。

惠勒的日记让我肯定了一件事：终极实在不论是什么，都得在内部与外部、主观与客观的麦比乌斯二分法中找到出路，一次只参考一个单一观察者，必须避免任何含混不清的“合著”结构。

合著结构似乎是所有问题的根源：它是黑洞信息丢失悖论背后的罪魁祸首，布罗克曼和马特森讨厌它，是它让维格纳的朋友撒谎，它还让惠勒去研究蠕虫意识，它还破坏了宇宙这个词的确切意义。假如宇宙并不是所有可能视角的总合，那么宇宙究竟是什么？然而，正如我从萨斯坎德那儿了解到的，视角相加违反了量子不可克隆定理，并导致我们错把相同比特的不同视图当成不同的比特，从而高估了信息量。**无法清楚地阐明‘万物源于比特’比问‘谁的比特’更让我感觉不舒服。**

惠勒在这个问题上纠结了很多次，却始终没有想出如何让第二观察者适用于自激回路。这是否意味着没有第二观察者？“只要我保持终极观察者的特权地位，量子测量理论在逻辑上就具有一致性。[1]”维格纳曾经说。埃弗雷特也同意，只要我们愿意“假定宇宙中只存在一个观察者”，实在这个概念就是有意义的。

整个情形让我沮丧。当第二观察者是你老爸时，你怎么可能认为第二观察者不存在呢？

物理学可能一直是在单打独斗中发展的，但对我来说这听起来更像是背叛。而且，我们已经共有一些东西：我们的生活、我的职业、一个秘密任务、宇宙。这些真的都是幻觉？我尽我所能地抗拒着马特森的话，但她的话就像打地鼠游戏中的地鼠一样，不断地跳出来：考虑考虑吧。

我不耐烦地叹了口气，在附近找了个空位子坐下，把老爸老妈撇在租车柜台。我感觉有什么东西在咬我的胃。是坏了的比萨饼，还是内疚？

宇宙学的标准模型源于“合著”。暴胀的全部意义，让宇宙暂时以快过光速的速度膨胀的全部意义，是将大爆炸理论的影响范围扩展到单一光锥之外。这种理论与我们宇宙视界另一侧的空间有关。同时，视界互补性禁止我们这样想：视界一侧的存在物加视界另一侧的存在物可组成单一时空几何，其中可能充满了冗余信息。更糟的是，你无法阻止事物走向永恒，无法阻止一个整体多元宇宙——其中包含无限多个被视界隔开的时空区域——诞生。宇宙学家正在寻找无限多的合著者。我受到两次打击。然而，我到处看了看，人们仍在谈论宇宙学的黄金时代，仿佛什么都没有发生。

必须改变宇宙学，可是如何改变呢？物理学家们能遏制永恒暴胀，将其限制在一个单一的光锥内吗？或者他们得回到草稿纸上，想出一个全新的理论？我老爸和我要去加州找答案，而我老妈则高兴地随行。“我知道你们要为实在奔忙，”她说，“但我们得抓紧时间去海边。”

我看了看柜台，看到老爸正在合同的最后一页上签字并领取可能会将我们带到答案那儿去的丰田车钥匙。老妈和我对视，她笑了，仿佛一切都很好，仿佛我们同在一个幸福的世界中。“我无法在‘无’中创造什么东西，”惠勒曾写道，“你也不能，但我们一起就完全可以。”这是“到这里来吧”式的宇宙学。这是一个孩子的梦想。也许第二观察者问题只不过是成长中的烦恼。

第二天一早，老爸和我坐捷运火车从旧金山市中心到伯克利的校园去见拉斐尔·布索。

在物理系的大楼外，我难以置信地盯着一个停车标志：**永远为诺贝尔奖得主保留。**

“所以人们想拿诺贝尔奖！”老爸说。

我点点头。这不是戴维·格罗斯的办公室，这是个好车位。

走进大楼，布索把我们迎进他的办公室。他四十岁出头，年轻英俊，举止文雅，笑容可掬。他从小生活在德国，来伯克利之前，他师从霍金在剑桥大学学习，他的口音混合着三个国家的音调。

老爸和我想知道多元宇宙怎样才能经受住全息原理的考验，布索正是这方面的专家。布索与波钦斯基一起发现了弦景观——这是10^{500}个宇宙的集合，每个宇宙都有自己的物理定律和自己的宇宙常数——他们的发现开启了多元宇宙人择物理学的大门。但是，布索也发现了全息原理的最普遍形式——协变熵界。协变熵界告诉我们，在任何时空区域内——包括正在膨胀或坍缩的区域——与该区域匹配的信息总量不能超过其边界面积的四分之一，这意味着全息原理对宇宙学的影响是不可避免的。人们无法回避的是：时空取决于观察者，物理学只有在被单一观察者观察时才有意义。布索怎么可能将横跨10^{500}个甚至无限多个因果视界的整体宇宙与全息术所需要的局域视角调和到一起呢？

“整体法在一定程度上可能是错的。”我们刚一落座他就对我们说。

即使没有视界互补性，这也已经相当明显了——只需要看测度问题就知道。在整体多元宇宙中，概率淹没在无穷大中，物理学家们无法进行科学预测——但这毕竟是科学的关键所在。布索怀疑，无穷大与我们试图从视界内外同时进行观察时遇到的信息重复问题有关。

“从黑洞信息丢失悖论中得到的教训是，你只能取单一观察者的视角，”他说，“这很自然，这是我们应该施加在多元宇宙上的限制。”

事实也的确如此。他说这个问题时，实际上是在考虑这样的限制是否能解决测度问题。

“我想，我们反正已经因为黑洞信息丢失悖论而不得不做些什么，何不一石二鸟？”布索说。

通常的测量方法是这样的：任意选择，称多元宇宙的一个维度为“时间”，称其他维度为“空间”，尽管时间和空间取决于观察者。在给定的时间观察多元宇宙的一个有限区域，得出样本中的宇宙总数与具有一定暗能量值的宇宙数。当样本量趋于无穷大时，取上面两个数的比值的极限。然后将答案与实际看到的宇宙进行比较。如果计算出的暗能量值不与我们实际看到的宇宙中的暗能量值一样小，则弃之重来。

不过布索却采取完全不同的方法：只计算单一观察者光锥内的部分，也就是所谓的“因果小块”（causal patch）。这样，你就不必处理无穷大问题，因为整个场景是从有限开始的。更重要的是，你不必担心穿越视界时的重复计算问题。

但是，我很困惑。“如果你观察一个单一的因果小块，为什么你还要计算概率呢？”我问。假如你把自己限制在一个时空区域中，所有你想要观察的都在你的因果范围之内，那么你还需要测算什么呢？你不必计算看到某物的概率——只要睁开你的眼睛，环顾四周即可。

布索说，不幸的是事情没有那么简单。在一个被永恒暴胀统治着的宇宙中，由于每个暗能量为正值的真空都不稳定并会衰变，所以因果小块中的物理性质会随着时间发生变化。根据标准模型，我们的宇宙开始于一个假真空——一个暂时稳定的状态，其能量不为最低——然后释放大量能量，在眨眼间以超过光速的速度暴胀，直到达到真正的真空状态。在过去的137亿年里，我们一直生活在那里。但是，我们现在知道了，我们的真空不是真正的真空，或者说，是个略假的真空。我们的真空中有少量但重要的暗能量，而真正的真空中根本没有暗能量。我们的宇宙坐落在一个稳定的平台上，但恰当的量子推动有可能让它倒向边缘，进而冲向谷底，在途中，它会在不同的瞭望点停下来。每停下来一次都会发生大爆炸，每一个平台都是一个宇宙。贯穿宇宙的历史，这种有限却又千变化万的跌落本身就是一种多元宇宙，但这种多元宇宙从未涉及任何超出光锥边缘的东西。

就像放射性原子的衰变一样，一个给定宇宙的真空衰变是随机的，由概率决定。作为一个观察者，你不知道你在哪个宇宙中，所以如果想进行可检验的预测，你就需要通过概率预测最有可能看到的情形。

“你从某个真空开始，计算它的所有衰变概率并综合考虑。”布索说，“你考量的不是整体多元宇宙，而是一个单一因果小块内的真空集合。”如果你想对暗能量值之类的东西进行预测，你不必去看整体多元宇宙中的其他气泡，你只需要考虑你所处的宇宙视界内的可能的历史。布索将这一结果命名为因果小块测度。

这似乎是一个不错的计划：用奥卡姆剃刀剔除你视界之外的一切，让时空有限，并且生成基于真空衰变历史的概率测度，驾驭多元宇宙的人择力量，而不必面对不可触及的宇宙带来的形而上学的负担。

这样就好多了。

“我本以为我得推翻整体的观点，向全新的方向前进。”他说，“后来我才知道，局域的因果小块测度可以精确地再现你依靠整体光锥测度得到的概率。这对我来说是巨大的震撼。”

整体光锥测度重在“整体”而非“光锥”。它是许多种整体测度中的一种，可以跨越视界进行考量，布索认为，跨越视界进行考量在一定程度上是错的。然而，整体光锥测度具有自己的特点：所得的概率与依靠因果小块测度得到的概率完全相同。

“我没想到这两种测度看起来如此不同，结果却是完全一样的，”布索说，“这让我很惊讶。”

这两种视角——整个多元宇宙的上帝视角和单一观察者的内部视角——是完全等价的。对偶。因此，就算整体的观点存在根本性的缺陷，局域的因果小块测度还是为我们提供了一种能够继续讨论整体视角的途径。谈论一个多元宇宙不需要参考任何超出我们自己的视界的东西。我记在我的笔记本上：两全其美。

“我们一直在思考宇宙学是否正在经历一种转变，”我说，“从宇宙的上帝视角到单一观察者的视角。”

“不是所有人都这样看，”布索说，“不过我认为这是不可避免的。萨斯坎德意识到，在黑洞的背景下，当你考虑视界内外的鸟瞰图时，你会得到错误的结果——你似乎在复制信息并违反量子力学。我认为，不应把这种看法局限于黑洞。这种看法一定会告诉我们一些与事物如何运作有关的深层次信息。”

“但是，你给出了整体视角和局域视角之间的对偶性，”我说，“那岂不是让整体视角又有效了吗？”

“局域视角是更根本的，”布索说，“它也必须是更根本的。我的想法是，以某种方式用这些局域小块建立一个整体多元宇宙。”

我点点头。也许终究是有希望的。也许你可以把多个作者拼凑在一起，虽然我不知道写出的书会是什么样子。每章会有不同的作者吗？

“你会认为实在的起点在我们的宇宙视界之外吗？”我问，这呼应了萨斯坎德最深刻的宇宙学问题。

“我想说，发生在那里的事情和发生在这里的事情略有不同，但我不会同时谈论它们。因此，这取决于你希望事情有多么‘实在’。”布索笑着说，“我相信，描述宇宙学最根本的办法是将其限制在一个因果小块内。”

“我们正试图找出终极实在的可能成分，”我说，“而且显然，在寻找它们时，我们需要量子引力。它们会是什么呢？弦算吗？”

我对这个问题的答案很清楚，因为AdS/CFT已经把弦踢出了IHOP列表，认为弦只是普通粒子的全息投影，并不比其他东西更“实在”。不过，布索是弦理论物理学家，所以我觉得我得问问。

“这是个大问题”，布索说，“建立弦理论的方式与在通常情况下建立物理学新理论的方式不同。在通常情况下，你会有一些关于原理和基本成分的想法，然后建立理论。而我们只是偶然发现了弦理论，我们通过数学的一致性不断发现新的成分。这样做的结果是，我们不知道哪些成分是根本的。在某一种设定中，你可能会认为弦是根本成分；而在另一种设定中，你可能会认为D膜是根本成分。目前还不清楚这个问题是否有确定的答案。”

我快速地在我的笔记本上写下：D膜？

如果弦和粒子只不过是同一事物的两面，我在想，那么这个事物是什么？作为本体论的结构实在论者，我觉得这个事物一定是全息原理本身。但是，这说明什么呢？如果是全息原理，那么为什么是全息原理？

“全息原理是量子引力的关键线索吗？”我问。

“它给出了几何和信息之间的普遍关系，但是我们并不理解其中的根源，”布索说，“我们可以说这种关系是什么，我们可以观察大自然，并不断地验证这确实是正确的，但这有点像阴谋。一定有一个更深层的原因。我们认为这个原因与量子引力有关，或者更精确地说，与物质和量子引力的统一理论有关。在这种关系中，一边是几何，即时空的表面积，当然，时空是引力时空；在另一边，你有能够填入相邻时空区域的信息，并且信息实际上就是量子态的数量。所以，你一方面有引力，另一方面还有相关的量子理论。这种关系如此普遍，一定有一个简单的理由。这就像，为什么物体会以相同的速度下落？人们希望，全息原理可以起到与等效原理引导爱因斯坦发现广义相对论相似的作用。”

“当你用一种整体的上帝视角观察时，你会得到错误的答案，”我说，“这对于实在意味着什么？”

布索想了一会儿。“在某种意义上，它告诉我们，我们所谓的实在，不管最终是什么，可能只是一个近似的概念。假设典型的观察者能够接触有限数量的量子态，那么这意味着你测量任何东西时，精确度是有限的，你描述世界时，准确度是有限的——因为你的过去光锥有一个最大值，这个最大值决定了它能容纳多少信息。很显然，不存在无限敏锐的、能使世界成为某种特定方式的感觉。”

在乘火车回旧金山的路上，我仔细思考着布索的话。局域视角——单一观察者的视角、一个光锥——必须是根本的。如果你想要多元宇宙，你就得试着用局域视角把它拼出来。但归根结底，这是一种幻觉。我们可以正式将多元宇宙从终极实在名单中删除了。

我试着从局域视角想象一个多元宇宙被拼凑出来的样子，但我的大脑无法进行这样的拼凑。我知道它肯定不是宇宙学家们经常展示的、用来对事物进行说明的气泡宇宙之海。我们假设气泡宇宙之海中有明确的、不取决于观察者的存在物。但是在我所设想的多元宇宙中，没有飘浮在不变空间中刻画边缘的实体墙壁，只有观察者视角边界的内部标记。从外部观察多元宇宙就像同时观察每一个可能的视角。

我不禁想起博尔赫斯的《阿莱夫》。在《阿莱夫》中，故事主角发现，一个名叫卡洛斯·阿亨蒂诺·达内里的男人在地下室的楼梯下找到了一个“阿莱夫”。阿莱夫是时空中的一个点，从这个点出发，可以同时沿所有角度看到时空中所有的点。这是上帝视角。

“阿莱夫的直径可能是两厘米或三厘米，但其中包含着不缩小的宇宙空间。[2]”博尔赫斯写道。

所有东西（比如说，镜子的表面）都是无限的，因为我可以从宇宙中的每个点清楚地看到一切。我看到茫茫人海，看到日出日落，看到美洲的人群，看到黑色金字塔中心处的银色蜘蛛网，看到一个破败的迷宫（这是伦敦），看到无尽的眼神，一切都近在眼前，在我眼中研究它们，就如同在镜中……看到我循环着的暗红色血液，看到爱的苦恼和源泉以及死亡，同时从不同地方看到阿莱夫，看到阿莱夫中的地球，看到我的脸和我的内脏，看到你的脸，我感到头晕目眩，我哭了，因为我看到了那个秘密的、假想的东西，它的名字已经被人侵占，但从未有人真正关注过它：这不可思议的宇宙。

萨斯坎德提出在帕洛阿尔托的一个小咖啡馆与我们见面。我和老爸早早赶到，在店外露台角落里的桌子边坐下。不久，萨斯坎德悠闲而又潇洒地从街上走来。

他热情地跟我打招呼，然后我把他介绍给我老爸。当他们俩握手时，我突然看到了平时很少见的一幕：我老爸很紧张。

我们让我老爸占着桌子，我和萨斯坎德去买喝的。当我们端着咖啡和茶回到桌边时，我看了看老爸，我知道他在想什么：我的天，伦尼·萨斯坎德在为我端咖啡。

我们放下手中的饮品，桌子有点摇摇晃晃。“每当我和另一位物理学家遇到摇晃的桌子时，就总想找出桌子的力学规律，”萨斯坎德说，“但是谁都没思路！”

“也许你需要十一维？”我提出，我为自己愚蠢的笑话感到沮丧。

“好吧，不过在一维世界中，这根本不会成为问题，不是吗？”萨斯坎德说，“维度越多越糟糕。”他笑了起来，“这是我能想到的好点子。”

“宇宙学似乎正在发生巨大的变化，”我说，谈话立刻变得严肃了，“甚至是一种范式的转变，从上帝视角到单一观察者视角的转变。你觉得会发生这样的变化吗？”

“对，我觉得会，”萨斯坎德说，“我认为这个思想正在起步。不过与此同时，整体视角有时候也很有用。每当我们援引人择推理类的说法时，我们都认为实在在某种程度上出自视界之外。而在另一方面，我们不必援引任何视界之外的东西就能得出观察和实验的完整理论。所以这是一种对峙，一种真正的对峙。我觉得这种对峙将会到达极致。我希望，当对峙到达极致的时候，我们能发现局域与整体之间更清晰的关系图像——我为此思考了很多年。”

我知道，在他的工作中，这种对峙愈演愈烈。一方面，萨斯坎德曾在圣巴巴拉提出，他坚定地相信人择原理的力量，相信弦景观迷人的汇聚可能带来的力量，以及永恒暴胀产生的无穷大的气泡宇宙的力量。另一方面，他的视界互补性又使宇宙学不得不抛弃非物理的上帝视角，并且按照单一观察者的所见来描述宇宙。

“我们一直在思考实在本质，”我说，“我们把真实的定义为不变的，但是当我们审视心目中的实在成分时，我们不断发现没有什么是不变的。那么，最终什么是真实的呢？”

萨斯坎德摇了摇头。“我只能猜测会出现巨大的惊喜，一切都将被颠覆。”

“你认为弦理论会给出答案吗？”老爸问。

“不，我觉得不会，”萨斯坎德说，“弦理论是一栋令人难以置信的大厦，具有惊人的内部一致性，它确实在一定程度上涵盖了量子力学和引力，但它并不描述宇宙。除了空的空间，它不对任何已知的宇宙学内容进行描述。”

萨斯坎德所说的“空的空间”指的是深处不存在暗能量的空间——没有事件视界的空间。弦被S矩阵描述，我们通过S矩阵计算出给定条件下弦相互作用的概率，忽略过程中所有的复杂垃圾。在这样的空间中，弦的确是有意义的。但正如霍金所说，“我们本身就处在实验中”，我们不知道也无法测量什么来了，什么去了，我们能知道的全都在中间。在这里，S矩阵是无用的——所以弦也无用。

我突然想到这是为什么：这是因为S矩阵失去了它的不变性。我们可以从无数个角度观察宇宙之中的弦的相互作用，从时空的不同方向观察，从处于不同运动状态的参考系观察。对于一个观察者来说，以特定频率振动的弦产生与其相关的粒子；而在另一个观察者看来，则是以另一个频率振动的弦，产生另一种粒子。正如爱因斯坦强调的，观察者们意见不一，但没有哪个观察者的视角更有效。

这使我想起了粒子的旋向性。要使一个粒子的旋向性对于所有观察者来说都一致，这个粒子必须以光速运动，这样才不会有观察者追上它，看到它的其他自旋方式。同理，通过定义无穷远处的弦，S矩阵可以确保每个观察者以相同的方式看到这些弦。在没有暗能量的宇宙中，每个观察者的光锥都随着时间无限延伸，增大到足以覆盖整个宇宙的程度，并与其他观察者的光锥完全重合，因此，所有观察者共享一个单一的参考系。弦独立于观察者。它们是真实的。

但是在具有暗能量的宇宙中——比如我们的宇宙——谁都无法触及无穷远，我们在取决于观察者的视界后面。在我们的德西特宇宙中，我们都是斯困掳，处在不断加速、不断趋于空的空间中，我们每个人都被自己的视界所包围，注定永远具有区域性和有限性。不论经过多么漫长的等待，我们的光锥都不会完全重合。任意两个观察者都将看到不同的宇宙。在德西特空间中，不可能有任何不变性。S矩阵并不代表什么，弦理论也一样。

“在德西特空间中，宇宙学还有什么希望吗？”我问。

“据我所知有三个想法。”萨斯坎德说。

他解释说，第一个想法是审视我们的宇宙在无穷远处的边界，并找到能将我们的高维德西特空间编码为全息图的场论。如果可行，我们就有了dS/CFT。

但是萨斯坎德并不认为这是个好主意。“这有可能是错的，因为用的是整体视角。”他说。这包括每一个观察者的光锥——赛福安的、斯困掳的，以及无数其他观察者的。

在无穷远处拥有全息图并没有什么帮助，它能描述谁的世界呢？没有任何观察者可以触及整个空间，只有上帝视角才会使全息图有意义，全息图必须同时描述被事件视界分割开来的无限区域的内部和外部。根据视界互补性，全息图没有任何意义——它会高估大象的数量，违反起初将世界全息化的量子力学定律。“我们从视界互补性中了解到，量子力学只能用于单一因果小块。”萨斯坎德说。

关于dS/CFT，我们就谈到这里。

“第二个想法是，”萨斯坎德说，“在德西特空间中的单一因果小块中表达物理学。”

这比较能说得通，只需要将全息图放在单一观察者小块的事件视界上。如果我们每个人都永久地被视界困住，那么何不利用视界，找到那里的对偶物理学呢？当然，视界是取决于观察者的，这会使宇宙全息图也取决于观察者，也会使宇宙取决于观察者。

“但这多半不对，”萨斯坎德说，“因为德西特空间会衰变。”

正如布索曾解释的，在一个永恒暴胀占主导的宇宙中，所有具有正宇宙常数的真空都不稳定，都必然会衰变。我们的真空，具有微量暗能量，是一种暂时稳定的假真空——“暂时”也许意味着一百多亿年之久——最终将下降到较低的能量状态。这种过程以前已经发生过，被称为宇宙大爆炸。

“据我们对永恒暴胀的理解，”萨斯坎德说，“演化无论依何种轨迹进行，其终点都是一个开放的FRW宇宙。”当我们的空间衰变时，它会下降到一个宇宙常数更小的状态；接着，真空很可能会衰变到更低的能量状态，从弦理论的景观山上滚滚而下，直到触底，达到零宇宙常数的状态。此时的空间是普通的、膨胀着的平直空间，也被称为弗里德曼-罗伯逊-沃克（Friedmann-Robertson-Walker）空间，或FRW空间。

“目前还不清楚这种想法有没有帮助，”萨斯坎德说，“但可能会有帮助。”

好吧，的确如此，我想。要获得不变的S矩阵，要理解弦理论，你正好需要一个普通的、膨胀着的平直空间。实在存在于那里，因为所有的观察者可以看到完全相同的事情。“它有帮助，是因为观察者不再停留在有限的小块中？”我试探地问。

他点点头。“一个开放的FRW宇宙中有无限多粒子，后期观察者可以回顾过去，并且随着时间的推移，看到宇宙中越来越多的部分。最终，他可以看到宇宙中任意大的部分。虽然总会有更多的部分在可见范围之外，永远无法看到全部，但取其中的任何部分，你最终都会看到它。我们并不会面临在德西特空间中面临的问题。”

这为萨斯坎德处理宇宙学问题带来了第三个想法。“这一想法就是利用后期观察者的视角，”他说，“后期观察者住在FRW空间中，我称他为普查员。”他解释说，我们的计划是要在平直空间的普查员小块和小块二维边界上的量子共形场论之间构建全息对偶：FRW/CFT。

我理解这一诉求。FRW/CFT为不变性留下了空间，所以它不仅使宇宙学家们挽救了弦理论，还使他们挽救了实在。与此同时，它把理论限制在单一观察者的因果小块中，由此满足视界互补性的需要，并且不会对物理学造成任何破坏。永恒暴胀和弦景观可以发挥作用，暗能量值或者任何其他需要解释的东西可以拥有人择解释。

不过，在平直空间中满足视界互补性的要求微不足道。在平直空间中，因果小块没有什么意义，因为最终——或者说，在无限时间的尽头——所有观察者共享同一个小块。此时，你就可以把它称为宇宙。当然，FRW/CFT遵从全息原理，不过这得有多难？观察者的观察范围变得无穷大，在平直空间中遵循全息原理就像要求一个驾驶员以无穷大的速度行驶。

而且，我不知道普查员的宇宙观在此时此地对我们有什么帮助。我们想要解释的不是自己的宇宙吗？如果我们的德西特空间在几十亿年后衰变为一个平直空间又怎样？这算是一种安慰吗？把FRW宇宙视为我们自己的宇宙的延续是否公允？如果我们的宇宙发生衰变，它会在这个过程中毁灭，就跟任何高于本宇宙的宇宙，都在本宇宙的大爆炸中被摧毁一样。**这个宇宙现在不是真实的，但总有一天它会是真实的。**我不太确定这样是不是就够了。

“也许这些想法中有一个是对的，也许都对，也许都不对。”萨斯坎德说，“在我看来，重要的是要尽可能弄清什么才是正确的问题。我认为，弄清物理学局域视角和整体视角之间的关系是真正的大问题。会有一大堆关于这个问题的废话发表出来，这是显而易见的。但是，这真是一个问题，与视界问题、全息原理有联系……所有这些事情都相互联系，但是它们还没有集中起来，成为单一的、全面的观点。我希望它们能够集中起来。我对宇宙问题念念不忘。但我已经71岁了，我不太可能找到答案了。所以我致力于向人们传播问题，不带任何观点地传播，只传播问题本身。我告诉人们，我觉得我传播的问题很重要。”

他的急切让我想到惠勒。乍看之下，他们有着天壤之别。惠勒是亲切而温柔的，萨斯坎德则是傲慢而强硬的；惠勒天马行空，萨斯坎德谨慎多疑。但是，这两位物理学家都倾向于大胆的想法，都具有跳跃的直觉，都超前于他们的时代。

“我能否再提一个请求？”老爸边把手伸进公文包边说。

哦，天哪，我想。他要做什么？

他掏出萨斯坎德的《全息宇宙》。“你能签个名吗？”

我脸红了，很窘迫。我在这里努力装得很平静、很专业，而他却像个追星族。不过萨斯坎德还是在书上签了名，我笑了。多年前在中餐馆，老爸向我倾诉自己关于“无”、H态和宇宙的想法。如今，16年后，我感到自己终于开始报恩了。

我们看着萨斯坎德走到街上，我问老爸：“当伦尼和我端着饮品回到桌边时，你在想什么？”

他笑了。“我在想，天啊，伦尼·萨斯坎德正在为我端咖啡。”

我所知道的关于公路旅行的一切信息都来自杰克·凯鲁亚克。**奔向前路。所有人都在看不到尽头的路上逐梦。**我们的这次旅行就是这样，只不过没有聪明的旅行家，取而代之的是物理学家；没有廉价的汽车旅馆，取而代之的是万豪酒店；没有路边小饭馆，取而代之的是饮品店和寿司店；没有载着迪安·莫里亚蒂沿着高速公路飞奔的凯迪拉克，取而代之的是租来的丰田车。但最后的目标是相同的。启蒙，或者说是探索实在，随便你怎么称呼它。

我们驱车从旧金山到圣巴巴拉，在路边的一个海滨小镇停下来。老爸和老妈坐在前面，我则无精打采地伸着懒腰，看着身边的世界：远处绿色的丘陵和山脉，棕榈树，一望无际的天空，向地平线延伸的海洋。我希望自己感到惊喜。我希望自己赞叹并敬畏自然之美、地球之威严。敬畏？这难道不是一个人看到这些时应有的感觉吗？但我没有。与我脑海中舞动跳跃的想法相比，我没有发现自然的奇妙雄伟之处。这么多年来，我们一直想揭示窗外的这些事物的本质，但我真正想揭示的是我内心深处的世界。话又说回来，有区别吗？总而言之，没有外部。

也许问题是，我知道窗外的东西——树木、天空、山、海洋——只是宇宙冰山的一角，可以忽略不计。它们都不是终极实在。纳博科夫曾经写道："有少数几个词，不用引号就没有意义，'现实'就是其中之一。"我开始理解他究竟是什么意思。我的手指触着车窗，在窗外的山周围画上引号——"山"。但当我看着它时，我看到自己棕色的眼睛在回望——"我"。

宇宙学的黄金时代非常快地过去了，目前仍不清楚会产生什么新的理论。我理解萨斯坎德的FRW/CFT的吸引人之处，但这需要德西特空间衰变，而控制德西特空间衰变的是永恒暴胀。谈到永恒暴胀，我们不能不把超越我们宇宙视界的宇宙描述为同一连贯实在的组成部分。在我看来，永恒暴胀带着固有的上帝视角，从一开始就是非实在的和不连贯的——那么为什么还找它帮忙呢？

当然，找它帮忙会把不变性带回S矩阵，并使弦理论重新变得可行。但有那么容易吗？我用手机上网搜索，找到了一篇布索的论文，《宇宙学和S矩阵》。我坐在车的后排，读了这篇论文。我越发不相信在平直宇宙的无限边界上有个像普查员那样的观察者就足以使S矩阵从一开始就有意义，就是实体，就具有实在性。因为谈及S矩阵，关键之处并不是你要站到足够远的宇宙角落里回望，而是你必须站在系统之外。

正如霍金说的那样，S矩阵被用于描述实验室里的事时充满了魅力，因为作为观察者，我们完全可以站在被观察的系统之外。站在惠勒的玻璃窗后面，我们可以看到什么进去了，什么出来了，我们自己的存在与之完全无关。但是，涉及宇宙学时，没有窗户。当系统是宇宙时，没有外部。“宇宙学和S矩阵之间的区别在于，”布索说，“在S矩阵中，我们从外向里看，而在宇宙学中，我们从里向外看。[3]”罗素的理发师悖论遇上了视界互补性：当你试图从外部进行观察，又想得到内部观察结果时，事情会出现可怕的谬误。你无法同时在里面和外面。要么你在宇宙之内，要么你有S矩阵。别无选择。

对于普查员，我觉得你可以让他处在任意远处，但在任何时候，他都在宇宙内。他可以在他的因果小块中获得几乎无限的信息，但他无法获得全部信息。原因很简单，但又无法回避：他无法测量自己。

布索在论文中指出，自我测量是不可能的，对德西特空间来说是这样，对其他空间来说也是这样，包括FRW空间。

“这其实只是一个普遍问题的糟糕版本，当封闭系统中的一部分试图测量另一部分时，就会出现这种情况。”他写道，“这种情况独立于因果限制，对宇宙整体进行任何测量，都会遇到这种情况。显然，如果某设备试图建立某个系统的量子态，那么该设备的自由度不得低于该系统的自由度。[4]”他总结说：“在现实中，宇宙学不允许整体观测与S矩阵产生联系。”

即便是普查员也会遇到不可逾越的极限，他的光锥可能会变得很大，足以吞没整个宇宙，但永远不会吞没他自己。在一个单一的参考系内，他永远不可能既是主体也是客体。只要他试图描述他所在的宇宙的物理性质，他的描述都将因病态的自我指称和哥德尔不确定性而失效。惠勒认为哥德尔不确定性中蕴含着解决终极实在问题的办法。**总是有这样的“不确定性”。总是…… 无法从内部确定命题真假。**

如果自我指称在FRW宇宙中也会破坏不变性，那么我觉得就没有什么是实在的了。令人困惑的“合著结构”在任何宇宙中都同样令人困惑。即便老爸和我等数十亿年，在真空的末日衰变中幸存下来，进入一个低能量的宇宙——再过数十亿年，这个宇宙的能量也会骤然下降——经历一次又一次大爆炸，直到最后跌到结结实实的基态上，获得近乎一致的光锥，布罗克曼和马特森仍有权利拒绝接受我们的方案。“合著”与其他事一样，是一种幻觉。

我觉得至少这是一种好的幻觉。我们开着车奔驰在高速公路上，兴奋地聊着物理学和我们刚刚的经历。当我们不讨论终极实在的本质时，我老爸会大声地放音乐——电台司令的、贝克的、鲍勃·迪伦的、罗茨的——老妈在她的座位上手舞足蹈，打响指，上下摆动她的肩膀，还自编歌词引吭高歌。我估计车外的人往里看时会觉得这是一次古怪的家庭度假：我们驱车沿着加州海岸行驶，一路上讨论着弦理论的状态、全息原理的含义，以及遇到的物理学家。但在我的内心深处，只有家。

卡夫利理论物理研究所坐落在圣巴巴拉，约瑟夫·波钦斯基的办公室比戴维·格罗斯的办公室小，不过很温馨。

“景色不错啊。”我老爸指着窗外的太平洋开玩笑说。

波钦斯基笑了。“有时候，我工作时还能看到海豚游泳。”

“我知道的！”我喃喃自语。

他转身对我说：“你来过这里？”

我点点头。“几年前，我为戴维·格罗斯和伦尼·萨斯坎德安排过一场辩论。”

波钦斯基眼睛一亮。“是你啊？我听说过！”

他在办公桌旁的椅子上坐了下来，我和老爸则坐在沙发上，面对着一块写满方程的黑板。波钦斯基似乎有点矜持，但又体贴而和善。

布索曾说，在某些情况下，你可以把D膜视为终极实在的基本成分，而波钦斯基正是首先发现D膜的人。如果我们想更多地了解D膜，我们已经来对了地方。

“你能不能告诉我们D膜是什么？”我问。

波钦斯基说，要了解D膜，你得从弦理论开始。到20世纪90年代，物理学家们在十维空间中发现了五个——而不是一个——一致的弦理论。物理学家们突发奇想地叫它们I型、IIA型、IIB型、SO(32)，以及$E_8 \times E_8$。没有人希望有五个万有理论。毕竟，如果只有一个正确的答案，而你发现了它，你就大功告成了。但如果有五个可能的答案，那么你仍然有很多工作还没完成，你得找出哪一个是正确的。

波钦斯基提醒我们，弦，可以像鞋带那样是敞开的；或像橡皮筋那样是闭合的。这五个弦理论中，有的只有闭弦，有的则既有开弦也有闭弦。事实上，如果一个理论包含开弦，它就肯定有闭弦，因为两个开弦总是可以合起来形成一个环，但是反过来则不成立。考虑到引力子是闭弦，这是一个很好的规则。如果你的弦理论中只有开弦，它就没法包含引力——引力是整件事的关键。

“在早期，我将大部分精力放在对闭弦的研究上，”波钦斯基说，“因为它们似乎在一个统一的理论中完整地描述了你需要什么。”波钦斯基解释说，闭弦有一个显著的特征——T对偶。

T对偶背后的思想是这样的：闭弦从两种途径获取能量——振动和绕数。弦可以缠绕在微小的、卷曲向上的、压缩的空间维度上，每多绕一圈，它的能量就大一点。绕数就是这样起作用的。绕数是一种势能，就像捕鼠器上紧绷的弹簧。振动能是动能。

当你改变压缩维度的尺寸时，弦的振动能和绕能会竞争。维度的半径越大，弦拉伸的程度就越明显，绕能就越大；维度越小，弦的位置就越局域化，根据量子不确定性，这意味着动量会更不稳定，因而振动能更大。但是，物理学并不关心能量的两种形式有什么区别——唯一的可观测量是弦的总能量。只要总能量相等，没有实验乃至理论能将振动能高、绕能低的弦和振动能低、绕能高的弦区分开来。这意味着，实验乃至理论，都无法区分半径为R的空间和半径为1/R的空间。想想看，多么疯狂。

尺寸不是不变的！我写在我的笔记本上。**从一个角度看上去很大的东西，从另一个角度看很小。**

这是一个令人吃惊的想法。原本你认为尺寸很重要——我得向我哲学课上的那个女生道歉——像天体那么大的东西的物理性质和像亚原子粒子那么小的东西的物理性质是不一样的。但事实并非如此。

我潦草地写道：**想想这对大爆炸意味着什么，把宇宙半径收**

缩到足够小，最终它看起来又变大了。反弹，而不是爆炸。

“弦具有一种天然的振动尺寸，你可以想象取某个空间，然后让它越来越小。”波钦斯基说，“现在的问题是，当空间越来越小，小到比弦还小时会发生什么？T对偶表明，如果你把一条弦放在一个盒子里，让盒子越来越小，你会发现一件引人注目的事：当盒子变得比弦还小时，会有另外一种途径让你看到盒子又变大了。一个新的时空出现了。所以我们称之为：突现时空。时空并不是根本的。最终图像中的时空以某种方式从空间的弦中浮现，并非初始时空，但你无法区分它们，因此没有哪个时空比另一个时空更根本。它们都是突现的。”

“所以它们并不是两个不同的时空，你可以把它们看成两种视角下的同一时空？”我问。

“没错，”他点点头，“用两种方式来看它。这是一种对偶。”

基于点粒子的世界与基于弦的世界之间存在着根本区别。粒子不具有绕能，因为无量纲的点无法成圈。根据粒子的标准，大就是大，小就是小。但是从弦的角度出发考量几何，事情会变得不一样。点粒子是真正的一维弦的想法不仅改变了物质的本质，也改变了时空的本质。

波钦斯基继续说，物理学家们已经在闭弦理论中对T对偶进行了研究，但是还没有人涉及开弦。“我有研究生，”他说，“研究生要找课题做。所以我说，为什么不试试开弦，看看会发生什么。学生无法自己解决问题，但我们一起解决了问题。我们发现情况是一样的：盒子变得越来越小，经过某点后，盒子变得越来越大。但有趣的是，当盒子变大时，它不是空的。有东西在里面。一个子流形。一张膜。”

与闭弦不同，开弦没有绕数。即便它们缠绕着压缩维度，它们的端点仍然可以自由移动，所以它们不会处于紧绷状态。事实上，它们的端点必须能自由移动。为了保持时空的庞加莱不变性——为了避免选择从优参考系及违反相对论——必须允许弦的端点自由移动，这是著名的诺伊曼边界条件中的民主原则。

没有绕数，开弦只有振动形式的能量。也就是说，如果你将一个压缩维度的尺寸减小到零，它不会反弹，也不会变大。它一闪而过，将开弦留在降维的时空中。

这听起来没什么问题，直到你记起，任何与开弦有关的理论都不可避免地包含闭弦。在包含闭弦的情况下，事情变得有点怪异。

将维度的尺寸压缩到零，只要涉及闭弦，该尺寸就会再次变大，保持初始时空的全部维度。同时，从开弦的角度来看，时空失去一个维度。

一个单一的时空怎么可能对闭弦来说有九个空间维度，对开弦来说却只有八个空间维度？其实，这个问题相当微妙，因为说到物理性质，开弦与闭弦只在端点问题上有所不同。所以真正的问题是，一个单一的时空怎么可能对闭弦和开弦来说具有九个空间维度，但对开弦的端点来说只有八个空间维度。

值得注意的是，波钦斯基和他的研究生解决了这个难题：当被压缩的维度由小变大时，自由移动的开弦突然发现自己的端点被固定在九维空间中的八维子流形上。这样一来，端点感受到八个维度，而开弦剩下的部分和闭弦将共享全部九维。换句话说，当新的时空从压缩维度中出现时，开弦的边界条件发生了变化。

诺伊曼边界条件变成狄利克雷边界条件，弦不会在任意时空点自由结束，弦被固定住了。

故事还没完，因为诺伊曼边界条件要保持时空的庞加莱对称性。狄利克雷边界条件会违反相对论——对各参考系的态度不同，会在空间中选择优先表面。你可能会觉得这个办法被枪毙了。如果抛弃相对论，那么试图为开弦保持时空完整性是没有意义的。

不过波钦斯基又找到了解决方案：把固定着弦的端点的空间子流形当作一个动态物体，一个可以**移动**的物体。

如果空间表面可以载着开弦的端点在九维空间里自由移动，那么参考系的民主性保持不变，庞加莱对称性恢复，开弦保持T对偶，开弦和闭弦可以在同一个宇宙中愉快地共存。

这是一个相当惊人的创造性飞跃。有这么一种东西，从一个角度看像是空的空间，从另一个角度看像是一个**物体**，这就好像你看两张脸的侧影，然后突然发现，两张脸间空白的地方实际上是一个物体，一个花瓶。量子引力的整个目标是将时空与它所包含的东西统一起来，所以刚才说的那种东西非常重要。它是一种在狄利克雷边界条件下诞生的膜，波钦斯基称之为D膜。

"D膜是一种独立的物体，"波钦斯基告诉我们，"它可以移动，振荡，断裂。这完全出乎意料。"而且，它不非得是八维的。它可以有任意维度。

你也可以把几个D膜叠在一起。"当你把大量D膜摞在一起时，"波钦斯基说，"它们会令空间扭曲，最终形成黑膜——在更多的维度上扩展的黑洞。"

事实上，正是通过转换视角，马尔德西纳最早发现了AdS/

CFT。这一概念捕捉了弦、粒子以及维度之间的不变性的蛛丝马迹，恰好说明了全息原理是如何工作的。

“马尔德西纳的对偶性表明，我们熟知的规范场论和我们还不太理解的弦理论，其实是同一个理论，”波钦斯基说，“这是极其惊人的。关于引力，这是我们所知道的最深层的东西了。”

关于引力，这是我们所知道的最深层的东西了，我潦草地记下，引力像全息投影一样出现。引力是一种错觉。引力不是真实的。

“这是不是说量子物理和时空是同一事物的两面？”我问。

“这两者之间有一种对峙关系，全息术的出现意味着量子力学赢了，”他说，“量子框架保持不变。时空的性质改变了。”

“它不再是不变的？”

“是的，”波钦斯基说，“时空不再是根本的。”

波钦斯基发现了D膜，这不仅导致AdS/CFT，也带来了所谓的第二次超弦革命。第一次革命发生在施瓦茨和格林发现弦理论是一种量子引力理论的时候，这是一次巨大的跨越——直到他们发现自己被五个量子引力理论所累，需要一次新的革命。

第二次革命在1995年拉开序幕，当时埃德·威滕认为，五个弦理论可能是一个单一理论的不同方面，他称这一理论为M理论，但直到波钦斯基发现D膜，威滕才证明了自己的想法。

有了D膜，威滕就能证明，五个弦理论只是一个单一理论——M理论——的不同形式。实际上，为了使M理论成立，他还必须在这一理论之中加入另外一个理论，只不过并不是弦理论。这个理论叫做超引力理论。

当你把超对称变成一种局域对称，而不是整体对称的时候，你得到超引力理论。我已经知道该理论如何与规范对称性一起发挥作用：从一个稍微不同的角度观察波函数，你就改变了它的相位，但由于光速是有限的，你无法改变整个波函数在整个空间中的相位。你只能在一个局部区域改变它的相位。这造成了一种我们称之为力的相位偏差。

超对称是一种对称性，它允许你以交换费米子和玻色子的方式转换视角，但光速再次立即禁止你在整个空间中这样做。这意味着，虽然费米子和玻色子在你的参考系内被交换，但它们可能在另一个参考系内不会被交换——这又是一个需要力来弥补的偏差。什么力能够修复超对称呢？有意思的是，正是引力。只是，在这种情况下，引力子需要有自己的超对称配偶子，即引力微子。引力和引力微子一起构成一种新的力：超引力。

就像引力可以解释加速观察者和惯性观察者之间的失配一样——**将曲线变成直线，你必须让纸弯曲**——超引力可以解释这样的现象：对一个观察者来说是费米子，而对另一个观察者来说却是玻色子。

运用波钦斯基的D膜，威滕终于可以证明，五个十维弦理论加上十一维超引力理论是统一的M理论的不同方面，它们通过T对偶、S对偶这样的对偶性联系在一起，这些对偶性将一个弦理论中的高能量映射到另一个弦理论中的低能量上。这意味着，你可以利用对偶性，从六个理论中的任何一个开始，找到通往其他理论的路。如果你从十一维超引力出发，将一个维度压缩成一个圈，你会得到IIA型弦理论；将这个维度压缩成线段，你会得到SO（32）；调高SO（32）的能量，你会发现自己处在I型弦理论的低能区域中；把T对偶用于SO（32），你就得到$E_8 \times E_8$；调高

$E_8 \times E_8$的能量，时空中出现一个额外维度，那么你将回到十一维超引力那里。

很明显，D膜是强有力的东西。但是，D膜最终为真吗？我有我的疑问。D膜由时空组成，而波钦斯基曾表示，时空不具有根本性。

“D膜具有根本性吗？”我问。

“D膜仍然不是最终答案，”他说，“但在某些方面，它们比弦更接近最终答案。弦是错误的起点。全息原理更接近正确的起点。弦理论……”他停顿了一下，“我不想说它已经枯萎了，但……”

我笑了。“它枯萎了？”

“你有黑洞，你有夸克-胶子等离子体，你可以任选其中一个以了解另一个，”波钦斯基说，“你不必提弦。弦不在对偶的任何一边，但弦提供了一种逻辑关系，能将一方转换成另一方。弦只是一种经典极限。我们要找的是万有理论。”

“M理论？”我问。

“正确。”

“所以，‘世界由弦组成’的想法是不正确的。”

“没错。”

我意识到，不论说世界由什么组成，看起来都不对。在五个弦理论中，被认为是实在的最基本组成部分的基本弦创造了不同的粒子。你可能觉得这足以表明这五个理论有所不同，但事实并不如此。如果你把每个弦理论的基本粒子和复合粒子——由多条弦组成的粒子——列出来，列表看起来会完全一样。一种东西在一个理论中是基本的，到了另一个理论中却是复合的——

不过，由于存在对偶性，五个理论都是正确的。

这是对还原论者的一次沉重打击，几个世纪以来，科学家们认为他们能找到最小物体，其他一切物体都由最小物体组成，科学家们认为他们了解世界的运作方式。这也打击了正开着车沿着加利福尼亚的海岸寻找终极实在的我和老爸。弦理论说得很清楚：没有基本成分，所谓的基本成分是视角的产物。

“在马尔德西纳的对偶性中，弦以胶子的组合状态出现。”波钦斯基说，“在与M理论近似的矩阵理论中，有可以重建十一维时空的巨大矩阵，但没有弦。弦理论是获得全息原理的一种方式。全息原理才是基本的。”

“但是，M理论必须有某种本体，对吗？”我问，“你能猜出那可能是什么吗？弦、膜、粒子？或者某种全新的物体？空间？时间？”

“我无法猜测。”波钦斯基说，“我们知道很多关于极限的事，这很了不起，但我们却不知道它们是何物的极限！全息术显然是答案的一部分。局域物体是动态的，基本变量很可能是非局域的。”

有没有可能根本就没有本体呢？我想知道。有没有“无”构成的理论？话又说回来，必须有一种万有理论吗？

“弦理论让我们了解了全息原理，了解了AdS/CFT，”我说，“我们怎样才能把它用于我们的德西特宇宙？”

“反德西特空间是一种非常特殊的空间，”他说，“就像把引力放在一个盒子里。但很多人一直在想，我们并没有生活在一个盒子里，我们的宇宙没有围墙。所以这才是需要思考的问题。”

我想，我们并没有生活在一个盒子里，我们生活在一个圆锥体里。我还是不明白，我们为什么不屈服于永恒暴胀的不连贯性；在不再衰变的德西特空间中，我们为什么不在每个观察者的边界上贴上宇宙全息图。当然，我们会失去最后的不变性，但我们没有开玩笑。我们不是已经走到这一步了吗？

“那么取决于观察者的德西特视界呢？”我试探性地问。

波钦斯基想了想。“你跟汤姆·班克斯（Tom Banks）聊过吗？他有一个相当不同的看法，我觉得他更重视你刚刚提到的问题。在某种程度上，每个观察者都应该有自己的全息术。”

碰巧，汤姆·班克斯正在去圣巴巴拉的途中。

13.

打破玻璃

电话铃声把我从熟睡中惊醒。

“你老爸的肾结石发作了。”这是我老妈从隔壁房间打来的电话。

“糟糕！”我赶紧让自己清醒起来，“他没事吧？”

“不知道呢。我们可能得去医院。你把车留给我们以防万一。你坐出租车去学校吧。”

我穿上鞋，跑到他们的房间。我老爸躺在床上，痛苦地蜷着身子，不断地呻吟。这已经不是第一次了，我知道疼过之后他最终会没事。他仍然是医生，是我们生病时要找的人。看到他生病的样子就像看到内外颠倒的世界。

“我不非得去学校，”我跟老爸说，“我会取消行程留在这儿。”

老爸捂着肚子缩成一团。“你……应该……去，”他结结巴巴地、痛苦地说出这些话，“打……败……物理学。”

“去吧，”老妈也很肯定地说，“这里没有什么需要你做的。

如果有什么变化，我会打电话给你。”

我不知道坐出租车去卡夫利理论物理研究所需要多长时间，所以我赶紧叫了一辆车。车很快就来了，结果我早到了四十五分钟。我在公共休息室里等班克斯。

这地方空荡荡的，只有一位男士正在自己倒咖啡。会是班克斯吗？我几周前在网上看过他的照片，可是我从来记不住别人的面孔。我送上一个大大的微笑，并向他打招呼，心想，如果他是班克斯，他会有相应的反应。那位男士看着我，微微点头，然后继续倒咖啡。这不是等着接受采访的人应有的反应。我坐在沙发上继续等待。

那位男士端着他的咖啡向外走去，在我身后的院子里的一张桌子前坐下，也许就是十步之遥。我继续耐心地等待着。

能跟班克斯聊天我很兴奋。我对他的工作不太了解，但我知道，他和他的合作者威利·菲施勒（Willy Fischler）提出了一个关于全息时空的理论——波钦斯基认为这个理论比我们之前遇到的其他理论更加取决于观察者，这个理论将我们当前的德西特状况包含在内，我们不必等待数十亿年，盼着跃迁到平直的FRW空间。话又说回来，萨斯坎德曾表示，在德西特空间中的单一观察者区域中给出物理学公式“多半不对，因为德西特空间会衰变”。我很好奇，想知道班克斯对此有什么看法。

等待的时间越长，我越发怀疑那位喝咖啡的男士就是班克斯——只是现在说什么都晚了，情况已经尴尬得不能再尴尬了。

我就这样坐在那里，他也就这样坐在那里。三十分钟。

最后，我决定给他发电子邮件，告诉他我很早就到了，就在公共休息室里等他。他回复了我的电子邮件。我能听到他打字的声音。**嗨，阿曼达，我在院子里。**

带着尴尬的笑容，我到院子里与班克斯见面。我觉得自己像个白痴。我来到他的桌子前，跟他握手，为之前的误会道歉，并跟他解释为什么我老爸没法一起来。班克斯点了点头。他安静而内敛，但谈起物理学，他的言行举止变得友好和活泼。

我想我得单刀直入，问出百万美元级的问题："我们怎样才能把全息原理用于我们的德西特宇宙？"

班克斯说："不管你活多久，你都只能进入德西特空间的一个有限区域。你的视界永远是一个有限区域。在广义相对论的传统时空图像中，你会认为，在我们看不到的地方，在我们的视界之外，有更多的宇宙。但全息原理告诉我们：不对，在与我们有因果联系的事物中，有一种完全的、以万物为对象的、超越视界的描述。每个观察者的宇宙，每个观察者的因果钻石，都是有限但完全的。"

萨斯坎德一直犹豫是否要把互补性用于德西特视界，而班克斯对此却毫不犹豫。"上述想法遵循黑洞互补性，其结论合乎逻辑。"他说。信息永远不会离开观察者的光锥，信息堆积在视界上，被霍金辐射扰乱、焚烧。

因果钻石因观察者的过去光锥和未来光锥交叉而形成，是可以与观察者相互作用的时空区域的总和，是完全但有限的宇宙。

我已经了解了有限宇宙的问题所在：没有足够的空间容纳不变性。S矩阵的不变性定义、粒子和弦的不变性定义都需要一种能扩展至无限远的无限边界。有限边界无法切割无限边界。正如我在很久以前了解到的，粒子——以及弦——是庞加莱对称性的不可约表示。但视界打破了庞加莱对称性。正是这一事实造就了霍金辐射、全息原理，以及视界互补性。在一个有视界的世界之中，观察者们对于什么是粒子，什么是空的空间的看法无法达成一致。更重要的是，没有谁更正确。在我们这样的德西特宇宙中，既便是最稳定的实在基石也取决于观察者。

“那么S矩阵呢？”我问，“你是不是需要一个无穷大的区域以获得某种不变性？”

“你说得对，”班克斯说，“如果因果钻石是无限的，那么所有观察者都会意见一致，并且在渐近平直空间中会有像S矩阵那样的具有规范不变性的可观测量。但在德西特空间中这永远不会发生……萨斯坎德等人想在宇宙常数为零的前提下，或者说，在近似于超对称的FRW宇宙中定义某种可观测量。他们希望德西特宇宙不稳定并能衰变为FRW宇宙。”

“你觉得会这样吗？”

“不，”班克斯说，“这种想法基于永恒暴胀和弦景观，而我认为这些都是错的。”他解释说，它们是错的，其中一个原因是它们依赖这样的概念：时空会经历量子涨落。

“难道不会？”我问道，有点震惊。

“在时空的全息图中不会。”他说。

班克斯解释说，因为有全息原理，所以给时空的所有属性编码，用量子力学的语言表达它们是可能的。这当然是终极目标。量子引力。

时空的属性分为两类：因果结构和尺度。因果结构即光锥的位置，告诉你哪些点可以互相沟通，哪些点不能。尺度则告诉你物体有多大。

我很惊讶地听到，因果结构可以被编码为量子语言。鉴于相对论和量子力学之间的概念性鸿沟，你会觉得光锥与量子之间毫无关系。

班克斯解释说，关键是对易性。

关于对易性，我知道一点。例如，我知道，某些成对的量——某些“算符”——不能在同一时间被精确测量。其中一对是位置和动量，还有时间和能量；这些都是由不确定性联系在一起的共轭对。不确定性会告诉你，测量的顺序很重要。先测量位置，你就丢掉了动量的信息；先测量动量，你就抹掉了位置的信息。顺序重要，也就是说算符不对易。

“如果你有两个无法交流的时空区域——时空中的点相隔太远，光无法在其间传播——与这两个区域相关的量子算符彼此对易。”班克斯说。

这是有道理的。毕竟，简单地说位置和动量不对易并不准确——正确的表述是位置和动量在一个单一参考系中不对易。或者说，在一个单一的光锥中不对易。如果你发现位置和动量对易了，那么你就能知道自己正在谈论因果分离事件——事件在彼此的光锥之外。

“对易表明算符之间缺少因果联系。”班克斯说，“当算符不对易时，它们彼此干涉。如果没有量子干涉，你就能以快于光速的速度发送信号。所以，时空的因果结构告诉你哪些量子算符对易，哪些不对易。但是你也可以反推。你可以从量子算符代数出发，它会告诉你什么对易，什么不不对易，你可以从中推断时空的因果结构。”

这就是量子时空。好了，差不多了。除了因果结构，你还需要尺度。量子对易关系可以告诉你两点相距甚远无法沟通，但没法告诉你这两点相距多远。

然而，全息原理可以。“全息原理告诉你，量子态数——熵——可用于测量面积，”班克斯说，“区域边界的面积。因此，如果全息原理是对的，我们就可以用量子代数的语言完全地表述时空的所有属性。”

“那说明时空不能涨落？”我问。

“对。时空涨落是一种旧有的想法，它是错误的。全息原理告诉你，时空的属性被编入哪些彼此对易的量子算符，告诉你态的空间有多大，还涉及希尔伯特空间、熵。这些东西都是不涨落的。在量子力学中，变量的值是涨落的，希尔伯特空间的大小或对易关系是不涨落的。当你谈论位置和动量的不确定性原理时，涨落的是你对两个量中任何一个的了解程度，但它们之间的对易关系就在那里。它是准确的，它不会涨落。所以全息时空告诉我们，几何不会涨落。这对我们应该如何看待弦理论有着非常深远的影响。”

这还只是轻描淡写。如果几何——时空——不涨落，则意味着没有永恒暴胀和弦景观。德西特空间不会衰变为FRW空间。没有无限的平直空间。没有不变性。没有实在。只有坐在德西特空间中的我们。有限。被困住。

“好吧，”我说，“观察者坐在德西特空间的因果钻石内，被有限视界包围着。但视界取决于观察者，不像在AdS/CFT中，整个宇宙只有一个边界。这里的每个观察者都会有一幅自己的宇宙全息图吗？”

“AdS/CFT是一个特例。”班克斯说，“因果钻石的范围以一种特殊的方式取无穷大。观察者通过空间的对称变换被联系在一起，所以他们是等效的。这在德西特空间中并不成立。人们试图把一切都塞进AdS/CFT范式，这让我想起了要给《电锯惊魂》拍第五部续作的制片人。”

“当观察者不止一个时，会发生什么？”

“有一个美丽的星系被称为草帽星系，它没有被引力束缚在本星系群中。如果我们在德西特空间中，我们最终会看到草帽星系离我们越来越远。它会接近我们的视界，它的红移会增加，直到它从视线中消失。它留下的唯一痕迹是来自视界处的辐射的均匀背景。但如果你坐在草帽星系上，你会看到我们接近视界，被温度吸收，而你坐在那里端着一杯咖啡，觉得自己毫无问题。这是同一个物理系统中的两个完全等效的描述，但它们使用不能被单一观察者测量的自由度。”

我点点头。“只有在你试图使用上帝视角时，它们才会彼此矛盾。”

“没错，”班克斯说，“面对我们的经历和草帽星系的经历，你不能说哪种是对的。没有哪种更真实。在量子力学中，我可以谈论一个粒子的位置或它的动量，但我不能同时谈论这两者，尽管两种描述同样有效。同样，我不能既是加速观察者又是惯性观察者。”

你不能同时处在一个视界的里面和外面，不能既是赛福安又是斯困掳。

“全息时空是被一个又一个观察者构建出来的，”班克斯继续说，“如果两位观察者，比如你我，有一片可以共同探索很长时间的大范围时空区域；那么，你会有关于那片时空的某种描述，我也会有关于那片时空的某种描述。我们各自的描述是完全的。”

“所以第二观察者是……什么呢？副本？”

“相对论告诉我们，没有任何观察者是特殊的。在因果钻石之间必须有一种规范等效性，所以在我的视界之外，一切都是我在这里观察到的物理现象的规范副本。所以，如果你考虑所有可能的因果钻石，你会没完没了地得到关于同一量子系统的冗余描述，它们来自不同的观察者。”

班克斯对全息原理进行逻辑推导，结论相当惊人。萨斯坎德教过我，任何观察者都不会同时看到两头大象——或者更准确地说，只有一头大象，只不过你错把真实的物和副本混为一谈，所以似乎是两头。副本不是真实的物。如果光是冗余的大象就把情况变得这么复杂，那么我们该如何看待冗余的宇宙呢？

“你没完没了地得到有关同一量子系统的冗余描述，当你把所有描述放在一起时，时空就出现了。”班克斯继续说。

“时空是突现的？”根据波钦斯基告诉我们的关于M理论的一切，这很有道理。

“时间不是突现的，但它取决于观察者。空间产生于不同观察者之间的量子力学关系。最关键的是，当两个观察者的因果钻石重叠时，他们共同看到的东西必须具有一致性。这实际上是一种非常强的约束条件。”

“什么东西能满足这一约束条件？”我问。从一个因果钻石到另一个因果钻石，什么才是不变的？如果每个观察者对实在都有自己的看法，那么什么是实在？

“没有太多选择。”班克斯说，“威利·菲施勒和我想到的是所谓的黑洞流体。这并不是一种我们习以为常的东西。没有粒子，甚至没有时空，只有一个量子系统，其中所有的自由度都在不断地相互作用。这是一种均匀的、各向同性的状态，这种状态的熵最大。”

没有粒子，没有时空？均匀的？这听起来多像我老爸对我说的“无”。

“我们相信，黑洞流体在大爆炸之初就存在。”班克斯说，“暴胀宇宙学的建立是为了解释为什么宇宙开始时那么均匀且各向同性，那是一种可能性很低的或熵很低的状态。黑洞流体是均匀且各向同性的，但它的熵大到极致。那么接下来的问题是，为什么现在世界看起来并不像黑洞流体呢？答案是，在那种状态中，生命、生物，或任何形式的复杂事物都不可能存在。但是，如果黑洞流体的状态是有限的，你可以想象，它最终会发现自己处在一个可能性很低的低熵状态。这个想法可以追溯到玻尔兹曼（Boltzmann）。他认为，如果一个系统具有有限的熵并处于平衡态，它就会在所有可能的状态中循环，如果你等待足够长的时间，它会碰巧发现自己处于低熵状态，这时复杂事物就会出现。威利和我正在为这一想法工作。我们得从黑洞流体开始，又得解释怎样能够获得足够低的熵，促成一些复杂又有趣的事，比如生命诞生。这是我们的目标，我们还在为此努力。”

“我在看卢博斯·莫特尔（Luboš Motl）的博客，他说你正在‘从头构建物理学[1]’”，我说，“你也这样认为吗？”

“部分正确。但是，如果没有人为我们理解弦理论打下基础，全息时空的想法就不可能存在。所以，万一事实证明我是对的——‘如果我看得比别人更远些，那是因为我站在巨人的肩膀上’。我想你知道，牛顿说这句话是在挖苦胡克（Hooke），胡克是个矮子。”

我以前就听说过，但我还是笑了。大家都以为牛顿是在自谦，而实际上他说了句混账话。

“在思考宇宙学时，似乎有一种范式转换——从上帝视角到单一观察者视角。”我说。

“是的，但我觉得这并未被整个学界所接受。斯坦福的那些人是这么想的，但他们的思考方式与我不同。他们试图把上帝视角中的一切，比如永恒暴胀和弦景观，都塞进新的框架，而我认为这是错的。他们希望采用观察者的视角，并试图将上帝视角塞进去。我认为他们错了，但这也是一种思想。”班克斯说。

“我一直在寻找宇宙的最基本成分，”我说，“显然，不是弦。”

“没错，”班克斯说，“我们有相关模型，在一些极端的参数范围内，一切都变得可计算，它们看起来像是在描述弦。但真正的理论并不认为弦是基本的。我想很多人都会同意，我们并不真正了解什么是基本的。我的看法是，基本原理是全息原理，它描述几何与量子力学之间的关系。”

当我们的谈话结束后，我打电话给出租车公司，准备乘车回酒店。十五分钟后，送我来这里的那位出租车司机把车停在研究所门前。

“你是科学家吗？”驱车沿着海岸往回走时他问我。

“不是，”我说，“我是一个作家。我只是在做一些研究。”

“什么样的研究？”他问。

“物理，”我说，“实在的本质。”

“有一天我看电视节目，他们在谈论最小的东西。最小的东西！某种小的微粒。你了解吗？”

“夸克？”我试探道。我没有进一步自找麻烦地解释说“小”已经没有任何意义了。在一个参考系中看起来最小的东西，在另一个参考系中看起来是最大的。我感觉这样横扫某人的头脑可不是什么好主意，尤其是他还开着车。

“对，夸克！”他志得意满地说，“有趣的东西。”

“它们可能是引力在十维空间中的全息加密。”我喃喃自语。

“你在说什么？”他问。

“我说它们很有趣，”我冲前排座椅大喊，“这么小！”

回到酒店时，我很高兴地看到老爸正坐在椅子上读书。疼痛诱发呕吐，使结石暂时偏离了路线，它现在待在令人比较舒服的地方，老爸的痛苦暂时平息了。老妈在床上织东西，她看起来既疲惫又轻松。

“班克斯怎么样？”老爸问。

“非常令人着迷。”

我复述了一遍班克斯告诉我的有关全息宇宙学的内容。跟马库普卢的宇宙不一样，我解释说，在马库普卢的宇宙中，我们看着同一宇宙中的不同有限区域。但根据班克斯的说法，每个观察者的有限区域都是宇宙，自我一致且完全。“你的宇宙就是一切。”我告诉老爸。

他看上去若有所思。“难道说，你只是我的一个副本？”

“嗯，我们早就知道这件事了。”老妈说。

“我敢肯定，这是我的宇宙，而你们都是我的副本。”我说。

“拜托，”老妈转动着她的眼睛说，“我们比你先到这儿。”

我笑了，但关于这究竟是谁的宇宙的问题，我是对的。班克斯将斯莫林的口号用到了一个全新的水平。全息宇宙学的第一性原理必须是“宇宙之外为空”。

那天傍晚，老爸在床上休息，我和老妈出去走了走。我们漫无目的地穿过古色古香的街道，朝着港口的方向走去。这里空气温润，霞光满天，停泊在港里的小船轻轻摇晃着。

“我不忍心看着老爸那么痛苦。”当我们望向码头时我说。

“可不是嘛，”老妈说，“你半夜时应该已经看到了他的状况，很可怕。”

“他会没事吗？”

她给了我一个安心的微笑。“当然，他会好的。”

“我一直在思考书的事情。”我说，“布罗克曼和马特森认为合著行不通。物理学也这样认为。班克斯说，我们每个人都有自己的宇宙，你不能一次谈论一个以上宇宙。我一方面想尝试一下自己写一本书，另一方面却无法接受这个想法。你觉得他会不高兴吗？你觉得他会恨我吗？”

我不知道自己为什么突然说了这样一番话，也许是因为看到他痛苦地躺在床上——我感到内疚，就好像他的肾结石代表着我的背叛；就好像我对独立写书的秘密思考已经钙化，堵住了老爸的尿路；就好像如果我不在此时此地把这个想法公开，它就会在我身体中的某个地方卡住；就好像它会在我体内变成一个黑洞，将我吸进去，我就像斯困掳一样完蛋了。

老妈笑了。“他永远也不会恨你！与你一起研究物理，成为你的合作伙伴，对他来说意义非凡。如果不能继续下去，我觉得他会非常失望。但我觉得他并不在乎自己是不是书的作者。写书的永远是你。他是一个思想家。你是作家。”

“但问题就是我不是作家。我在假扮作家。”

“也许是时候停止假扮了。”她说。

我叹了口气。“我想我恐怕不知道该怎么做。马特森说，我得以自己的口吻来写。我不知道从哪里开始。如果老爸不参与，我甚至不确定我是否想写。”

我怎么想怎么觉得不对。没有老爸，我怎么能写出一本关于物理学的书？如果没有他，我可能永远无法了解任何与物理学沾边的事，永远不可能接触这个领域中的任何东西——这不仅是因为他关于“无”的问题吸引了我，甚至牢牢拴住了我，还因为如果没有他，我就无法分享兴奋之情；没有他，一切都变得不那么重要。如果没有老爸的回应，即使得到了宇宙的答案，似乎也没什么价值。

我看着老妈恳求地说：“告诉我该怎么做。”

“我没法告诉你。”她说。

我噘着嘴说：“你也有没法教导我的时候？”

“无论如何，他会为你感到骄傲。”她说，“我也会。我相信你会作出正确的决定。”

我凝视着港口，我的目光跟随着海水，直到海水碰到山丘，在紫红色的天空下，远处的山丘看起来很小。我知道，合著一本书违反了全息术，穿越视界必然会带来一些无意义和不真实的结果。但话又说回来，我不确定老爸和我是不是跟赛福安和斯困掳一样，算是两个独立的观察者。我们一直都知道对方在想什么。

有很多次，我打电话给他分享一些新发现，却打进了他的语音信箱，片刻之后才发现，这是因为他正好在同一时刻给我打电话，希望分享完全相同的内容。只有心灵感应才能解释这样的事。这种超自然事件发生的频率很高，以至于了解我们的老妈认为，我们是一个大脑的两个部分。

但我们也有不同之处。他永远充满耐心，我却很浮躁。他总是不慌不忙，镇定自若；我却喜怒无常，愤世嫉俗。他悠闲，相信直觉；我焦虑，被逻辑束缚。他拒绝闯红灯，哪怕路上没有车；我更喜欢打破规则，而不是遵守规则。当他有好主意时，他喜欢焐一会儿，就好像那个主意是需要孵化的鸡蛋；而我更愿意抓住它，把它像炸药一样绑在胸前，冲向高速公路上迎面而来的车。

我想听马特森的。我想找寻我的声音，想向边缘进发。我需要找到一种方法，从自己的参考系出发去写作，但在我的参考系中，我不知道谈论物理学时不提我老爸意味着什么。对我来说，从一开始，成长和探索宇宙就是一回事——我觉得对所有人来说应该都是这样。我的世界一直是生活和物理学的奇怪的混合体，我觉得，如果实在是我的蛇鲨，那么也许我的书也会是奇怪的混合体。

“天啊。”我低声说。

“怎么了？”老妈问。

“我想我知道该怎么做了。”

我想起来了，视界互补性不仅要求作者得是唯一的，它还要求以第一人称叙述。

“我要把整件事情写下来，”我说，“整个故事。老爸和H态，普林斯顿和惠勒……所有这一切。”

老爸和我可能生活在不同的宇宙中，我想，但他在我出现在他的宇宙中时，出现在我的宇宙中。他的名字不一定要出现在这本书的封面上——他可以出现在书中，他是我的搭档，或者也许我是他的搭档。我们会像堂吉诃德和……他的父亲——他的父亲和他一样爱妄想。我会按照布罗克曼和马特森以及物理学定律的要求以第一人称写这本书，而且，最重要的是，我们仍然会在一起，同心协力。我们的书作为一个想法、一个符号已经向着宇宙的答案出发了。但我现在意识到，这本书日益增加的意义使之成为一个故事。不，我的故事。**打破玻璃，进入其中。**

“所以，它会像一本回忆录？”老妈问。

我兴奋地笑笑。“完全正确。”

这是唯一的逻辑可能性：一本将作者包含在内的书，一个错综复杂的迷宫，从一个角度看是作者，从另一个角度看是书中人物。自顶向下，自激，第一人称，哥德尔疯狂宇宙学。一本回忆录。

我老妈小心地打量着我。“难道我也要被写进去吗？”

“如果你够幸运的话。”我说。

她白了我一眼。“你最好别把我写得很糟糕。”

我们回到酒店后，我紧张地告诉老爸我打算写一本物理书，同时也是一本回忆录。我观察着老爸的脸，他的表情中有一种“理所当然”的意味。

“就是它了，”他热切地笑着说，“这才是真正的书。”

他说话的样子就好像我们一直在谈论这本书，只不过我们没意识到而已；又好像他已经意识到了，只是坐在那里等着我也意识到。我突然产生了一种偏执心理。他已经计划这一切很久了吗？他是在给我某种教训？也许是因为经历了肾结石的痛苦，他甚至显得有点释然，仿佛他做书中人物比做作者更舒服。知道他很高兴、很赞同，我也觉得很宽慰，我已经找到了一种方法，尝试成为另一种类型的作家，他曾经担心我无法成为这样的作家。

在回东海岸的飞机上，我感觉到我们在路上会遇到艰难险阻。宇宙学的确正处在彻底转变的风口浪尖。这种转变虽然还未被物理学界完全接受，也不被公众接受，但已经开始了，现在没有什么能阻止它。正如布索所说，这是不可避免的。

宇宙学的范式转换少之又少。哥白尼于1543年出版了《天体运行论》，引发了所谓的科学革命，使统治世界逾千年的亚里士多德世界观陷入危机。亚里士多德认为，宇宙像一组有限的、层层嵌套的水晶球。地球一动不动地处于中心位置，月亮、太阳，以及其他天体绕着地球转动，转动轨道均为正圆。亚里士多德说，自然界有四大元素——气、火、土、水，物体依其元素相对丰度上下移动，最终达到绝对静止的状态。但是，哥白尼认为太阳位于太阳系的中心，地球本身在运动。他的观点使科学超越了常识的范畴，朝着终极实在的方向发展，模糊了天地之间的差别，引入了运动的相对性，这种运动的相对性不支持亚里士多德物理学中的绝对上升和绝对下降。哥白尼把恒星的视运动归因于地球的运动，从而使恒星脱离固定的水晶球，分散在空间中的不同位置上。这一看法开启了无限宇宙的可能性。不久之后，第谷·布拉赫（Tycho Brahe）对彗星路径的观察令所有水晶球不复存在。

这些发展提出了一些难以解决的问题。例如，如果地球在运动，那么我们怎么能说，一个物体处于静止状态？是什么使行星运动？如果曾经的水晶球所在处除了空间什么都没有，是什么神秘的力量使行星不脱离它们的轨道？伽利略回答了第一个问题：亚里士多德曾论述惯性运动和静止之间的区别，他的说法被伽利略的相对性原理推翻了，这一原理表明，静止和惯性运动之间没有差异。牛顿回答了后两个问题：使苹果落向地球的力正是将地球吸引在太阳附近的力。引力。不过牛顿的理论本身也引发了问题：到底什么是引力？这个问题像失重一样悬在空中三百年。

爱因斯坦的广义相对论揭示了引力的真实性质，并引发了这样的可能性：宇宙是一个变化着的动态时空，它始于大爆炸，可以膨胀和收缩。但是，直到二十世纪八十年代，大爆炸理论仍是不完全的，这时暴胀理论填补了拼图的缺失部分。不料，暴胀也带来了自己的范式转换。它走向永恒，将我们的单一宇宙换成了无限的多元宇宙。与此同时，新危机产生了：测度问题破坏了科学的基本可预测性。

同时，爱因斯坦的引力理论与作为物质理论的量子力学产生了深刻的冲突，当霍金让两者竞争时，他得到了黑洞信息丢失悖论，这看起来是两败俱伤的局面，直到萨斯坎德提出“取单一观察者的视角”，僵局才被打破。这反过来带来了另一种转变，它将进一步动摇我们对不变性和终极实在的认知，它刚刚出现，以至于还没有名字，但可能听起来有点像“全息”，这是一种将多元宇宙变回单一宇宙的转变。

凝视着窗外，俯视白云，我恍然大悟我们的故事是多么奇妙，多么令人难以置信。十五年来，我和老爸一直跑来跑去，试图回答有关宇宙的问题。我们住在我们为自己创造的小而超现实的世界中，就好像一切只是我们的私人小游戏。我们到加州拜访布索、萨斯坎德和班克斯，这一切从我们在中餐馆里的一次谈话开始，不知何故，我们已经把我们的小世界弄大了很多。我们似乎碰到了伽利略，他正用望远镜观察天空；我们似乎为哈勃端上咖啡，他正在计算星系的距离和红移。当我们愚蠢地实施个人计划时，我们跌跌撞撞地闯进了历史的战壕。

如果玻恩认为实在的概念在20世纪50年代已经有问题了，我想，他现在一定吓坏了。M理论的对偶性破坏了尺寸、维度、几何、拓扑、粒子和弦的实在性。一个视角中的时空在另一个视角中变成了物体。高能量变成了低能量。基本的变成了复合的。大的变成了小的。

好在我是本体论的结构实在论者，如果我是普通的实在论者，我一定会抓狂。本体论所有的残留都在我们眼前消失了，但是对偶性保存了结构。截然不同的物理图像背后有着相同的数学结构。结构在本体论的不完全决定性面前是安全的。宇宙从未像现在一样充满不确定性。天啊，对世界上的顶尖物理学家来说，根本没有本体论。这就是说，世界并不由任何东西组成。

现在我明白了萨斯坎德和格罗斯的意思，当时他们说他们不知道弦理论是什么。这并不是因为弦理论有什么数学上的漏洞或缺乏可信的实验，也不是因为缺少一两条原理；而是因为他们根本不知道这个理论描述的是什么。粒子物理学是粒子的理论。量子场论是量子场的理论。广义相对论是引力和时空的理论。弦理论是关于……什么的理论呢？不是弦，也不是粒子，甚至不是膜。这么多物理学家一直努力工作，构建起理论的数学大厦，但他们不知道这个理论描述的是什么。“我无法猜测。”波钦斯基曾经说。如果弦在低能时看上去像膜，而膜在额外维度中看上去像弦，粒子在不同几何中看上去像弦的话，那么它们谁都不是不变的。它们都不是真实的。

班克斯将不变性剩下的希望寄托于视界。他认为，跨越德西特视界的信息不会丢失。虽然每个观察者的宇宙都是有限的、有界的，但却意味着一切。如果没有观察者丢失信息，如果实在的全部都在观察者的光锥之中，那么在观察者的视界之外不会有新的信息，只会有观察者已经拥有的信息的冗余副本。同一结构的同构元素。规范副本。不真实。

萨斯坎德曾探讨视界背后的物体的真实性，对于这一问题，班克斯的态度是消极的。在宇宙视界另一边的物体不是真实的，不是实在的。最终，没有什么是真实的。毕竟，视界取决于观察者。我的德西特视界与我老爸的德西特视界是不一样的，这意味着我的宇宙之外的物体可能在他的宇宙之内。假如视界之外的物体不是真实的，那么某些东西对我来说不是真实的，但对我老爸来说可能就是真实的，反之亦然。实在不再独立于观察者。

根据班克斯的理论，我们可以把宇宙也从终极实在的列表中划掉了。我们所拥有的是取决于单一观察者的宇宙，以及新宇宙论的基本法则：你不能在同一时间谈论一个以上宇宙。这是惠勒曾努力避免的那种唯我论。不过，必须有某种一致性将不同观察者的所见联系起来。观察者所描述的到底是什么呢？班克斯说，这是一个均匀的黑洞流体。我老爸说，这是“无”。

我老爸当然为这些进展感到高兴。这些似乎都在支持他的直觉，一切都是“无”，都是H态，这意味着除了“无”本身，没有什么是不变的、真实的、实在的。我有点激动，因为我知道，我们无法解释带有本体论意味的宇宙。但是，由“无”构成的宇宙却有可能解释自己，就像一个自激回路一样。

但我们还没到一无所有的地步，在IHOP的餐巾纸上还有一种成分：光速。这是有道理的，也是唯一有可能成立的。一切都已取决于观察者，但观察者本身是通过光锥定义的。想要从“无”到“有”，你需要边界；想拥有边界，光速得是有限的、不变的。我无法想象我们怎么把它从餐巾纸上划掉。这不是一个新问题。事实上，现在我在惊讶之中恍然大悟，我们在普林斯顿面对惠勒时，首先提出的问题正是：如果说观察者创造实在，那么观察者来自哪里呢？

14.

不完全

我拿出笔记本电脑，开始打字，迈出了第一步。

谎言诞生的时候，我正在一家杂志社的办公室里工作。其实，这只是个想法——在“办公室”里“工作”。其实，我当时正在一间满是灰尘的一居室里装信封，房子的主人名叫瑞克。我的想法是，我为《曼哈顿》工作，但事实上，我为《曼哈顿新娘》工作。

我写了我冒充记者，与老爸一起闯进“科学和终极实在”研讨会的经历。我写了我们与惠勒的神秘谈话，以及在爱因斯坦家的草坪上游荡的往事。我写了我打算成为记者的秘密计划，以及为《科学美国人》写文章的经历。我写了我偷偷在戴维斯会议上与物理学家们合影，并乘坐蒂莫西·费里斯的车逃离尴尬晚宴的经历。我写了老爸关于“无”的想法：“无”为何是无限、无界的均匀状态。我写了我对“有”的想法：不变性如何定义“有”；每当你触及“有”时，它是如何溜走的。我并不是以记者或者学者、作家的身份写这些，而是以“我”的身份写作。我感觉我在一瞬间就写了二十页。我将这本书命名为“闯进终极实在聚会”，然后将出书方案附在发给马特森和布罗克曼的邮件中，并点击“发送”。

我来到哈佛科学中心五层，发现走廊里站满了学生和教授。“是威滕的讲座吗？”我问一位学生，他刚从一个房间里出来，日程上写着讲座将在那里举办。

“人太多了，”他说，“我们正准备换更大的房间。”

在加利福尼亚，老爸和我已经对M理论有所了解——它在AdS/CFT中对全息原理的阐释，它对时空性质的彻底修正，以及它那可疑的、空虚的本体，这一切似乎彻底颠覆了宇宙。但有一个问题我们仍然不清楚：M到底是什么意思？

我在很多地方都读到，“没有人知道M在M理论里究竟代表什么”。他们说，也许它代表魔法，或者代表母理论。史蒂文·温伯格猜测它代表矩阵。谢尔登·格拉肖（Sheldon Glashow）觉得，它会不会是一个倒写的W，W指威滕。霍金甚至写道：“似乎没有人知道M代表什么，可能是‘控制者’，也可能是‘奇迹’或者‘谜’。”

怎么能没人知道呢？我想。威滕提出这个理论，这家伙还活着。为什么没人问问他？

当我听说他将在哈佛大学发表演讲时，我觉得我应该去试试。我跟着人群来到新的房间，试图找到一个座位，但很快这个更大的房间也不够大了。组织这次讲座的人忘记了威滕是当红巨星。很快，我们再次换了房间，这一次得前往校园里的另一座大楼，那里有一间大报告厅。我赶忙跟上不断膨胀的人群来到外边，大家你推我搡，赶着去抢占座位。我从没见过这么粗鲁的物理学家。他们是最不具有攻击性、最不擅长运动的一群人，但为了听威滕的讲座，这些家伙随时准备冲刺，准备擒抱、撞击任何挡道的人。在跟他们一起奔跑的途中，我注意到拥挤的人群中有位盲人，他挥舞着拐杖，试图跟上其他物理学家的脚步。我马上放缓脚步，并考虑帮助他从人群中穿过。不过他有可能更愿意靠自己，我对自己说。我再次全力以赴，用肘部开路，向着报告厅的大门冲去。M代表混乱。

我抢到一个座位，威滕的演讲终于开始了。他有点古怪——他高得吓人，肩膀很宽，脑袋又大又方，我老爸称这种脑袋为“埃德头”。不过，尽管威滕身形魁梧，才智过人，但他的嗓音又轻又尖，与他的气场并不协调。（M是母性的意思？）大家公认他是现存的最聪明的人。

其实，这是我第二次见到埃德·威滕。我第一次见到他是在很多年前，在2003年戴维斯会议结束后的大约一个月。那一次，美国物理学会在费城举办了一次会议。我伪造了记者证，老爸跟着我偷偷溜进去。散会后，我们乘自动扶梯往一楼走，发现威滕就在我们前面。我们眼睁睁地看着他走下扶梯，进入旋转门。他试图以顺时针方向推门，门却纹丝未动，他不明就里地在那里继续推了几秒钟才决定换个方向推。老爸和我面面相觑，努力不笑出声来。我们在想同一件事情：那就是现存的最聪明的人。

如今，在哈佛，我看着他在黑板上潦草地写下难以理解的公式，他的裤子上都是粉笔末。我不知道他在说什么。我不仅听不懂他的精妙理论——或者说，是数学把我拒之门外——甚至不清楚他的话题是什么。然而，其他人似乎全神贯注，连那位盲人都能跟上。我已经逐渐习惯越过方程，直接去看方程之下的概念，但它们今天如此难懂。这提醒了我：我在这个宇宙之外，在它周围盘旋，就像一个被锁在房子外面的人，这个可怜的人打量着房子内部，想找到一种进去的途径。M代表平庸。

讲座结束后，我走到威滕身边，向他介绍自己，并问他是否有时间聊聊。他愣住了，好像有几分钟那么漫长。他愣了这么久，我开始怀疑我是否应该一走了之。我正要走时，他说："我可以在我住的酒店跟你谈，我就住在哈佛。我明早八点半吃完早饭，那时见。"

早上八点半？在这个世界上有这么几个人，我愿意为了他们在这个时间出现在任何地方：约翰尼·德普、菲奥娜·阿普尔，复活的阿尔伯特·爱因斯坦大概也可以。很显然，还有埃德·威滕。

我点点头，我没能再说什么，他已经转头和别人说话了。

第二天天刚亮，我就出门前往酒店的餐厅。餐厅在拱形的玻璃顶下，沐浴在晨光之中。我找到威滕，笨手笨脚地坐在他的桌子旁，但愿他能想起我们前一天十秒钟的谈话，可别以为我是流落街头、想喝剩酸奶的怪人。

跟埃德聊天有点吓人。很明显，他对闲聊没有兴趣，我应该直接跳到问题环节。"你昨天到底在讲什么"似乎是个糟糕的开始方式。但是，什么方式好呢？究竟该怎样跟现存的最聪明的人说话呢？

M代表**沉默**。

“你这些天在忙什么？”这是我能想出的最好的开头了。

“我正在研究把物理思想应用于数学，特别是如何更好地理解‘扭结’。”他用一种超现实的低音说道。

扭结？昨天讲过吗？

在我将话题转移到对偶性及其对终极实在的侵蚀之前，我们讨论了一会儿扭结的问题。我渴望了解他对M理论难以捉摸的本体论的看法。（M代表**迷失**）。

“起初，当谈论弦理论时，人们说，好吧，其实点粒子就是弦。”我说，“经过第二次革命，根据M理论，我们发现不只有弦，还有每个维度的膜。现在根据对偶性，我们看到弦在某些情况下又等价于粒子。有没有一种基本的实体组成万物？”

“根据对偶性，没有这样一种基本的实体。在一个理论中，哪部分是基本的，哪部分是被推导出来的，要视描述的情况而定。在不同的描述中，结论是不一样的。”威滕说，“有基本的思想，没有基本的物理对象。”

有基本的思想，没有基本的物理对象。这就像结构实在论遇到了贝克莱的**存在就是被感知**。（M代表**意识依赖性？**）

“你引发了第二次革命，”我说，“你觉得会有第三次革命吗？”

“情况并不像我年轻时那么明朗。从定义上讲，革命很难预料。但在第二次革命发生之前，有一些迹象表明有些事将会发生——当然，我当时并不知道是什么事。我现在完全没有当时那种感觉，也许别人会有……如果可以选择的话，我想更深入地研究对偶性背后隐藏着什么，但是这真的很难。也许这会是第三次革命。也许这是我们在很长一段时间内都无法理解的事。”

我突然想起他被旋转门困住的事。“当你做日常琐事时——比如说，去杂货店或干洗店——你会思考十一维吗？”我问道。这听上去像是一个合理的解释。

“有时候，我会在日常生活中继续思考这样的事，还会在做杂事的时候想到重要的事。我的两个重要想法就是在我坐飞机时产生的。”

我笑了。然后我问道：

“M在M理论中代表什么？”

“我并不想让大家为此感到困惑。”他说，“我当时说，M代表魔法、谜，或者膜，看个人喜好。我以为我的同事们会明白，真正的意思是膜。不幸的是，这反倒让人们感到困惑了。”

所以，M指的是膜。魔法和谜烟消云散了。一切困惑源自没有人发现这是个玩笑。坦白说，这可能是埃德·威滕第一次也是唯一一次开玩笑。但毕竟他还是开了玩笑。

发件人：卡廷卡·马特森

收件人：阿曼达·盖芙特

标题：回复：出书方案

你好，阿曼达，这真是太——新奇有趣了。那我们就来谈谈下一步。

祝好。

卡马

接下来的步骤包括打磨出书方案，与编辑聊天，签订出书合同。我辞去了在《新科学家》杂志社的编辑工作。我在这家杂志社工作了六年，获得了超出预期的精彩经历。我想知道，当我不再伪装，坐下来，开始写作时会发生什么。

离职的那天，我从《新科学家》杂志社的办公室开车回家，我回想起小时候全家开车旅行的情景。我们从费城到康涅狄格州的斯坦福德去看望我的爷爷奶奶，每年都会去几次。老爸会大声唱着鲍勃·迪伦的歌，老妈会在老爸犹豫不决时为他指路，我的哥哥会戴上耳机在后座睡觉，整个世界从车窗前经过，我蜷缩在角落里看书。

爷爷奶奶家的氛围是专制的，相比之下，我们家简直就像个嬉皮公社。我的爷爷是一位退休医生，他严谨、认真得令人生畏。他充满智慧，对知识有着永无止境的渴求。作为一个孩子，我好奇地望向书房，书房里有几百册书，包含多个门类——建筑、政治、艺术、道德、宗教、哲学、科学。我的爷爷发现我站在那里盯着看，于是提出要跟我下国际象棋。我们坐在桌子旁，我每走一步棋他都会问："你确定要这么走？"我会重新考虑并改变策略，他会再次询问，直到我的走法令他满意。当我研究可能的攻击路数时，他会跟我就道德哲学的问题进行辩论，他的词汇量极大。每当我不明白他在说什么时，他就让我去查大量的辞书。

爷爷有空时会写生物伦理学论文，还用拉丁文编写填字游戏。有时，趁他离开房间的时候，我从他不计其数的小物件中挑出一个，稍稍移动位置，然后高兴地等着他回来，看着他在几秒钟内把东西放回原处。

对我爷爷来说，有一些话题是不能触碰的，其中之一就是关于爱因斯坦的话题。我后来在一篇文章中谈到弗蒂尼·马库普卢，我把文章拿给爷爷看。由于这篇文章与圈量子引力有关，并试图通过它调和量子力学和广义相对论，《科学美国人》的编辑们为文章定的标题是“扔给爱因斯坦的救生圈”。我爷爷看了一眼标题，认为这是对爱因斯坦的侮辱。他把文章扔到茶几上，没读。

爷爷对爱因斯坦的崇敬不是什么秘密。在他家的客厅里，爱因斯坦的半身像被放在窗边，他青铜色的眼睛注视着客厅，对面墙上则是荷马的浮雕。作为一个孩子，我坐在两者之间的沙发上，目光来回扫，看看这个，再看看那个，就像在看网球比赛。荷马和爱因斯坦代表着世界的两大支柱：语言和思想，故事和科学。

就在一切准备就绪的时候，我脚下的大地塌陷了。

事情是从一天下午开始的，我当时正在arXiv网站上浏览物理学论文，我发现了一篇新论文：《黑洞：互补性还是火墙？》

火墙？我很好奇。这篇论文是波钦斯基与艾哈迈德·奥姆哈里（Ahmed Almheiri）、唐纳德·马洛夫（Donald Marolf）、詹姆斯·萨利（James Sully）共同撰写的。我端起咖啡，坐下来仔细读。

在这篇论文中，作者们再次把斯困捞扔进黑洞，然后比较他与赛福安对实在的看法。不过，这一次他们担心的不是量子比特的非法克隆，而是纠缠。

为了开始他们的思想实验，波钦斯基和他的同伴一直等到黑洞的大小蒸发掉一多半。我记得，这很重要，因为不到中间点，赛福安就无法从霍金辐射中提取信息，哪怕一比特也不行。当赛福安从远处观看时，他们让斯困掳撞向视界。

现在，考虑一比特信息——我们称之为B——恰好在黑洞的事件视界之外。在斯困掳的参考系中，B是真空的一部分。斯困掳处在没有边界的惯性系中，真空的正、负频率模式——虚粒子及其反粒子，零点能量的不确定性波动——抵消为一个完美的零。

保证它们能抵消的是纠缠，这是一种量子叠加的形式，在这种形式中，两个粒子——比如，一个虚粒子及其反粒子——由一个单一的波函数描述，它们的整体比它们各部分的总和大。由于两个粒子形成一个单一的量子态，无论相隔多远，它们的属性都相关。如果在测量时，一个被发现具有正频率，另一个肯定就具有负频率，这种关联确保它们加起来为零，使真空仍为真空。在斯困掳看来，B与它在黑洞深处的相反比特A纠缠。

但是赛福安的看法并不一样。在赛福安看来，B不是真空的一部分，而是真正的粒子，是一比特霍金辐射。我在伦敦的时候已经明白了这一点，这是因为视界重构真空，将曾经的虚粒子从其反粒子配偶子中分离出来，切断它们的纠缠，防止它们相互抵消，并且留下净值为正的增益，促使B从虚到实，把曾经为空的真空逐比特地转变为沸腾的群落。

赛福安坚称，B并不与它在视界之内的对应体纠缠，但会与出现在蒸发早期的另一比特霍金辐射R纠缠。这是必需的，这能防止信息丢失。萨斯坎德坚信——霍金最终也承认——赛福安永远也不会看到信息消失。赛福安看到的不是信息在黑洞内消失，相反，他看到的是信息在视界处燃烧起来，烧得面目全非，然后向外辐射。由于受到干扰，信息不再驻留在单个霍金粒子内，而是处在辐射的纠缠关联中。

因此，论文的作者们说，这里存在一个悖论。斯困掳认为B与A纠缠，赛福安却说B与R纠缠。而量子力学认为，其中必有一人是错的。比特的纠缠是一对一的。

我喝着咖啡，对此并不担心。这听起来恰好就是萨斯坎德的互补性所要解决的那种矛盾。毕竟，互补性要求你要么描述视界这边，要么描述视界那边，不能同时描述两边。将你对B的描述限制在赛福安或者斯困掳的单一参考系内，纠缠总是一对一出现。我觉得，问题解决了。

但当我继续读下去，问题又出来了。与最初的克隆悖论不同的是，即便给出单一观察者的参考系这一限制条件，这个悖论也不会消失——因为对**两个观察者**来说，对B的测量都发生在视界之外。他们之间仍然存在因果联系。他们可以沟通。斯困掳可以测量B，发现它与A纠缠，然后转身告诉赛福安，而赛福安坚持认为B与R纠缠在一起。这一矛盾发生在两个观察者光锥重叠的区域中。互补性可以阻止量子克隆，因为当副本出现时，赛福安和斯困掳将再也无法交换意见；而在目前的情况下，他们可以交换意见。“互补性，”作者们总结道，“是不够的。[1]”

看来肯定有个人错了。如果赛福安错了——如果B与A纠缠，而不是与R纠缠——那么散落在霍金辐射云间的关联就会被切断，信息就会丢失。但是，物理学家们花费了几十年时间，刚刚找到信息，谁愿意让信息丢失呢？霍金得再次改变主意。大象会从宇宙中消失。AdS/CFT的真谛——黑洞与保存信息的夸克-胶子等离子体对偶——将是错误的。薛定谔方程会失效。量子力学将变得毫无意义。基础物理学在过去三十年中的进展将血本无归。

不，信息不可能丢失——这意味着斯困掳错了。B与R纠缠，不与A纠缠。

不幸的是，情况没有任何好转。切断B和A之间的纠缠相当于插入一个视界。真空不再自我消除。粒子取代了虚空。热粒子。普朗克温度，炽热、滚烫的粒子。一堵火墙。

“也许最保守的解决方案是，陨落观察者在视界处燃烧。”论文最后总结道。斯困掳远比我们想象的扭曲。

现在，我开始冒汗了。假如波钦斯基和他的同伴是对的——B与R纠缠，而不是与A纠缠——那么我们要抛弃的不只是视界互补性，连广义相对论都得抛弃。毕竟，斯困掳发现自己在真空之中，视界处并没有发生不同寻常的事情是等效原理的结果。根据相对论，赛福安将看到斯困掳在视界处被烧焦，但这只是从赛福安的角度看。在斯困掳自己的参考系中，没有什么不幸的事情发生。他不会有任何热的感觉，就像掉下屋顶的人并没有感受到任何引力一样。现在，这篇论文认为赛福安的视角是正确的。无论爱因斯坦的想法多么令人幸福，惯性系和加速系是不等价的。如果真是这样，只能说世事难料。

我不知道该如何思考。我无法证明火墙的说法是对的，但也看不出它哪里有错。不过没关系，我告诉自己，萨斯坎德能看出哪里有错。他肯定会看这篇论文，发现其中的缺陷，一切将很快回到正常轨道上。不必恐慌。

果然，萨斯坎德在arXiv网站上发表了论文《互补性和火墙》[2]，我如释重负——疯狂总算过去了。

或许我太想当然了。几个星期后，萨斯坎德撤回了这篇论文，arXiv网站上的备注只是说，"由于作者认为论文不正确，所以决定撤回论文"。就这样，我们又回到了火墙那里。

在接下来的几个星期中，我密切关注着arXiv网站，等待解决方案出现。布索发表了《观察者的互补性支持等效原理》，可是后来他也把论文撤回了。丹尼尔·哈洛（Daniel Harlow）发表了《是互补性，而不是火墙》，但后来他也把论文撤回了。

我很想知道，这到底是怎么回事？arXiv网站上的情况似乎很混乱。今天出现的论文，明天就消失了？大家纷纷向AMPS（即奥姆哈里、马洛夫、波钦斯基、萨利这四个姓氏的首字母）悖论开炮，因为火墙场景看上去是错的。然而，伴随着一次次的批驳，大家越发认识到，该死的火墙无法被消灭。物理学家们几乎陷入恐慌。我能感觉到这种恐慌。

"那就问问他们是怎么回事。"老爸在电话里说，"我敢肯定，他们并不认为火墙是真的。他们不可能认为火墙是真的。问问萨斯坎德。哦不，问问波钦斯基。"

我先给萨斯坎德发了邮件。"互补性有麻烦了？"

"虽然AMPS的论文对互补性提出了更深层次的理解，但我不认为互补性这一概念处于危险之中。"萨斯坎德回复说，"我觉得，我们不应该讨论互补性和火墙这两个想法哪个对，而应该思考‘什么时候讨论互补性，什么时候讨论火墙’。”

他说，为防止克隆，互补性将一直成立，直到到达黑洞蒸发的中间点。在此之后，火墙才接替它发挥作用。

我觉得中间点这种说法还可以，但我更倾向于认为黑洞是半空的。所以，我给布索发了邮件，希望能听到更好的消息。

“我原本以为正确应用互补性可以摆脱火墙，”布索告诉我，“但我现在相信，互补性还不够。答案可能是火墙，但我们应该思考如何避开火墙，这样我们就能学到更深层次的东西，了解与陨落观察者的基本描述相关的事，从而了解宇宙学。”

你想要斯困掳的描述？我想，那就看看周围吧。

我感到焦虑，我给制造这场混乱的责任者之一——波钦斯基——发了邮件。

“你真的认为视界互补性是不正确的？”我问。

“我很困惑，”波钦斯基回复说，“我没有发现任何完全令人满意的说法，我本以为互补性会换一种形式生存下去。我看了后续的论文，还没发现别人有更高明的说法。”

我发短信给我老爸：**好吧。正式崩溃的时候到了。**

我坐在阳台上，品着一杯酒，试图搞清楚情况。月光笼罩着大半个城市。空气厚重而温暖。木星发出淡黄色的光。西边天空中高悬着一束稳定的光。河水像玻璃一样，水中泛着灯光投射的斑点。整个城市在寂静中迷醉。一切都屏住了呼吸。

我觉得我们花了多年时间创建的世界即将崩溃——或者，更准确地说是被烧毁。我终于拿到了出书合同。我终于准备开始写老爸构想出来的书，我们曾希望在这本书中解开宇宙之谜。可是如今，我们所学到的关于宇宙的一切正在我们面前蒸发。

火墙的说法会是正确的吗？视界互补性难道是错的吗？一切都会被毁掉。这意味着时空是不变的，我们不得不把它和粒子/场/真空一起重新添加到IHOP的餐巾纸上。这意味着，多元宇宙是存在的，实在不是一个近似的概念，第二观察者并不是副本，阿莱夫也不再是假想的，不再是秘密。这意味着，合著才是正统的，我决定单飞反而不公正，我的论文成了废物。这意味着爱因斯坦最幸福的思想将变得忧郁，较重的叶鞘的确会比较轻的叶鞘下落得快，物理定律将因人而异，存在一个从优参考系，在这个参考系中你不会被该死的火墙莫名其妙地烧到。存在一个真实的、不取决于观察者的世界，不是“无”，而是“有”，不可理解、令人震惊的“有”。这意味着，在十七年的时间里，我一直原地踏步，毫无头绪。

发件人：伦纳德·萨斯坎德

收件人：阿曼达·盖芙特

标题：火墙

亲爱的阿曼达：

我们将在斯坦福大学召开一次有关火墙的会议。召集的时间很仓促，但所有的“玩家”都会在那里。会议规模很小，只有获得邀请的人才能参加，但我很希望你能作为观察员参会。

发件人：阿曼达·盖芙特

收件人：伦纳德·萨斯坎德

标题：回复：火墙

亲爱的伦尼：

太神奇了，我非常乐意作为观察员参会。不过如果可以选择的话，我更希望自己是加速系的观察者。

* * *

几个星期后，我收拾好东西，再次一路向西，去往位于帕洛阿尔托的斯坦福大学。

当我到达会场时，我看到人群中有许多熟悉的面孔。萨斯坎德在那里，当然，布索也在。班克斯不在，但他的合作者，威利·菲施勒在。我看到胡安·马尔德西纳、唐·佩吉（Don Page）、约翰·普莱斯基尔（John Preskill）……这么多耀眼的思想家，他们在过去的几十年中建起一座令人难以置信的理论大厦，如今这座大厦却在坍塌的边缘。他们看起来神情紧张。波钦斯基——他看起来并不像麻烦制造者——也在那里，当然，奥姆哈里、马洛夫、萨利也在。爱因斯坦的半身像注视着休息室。他看上去也神情紧张。

进入会场的时间到了，我径直走向后排。“房间分为三个部分，”萨斯坎德已经向我解释过，“前排舒适的软椅是为发言的物理学家准备的，中间略硬的座椅是为不发言的物理学家准备的，后排的硬椅是观察员的座位。”

当我坐下来，准备听第一个人发言时，我忍不住笑了。我知道的一切可能都是错的，我被安排在不舒服的硬椅区——但我被邀请参会了。他们说，凡事都有第一次。我环顾四周，我不再是擅入者。

波钦斯基回顾了AMPS的论点，以此作为会议的开头。“我们以为伦尼会纠正我们，”他说，“我很高兴看到伦尼和我们一样困惑。”

紧接着，伦尼起身讲话：“我听力很差，你提问的时候我听不到，所以别麻烦我了。”他开门见山地说。大家都笑了。“什么？”他问，“你说什么？”

但是，在表达观点的时候，他变得严肃了，他很想知道火墙是否在告诉我们，实在比它看起来那样更取决于观察者。

“年轻时，”他说，“我的想法是A等于R。我认为既描述A又描述R是多余的。不过，自从你们指出了问题的疯狂之处，我就害怕起来。我仍然觉得害怕。”

A等于R——黑洞内的真空模式和黑洞外的早期霍金粒子是对相同比特的不同描述——我觉得这太棒了，完全符合我的直觉。就我而言，这正是，而且一直将是萨斯坎德的视界互补性的深刻之处。班克斯和菲施勒的全息时空该打包回家了。但现在的问题是，正如AMPS所指出的，存在这样一段时间，在这段时间里，斯困扰可以同时看到A和R两种描述，这违反纠缠的一对一原则，产生了致命的火墙。

“好吧，假设在某个时刻，火墙是真实的，”年轻的物理学家道格拉斯·斯坦福（Douglas Stanford）站起来说道，“那将意味着什么？也许奇点将从黑洞的中心移向视界。黑洞没有内部，奇点是空间的边缘。”

嗯，当然，这对于赛福安来说是对的，我想。总而言之，没有另一侧。问题是，对于斯困掳来说，不应该是这样的。根据爱因斯坦的理论，斯困掳处在惯性系中——对他来说，不存在空间的边缘。我在不舒服的座位上调整坐姿。为什么大家都这么平静？如果对斯困掳来说黑洞没有内部的话，那么理论物理学近代以来的所有重大进展都会被瓦解。为什么大家并没有被吓到？

“所有怪异的物理现象都发生在奇点处，我们不知道在那里能用什么公式。”斯坦福耸耸肩。

此时，哈佛的弦理论物理学家，安迪·施特罗明格（Andy Strominger）失去了他的矜持。“你让平直空间和奇点凭空生出来？”他在座位上大声质疑道。

“这正是火墙的问题所在！”布索大声回答。

“嗯，我很高兴你用这种荒谬的方式说出来！”施特罗明格喊道，他的语调中充满嘲讽，“这可真够精彩的，有人能绷着脸在平直空间中画出一个奇点。”

我赞同施特罗明格的粗鲁。在这里，我们顾不上彬彬有礼。

麦吉尔大学的青年物理学家帕特里克·海登（Patrick Hayden）说了一番具有启发性的话，在此之后，房间里的气氛发生了变化。他说，AMPS悖论基于这样一个假设，即斯困掳可以测量B，这揭示了在斯困掳掉进黑洞之前，B和R纠缠。斯困掳掉进黑洞后会发现，B与A也纠缠着——如果没有火墙，情况是这样的。海登说，我们不得不问的是，斯困掳是如何进行测量的？怎样才能破译被打乱的霍金辐射，并从B和R之间的关联中提取信息呢？事实上，从霍金辐射中找出关联，远比在一本被烧毁的辞书中查词困难。霍金辐射严重混乱，破译其信息需要最强大的计算机。比如，一台量子计算机。

量子计算机利用量子叠加的力量，快速进行普通计算机用数十亿年时间也无法完成的计算。在普通情况下，由普通计算机控制的一比特要么是0，要么是1；而一量子比特，或一个量子位，可以是0、1，或是0和1的叠加。当量子比特数增加时，量子计算机的同步状态数可以迅速增长。十量子比特可以同时有1024个状态。二十量子比特可以同时有超过一百万个状态。三百量子比特可以同时有更多的状态，比宇宙中的粒子数还多。一台量子计算机可以同时执行许多计算，这意味着它在理论上可以大量引入素数，在瞬间搜索庞大的数据库，有望破译霍金辐射云。谁会在乎迄今为止最大的量子计算机只由为数不多的量子位支撑呢？海登说，现在的问题是，**在理论上**，什么是可测量的。量子计算是最好的计算方式。如果一样东西不能被量子计算机计算，就意味着它不可计算。完。

“AMPS的论文假设我们可以破译辐射，然后跳进黑洞。”海登说，“但是根据互补性，我们应该尽可能地运行下去……你可以在量子计算机上破译辐射吗？如果可以，在什么时间尺度上进行呢？”

海登站在黑板旁边，进行了一系列演算，以表明在给定的时间内让霍金辐射通过一系列普通的二量子位门意味着什么。他的结论呢？“破译辐射将需要指数级的时间。”也就是说，每增加一比特信息都会使斯困捞破译辐射所需的时间呈指数级增加。不论黑洞有多大，当斯困捞和他的量子计算机完成破译工作，确定B

和R纠缠在一起时，黑洞早已蒸发，火墙的威胁早已不复存在。

第二天一早，在开会之前，我发现海登和哈洛坐在沙发上，沙发前面是一块满是方程的黑板。我急切地想问海登一些问题，这些问题在我脑海中萦绕了一夜。

“无法破译信息就意味着信息不存在吗？”我问，“我的意思是，无法测量B与R的纠缠自动意味着B不与R纠缠？”

“借量子互补性打个比方。”海登说，“你刚才等于问我：‘无法同时测量位置和动量就意味着粒子不会同时拥有位置和动量吗？’但确实是这样啊。这两个问题是一回事。”

这是一个好点子，我一边往会议室走一边想。尽管如此，人们还是想知道，为什么操作可能性与本体存在性有关。的确，量子力学清楚地说明了这种关系。但为什么？如果实在带着爱因斯坦的烙印——独立存在，不取决于观察者——那么我们就无法解释这种关系了。现在只有一个办法可以解释为什么所知决定着存在：实在从根本上取决于观察者。我想，如果实在从根本上取决于观察者，那么火墙就完了。

会场内，哈洛正在发言，他表示自己同意海登的看法。“看来存在着相当强大的阴谋，使［斯困掳］不能测量R……”

与萨斯坎德A等于R的猜测相呼应的是，哈洛想知道我们是否应该追随“强互补性”。“强互补性认为我们应该这样想：［赛福安］有一些量子力学的理论，［斯困掳］也有一些量子力学理论，有一些标准决定着他们必须在多大程度上保持一致。但是，他们只需对他们都可以测量的东西看法一致。”

我坐在不太舒服的椅子上，笑着表示同意。

普通互补性认为，当被事件视界包围时，你只能局限在单一观察者的参考系内，而不能拥有非物理的上帝视角。正是这一大胆主张使时空取决于观察者。强互补性把事情带到一个全新的水平。它认为，无论是否有事件视界，你都只能局限在单一观察者的参考系内。毕竟，在AMPS方案中，赛福安和斯困捞的描述差异发生在他们尚未被视界分开时。强互补性并不只是让时空取决于观察者，它使一切都取决于观察者。

但另一方面，哈洛又沉下脸说："这似乎不符合AdS/CFT，因为这意味着一个希尔伯特空间中有一种量子力学描述。"

但是我们并不在AdS中！我悄悄地抗议。班克斯是对的：他们正在试图制作《电锯惊魂》的第五部续作。我们生活在德西特空间里，它不同于AdS，它有取决于观察者的视界。如果我们想了解宇宙，就必须停止按照AdS剪裁一切，我们得去研究这个宇宙。

"总之，[A和R]这两个东西是成对的量，"哈洛说，"但我对这个想法爱恨交加。"

我能看到萨斯坎德在点头。

发件人：伦纳德·萨斯坎德

收件人：阿曼达·盖芙特

标题：注意看arXiv网站

阿曼达：

下周初注意看arXiv网站上哈洛、海登和我的论文。有些事即将发生。

伦尼

有些事即将发生？

当一个人从伟大的物理学家那里收到一封电子邮件，读到“有些事即将发生”时会做些什么呢？显然会在客厅中绕圈跑，然后对着一只恼怒的猫跳上跳下，大喊：“有些事即将发生！有些事即将发生！”

“你觉得会发生什么？”老爸在电话里问道。斯坦福会议已经过去六个星期了。

“我觉得？我觉得他解决了火墙悖论，我认为他通过让事情更加取决于观察者来解决这个问题。我觉得他支持A等于R的看法和强互补性，海登和哈洛关于量子计算的主张是他的后盾。”

星期一，我坐在电脑前，刷新着arXiv网站，等待以萨斯坎德的名义弹出的新东西。晚上九点三十分，它出现了：《黑洞互补性和哈洛-海登猜想》。

我迫不及待地读起来。

“布索和哈洛支持一种强互补性：每一个因果小块都有自己的量子描述。”萨斯坎德写道，“在［斯困捞的］量子力学中，B与A纠缠，不与射出辐射纠缠。在［赛福安的］描述中，B与R纠缠在一起……要宣布矛盾被解决了显然为时过早，但哈洛-海登猜想的有效性将使布索和哈洛的强互补性始终成立，不需要火墙。所以我相信，最初由普莱斯基尔、霍夫特和萨斯坎德-索尔拉休斯-阿格拉姆设想的黑洞互补性仍然活蹦乱跳。[3]”

萨斯坎德说，宣布胜利还为时过早，但据我所知，萨斯坎德、布索、哈洛和海登已经扑灭了大火。火墙出局，我老爸和我的任务也重回正轨。

与此同时，我意识到在这次的大溃败中有一个教训需要吸取。火墙悖论并不是要告诉我们关于黑洞的问题，它想告诉我们一些与量子力学有关的问题。

如果每个观察者都如强互补性所要求的那样，都如班克斯一直以来所宣称的那样，有自己的量子描述，那么我们就需要重新认识量子物理学。在通常的量子理论中，只存在一个希尔伯特空间，并且纠缠是绝对的；而在一个没有火墙的全息世界里，**每个观察者**都有一个希尔伯特空间，纠缠与给定的参考系有关。情况必将发生变化。

幸运的是，我可以确定，这种变化正是我们所需要的，它终将把我们带到终极实在底部，带到存在的起源之处。在我们的追寻之中，老爸和我都发现，一个又一个不变量给取决于观察者的东西让位，我们发现的所有线索都基于这样一种假设：实在被量子力学支配。霍金辐射、全息原理、自顶向下的宇宙论、M理论、全息时空、强互补性——这一切概念都依赖量子力学。假如它们推翻了宇宙本体论，那是因为量子力学推翻了宇宙本体论。现在我可以清楚地看到，如果我们想得到答案，答案必将源于一个问题，即惠勒曾在普林斯顿提出的问题，也是当他知道自己时日无多时，决定专心研究的问题：**量子何为？**

15.

走向边缘

“假如不同的观察者对相同的事件给出不同的说明，那么我们可以认为，每一种量子力学描述都对应特定的观察者。因此，我们不能认为，某个系统的量子力学描述（态和/或物理量的数值）是对实在的‘绝对描述’，我们应该认为，这种描述是系统特性的形式化或编码化，而系统特性与特定观察者有关……在量子力学中，‘态’和‘一个变量的值’——或者‘一次测量的结果’——是相关的概念。[1]”

当我读到卡洛·罗韦利（Carlo Rovelli）的论文时，我仿佛听到一个福音合唱团在我的脑海里唱“哈利路亚”。

我之前怎么从来没有听说过这些？如此简单，如此辉煌。这正是我们需要的东西。

正如惠勒在他的日记中所强调的，量子力学的核心问题是“合著”，即第二观察者问题。或者，正如惠勒所说的那样：“当几个观察者在同一个宇宙中‘工作’时会发生什么？”罗韦利在他1997年的论文《关系性量子力学》中着手解决这个问题，这篇文章是我在偶然间发现的，当时我正在物理学文献中绝望地搜索与量子谜题有关的新看法。

罗韦利首先把第二观察者问题与狭义相对论的洛伦兹变换问题进行对比。1887年，迈克耳孙-莫雷实验首先得出了这样的观察结果：所有观察者，不论其运动状态如何，都测出光以同样的速度运动。为了解释这个结果，洛伦兹提出，物体将会按照恰到好处的比例进行物理收缩或伸展，以抵消观察者运动产生的影响，从而使光的速度不变。这时是1892年，十多年后，爱因斯坦发表狭义相对论。洛伦兹变换解释了光速的不变性，但你只要稍微思考一下就会认识到，这样的解释真是疯了。如果我正在测量一束光通过一段路需要多长时间，并且我边测量边沿着这段路奔跑，这段路怎么可能知道要精确地缩短自己，以抵消相对于光速，我的速度造成的影响，令我相信光速是恒定的？更别说这会涉及怎样的物理过程了。洛伦兹变换给出了答案，但是，像量子力学一样，它似乎非常疯狂。

如果狭义相对论的方程已经由洛伦兹在1892年写下，那么爱因斯坦的贡献是什么呢？“是理解洛伦兹变换的物理意义。”罗韦利说。洛伦兹给出了正确的结构，但讲错了故事。罗韦利说：“这是一种相当不吸引人的解释，与我们研究波函数坍缩后得到的某些解释很相似。爱因斯坦1905年的论文突然指明了问题所在，指出了人们在认真对待洛伦兹变换时感到不安的原因：人们暗中使用了一个不适合被用来描述实在的概念（时间不取决于观察者）。”

换句话说，物体的长度并没有发生足以愚弄观察者的神奇变化，关键是空间和时间是取决于观察者的。放弃不变性，一切都突然说得通了。

对量子现象进行类似的重新阐释能解释所有怪事吗？能解释波函数坍缩、第二观察者悖论吗？罗韦利认为，前人的做法，比如，玻尔的做法或者维格纳的做法，“看起来很像洛伦兹的做法，洛伦兹假定，存在一种神秘的相互作用，这种相互作用是洛伦兹收缩理论的组成部分”。

“我并不想修改量子力学，使之与我对世界的看法一致。”罗韦利写道，“我要修改我对世界的看法，使之与量子力学一致。”

那么要修改的到底是什么呢？“要排除掉绝对的或者不取决于观察者的系统状态。这相当于要排除掉不取决于观察者的物理量的值。”罗韦利写道，“对世界事态的通用的、不取决于观察者的描述是不存在的。”

我回想起那天在IHOP，老爸和我在列出终极实在的可能成分时，跳过了对实在本身的讨论。“这就好像在说，蛋糕的原料是蛋糕。”老爸以前说过。但是现在看来，我们应该讨论它，哪怕只是为了把它从列表里删掉。根据罗韦利的观点，实在本身取决于观察者。这听起来很疯狂，这意味着，实在本身并不真实。

一旦你认为量子态取决于观察者，就不存在第二观察者悖论了。毕竟，悖论源于维格纳和他的朋友对同一事件给出矛盾的描述。但之所以产生矛盾的描述，是因为我们假设他们描述的是单一的事实。维格纳的朋友说，原子的波函数坍缩了；而维格纳说，波函数没有坍缩，而且这个原子和他的朋友处于叠加之中。哪一种说法是真的？根据罗韦利的观点，不存在“真”这种概念，坍缩是相对于维格纳的朋友而言的，没有坍缩是相对于维格纳而言的，故事结束。

“因此玻尔和海森堡的核心思想——任何现象直到被观察时才能成为现象——必须独立地被应用于每个观察者，”罗韦利写道，“这种对物理实在的描述，虽然从根本上讲是碎片化的……但却是完全的。”

一方面，我并不感到惊讶，或者说，我不应该感到惊讶。我已为迎接这一刻做了充分的准备。大象是在视界外被烧焦了，还是战战兢兢地活在视界内？这取决于你问谁。不存在包含事情“真相”的上帝视角。事情的“真相”取决于观察者。另一方面，罗韦利似乎将取决于观察者的东西提升到一个全新的水平。他认为一切都取决于观察者，并在此过程中重塑量子力学。

基础物理学在悖论中发展。它一直就是这样。物理定律对每个人来说都得是相同的，但如果光有相对运动，物理定律就不可能对每个人来说都相同了。这一悖论引领爱因斯坦提出了相对论。开弦必须服从T对偶，但考虑到它们的边界条件，开弦不能服从T对偶。这一悖论引领波钦斯基提出了D膜理论。另一个悖论引领萨斯坎德提出了视界互补性：信息必须逃离黑洞，但是考虑到相对论，信息又无法摆脱黑洞。还有一个悖论则使整个物理学界怀疑，是否每个观察者都有自己对世界的量子描述：纠缠必须是一对一的，而根据等效原理，纠缠不可能是一对一的。

解决悖论的办法只有一个——你不得不放弃一些基本假设，即最初令悖论产生的、有缺陷的假设。这类假设，对于爱因斯坦来说，是绝对的空间和时间；对于波钦斯基来说，是开弦所依附的子流形的不变性；对于萨斯坎德来说，是时空定域性的不变性；对于所有与火墙混乱有关的人来说，是“量子纠缠不取决于观察者”的思想。

量子力学让我们的神经短路，因为它提出了另一个悖论：猫必须在同一时间既活又死，而根据我们的经验，猫不能在同一时间既活又死。对此，罗韦利指出，具有内在缺陷的假设是：所有观察者共享单一的客观实在；你可以从多个角度同时谈论这个世界；宇宙以某种不变的方式“存在”。

我打电话给老爸，我们花了几个小时讨论罗韦利的论文。我们讨论他的论文对终极实在来说有什么意义，直到太阳升起，或者说，直到太阳**相对于我**升起。

罗韦利的关系性量子力学认为，波函数坍缩的情况取决于观察者，这使他能够应对一种叫做EPR的思想实验。这一实验由爱因斯坦参与设计，他希望该实验能从量子力学的薄弱处对其发起进攻。

作为一个坚定的实在论者，爱因斯坦不喜欢量子理论的这一说法：粒子如果不经测量就不具有性质。爱因斯坦说，如果量子力学是概率性的，那么概率反映了我们的主观无知，实在本身并没有什么客观的不确定性。

爱因斯坦（E）、鲍里斯・波多尔斯基（Boris Podolsky，P）和纳森・罗森（Nathan Rosen，R）一起提出了一个思想实验来证明这一点。EPR实验的主要内容很简单：你有两个处于量子纠缠中的粒子，比如说，一个电子和一个正电子。因为这两个粒子纠缠，所以它们可被同一波函数描述，它们的总自旋可以为零。因此，如果测得电子的自旋向上，那么正电子的自旋就必须向下，反之亦然。它们的自旋必须是反相关的，这使它们总是相加为零。

一个纠缠的电子-正电子对在康涅狄格州的中部产生，然后两个粒子分道扬镳，其中一个来到波士顿，另一个则去了费城。我决定对电子的自旋进行测量。对自旋的测量可以沿任何空间方向进行：x轴、y轴，或z轴。我选择x轴：我的电子的自旋是向上的。与此同时，在费城，我老爸准备沿x轴的方向测量正电子的自旋。但是他的测量结果其实已经确定了：它必须向下。他的测量只晚了几分之一秒。但结果是肯定的，向下。

我老爸的粒子是如何跨州“知道”我这边的测量结果的？我的粒子给我老爸发送的任何信号都必须跑得比光还快才能赶上费城的测量。但是，爱因斯坦不允许任何人或物跑得比光快，也不允许出现他所谓的“幽灵般的超距作用”。根据EPR实验，唯一合理的解释是，每个粒子始终有确定的自旋：电子的自旋在我测量之前就向上，而正电子的自旋从一开始就向下。确实存在某些途径，使得事物客观存在，不取决于我们的观察。虽然我们也可以选择沿着y轴或z轴来测量自旋，但粒子在每个轴上都进行了初始设置。这些确定的结果，或者“隐变量”，并未出现在量子力学的公式之中。因此，EPR实验表明量子力学是不完全的。概率代表的是我们认知能力的不确定性，而不是实在本身。

爱因斯坦很不幸，约翰·斯图尔特·贝尔（John Stewart Bell）粉碎了EPR实验。他计算出，任何隐变量理论都会为多重测量的结果带来错误概率，除非隐变量由幽灵般的超距作用控制。想保住不取决于观察者的实在，就必须打破相对论核心思想中的定域性。

贝尔定理在世界各地的实验室中被一遍又一遍地以不同的方

式测试，所有测试都得到相同的结果：爱因斯坦错了。2007年，研究人员获得了特别确凿的实验室测试结果，《物理世界》头版头条刊登了一篇文章：《量子物理学对实在说再见》[2]。

尽管爱因斯坦拉开了量子革命的序幕，但是他不能接受量子理论所讲的关于实在的事。他想退到厚厚的玻璃后面，在那里他可以被动地观察一点也不在乎自己正在被他观察的实在。但为时已晚，量子力学已经砸碎了这块玻璃，而贝尔更在碎片上踩了一脚。

贝尔认为，我的电子的自旋是不确定的——它处在自旋向上和自旋向下的叠加之中——直到它在被测量时进行了随机选择。这一选择也决定了老爸那边的正电子的自旋情况，在一瞬间，速度比光速还快。由于没有人用超光速效应传输信息，所以这并没有公然违反相对论，但这是在打擦边球。

从贝尔开始，物理学家们就屈服于幽灵般的超距作用。他们说，事情就是这样奇怪。但这似乎从未完全正确。而现在，通过阅读罗韦利的另一篇论文，我彻底明白了为什么会这样。

"爱因斯坦的推理需要一个假想的超级观察者存在，这个观察者可以在瞬间测量[阿曼达]的状态和[她父亲]的状态。"论文说，"违反定域性的是假设这种非定域的超生命体存在，而不是量子力学。[3]"

关键之处是：EPR问题出现的原因似乎是我通过坍缩自己的电子的波函数，神秘地使远方的正电子的波函数坍缩。但是关系性量子力学给出了完全不同的故事。当我测量我的电子时，其波函数相对于我坍缩。对于我老爸而言，电子的波函数并没有坍缩，而我处在"测量出自旋向上"和"测量出自旋向下"的叠加之中，没有任何超光速的现象。他可以去一趟波士顿，使那里的叠加坍缩，从而发现电子的自旋与他的正电子的自旋反相关，但这是完全合法的、定域性的量子相互作用。从我的角度看，没有任何超光速的现象。从我老爸的角度看，也没有任何超光速的现象。看到超光速的现象的唯一途径是成为第三观察者，同时看到发生在波士顿和费城的事情，而这是不可能的。只要你对单一观察者所能看到的事情设限，就不会违反任何物理定律。

当然，这听起来有点熟悉。怎么解决黑洞信息丢失悖论呢？认识到单一观察者无法同时看到一个视界的两侧。那么在自顶向下的宇宙论中，明显的逆因果关系该怎样处理？认识到单一观察者不可能到宇宙外面去查看因果违逆。火墙悖论怎么解决？认识到单一观察者不可能看到一对多的纠缠。那么现在如何解决EPR悖论？认识到单一观察者不可能同时看到两次测量。我不能肯定，但我感觉到这里有个规律。

* * *

我把电话打到罗韦利的家里，他家在法国南部的马赛。

“我们试图从无名之地，从不可能的视角描述世界，这导致量子力学中出现阐释性难题——这是一个公平的总结吗？”我问。

“是的，”罗韦利热心地回答了我，“如果我们能够放弃来自无名之地的视角，放弃外部视角，并且接受‘取决于观察者’的想法，那么就没有难题了。这就是我的想法。”

“好吧，所以你得保证每次只涉及一个参考系，当你把你的测量跟别人的测量进行比较时，量子怪事就出现了。但是干涉现象呢，比如双缝实验？为什么你能在一个参考系中看到干涉图样？”

“我喜欢这个问题，”罗韦利说，“必须思考这个问题！当我们说干涉时，我们的意思是什么？为了产生干涉现象，我们需要两个东西相干。在双缝实验中，一条缝中有电子的组分通过，另一条缝中也有电子的组分通过，干涉是在两者之间产生的。但在本质上，电子并没有通过任何一条缝。干涉只是我们的一种说法，用来表示‘如果我在缝隙处测量，我会在这里或那里看到电子’。干涉并不指某事实际上正在进行中。它指的是一种对比，对比不同观察者的观察结果。用你的话来说，它指的是两个不同参考系之间的对比。”

的确如此。干涉是相的干涉，而相就是参考系，就是视角。叠加的奇特之处并不在于有许多个世界，而在于有许多个参考系。

“我一直在探究物理学不同方面的进展，我逐渐意识到，如果你试图从一个不可能的上帝视角来描述物理学，你总会遇到麻烦，”我说，“你必须用单一观察者的参考系定义物理学中任何有意义的事情。每个观察者似乎都有一个宇宙。宇宙似乎不是唯一的。”

“我明白你的意思，”罗韦利说，“这是现代物理学的挑战所在。它迫使我们放弃从前那个清晰的、客观的、定义明确的、可被完全描述的世界。量子力学要求我们放弃这些。这的确伴随着沉重的形而上学的负担。我们准备好按照这样的思想重新思考宇宙了吗？我认为，我们必须认真对待我们的物理学。”

“有趣的是，有很多前沿物理学家开始认识到，要理解实在，就要接受这样的看法：越来越多的东西是相对的。”我沉思着，思考我们从IHOP餐巾纸上划掉的东西。

“没错！”罗韦利激动地回答，“就是这样。当听说地球是圆的，人们觉得这在概念上太复杂，难以接受。悉尼人怎么会头朝下走路？最终人们理解了，并没有真正的朝上和朝下，它们是相对的。人们接受了这种想法。之后，要理解运动是相对的也很难。然后，要理解同时性是相对的也很难。我认为，量子力学是朝着同样的方向迈出的一步。它告诉我们，世界比我们所预期的更具相对性。一个观察者看到自旋向上，并不意味着该结论在其他观察者看来永远成立。”

对其他观察者来说不成立。我禁不住想起惠勒。**认为每个人都重新创造宇宙的想法非常荒谬。**“约翰·惠勒对你在关系性量子力学方面的工作有没有什么看法？”我问，“我最近花了些时间阅读他的日记，他似乎多年来都在量子力学的多观察者问题上挣扎。

“当然有，”罗韦利说，“我与约翰·惠勒关系很好。最初，他对我在量子引力方面的工作感兴趣。他用他典型的花式字体给我写了一封热情洋溢的信，这封信现在还挂在我办公室的墙上，他邀请我到普林斯顿举办一次关于圈量子引力的讲座——不用说，埃德·威滕和戴维·格罗斯提出了尖锐的批评，他们坐在台下当听众，如坐针毡。”

批评？戴维·格罗斯？我简直无法想象。

“后来，当我写关系性量子力学论文时，惠勒再次给予热情鼓励，还给我寄来一封非常漂亮的信以及一些材料。他就争议性问题写了很多材料，他把这些材料整理到一个文件夹里，文件夹的封面是橙色的，上面印着‘万物源于比特’。显然，我的关系性量子力学论文在很大程度上要归功于惠勒的直觉。惠勒明白，信息必须是正确的概念。但他一直在考量观察者，观察者观察世界，成就世界，同时又是世界的一部分。他关注这种结构造就的圆弧形轨迹，但并没有找到一种方法，使观察者之间的关系变得有意义。我在单一物理系统中将'观察者'变成多重观察者；另外，量子理论赋予不同观察者相干性，我对这种相干性进行分析。我觉得惠勒会欣赏我所做的这些工作。不过当这些论文发表时，他已经老了，没有为此写什么东西。

"我后来还见过他，"罗韦利继续说道，"他对我真是非常热情友好，我无法忘记他的眼睛。我们一起散步，走了很久。他谈了很多，不过他的声音非常轻，我几乎听不到。他不时停下看着我。我感到他很慈祥。我到普林斯顿的第一天，他一大早就到我住的地方接我——他在前台给我打电话时我还在睡觉——和我一起吃早餐。然后，他带着我散步，走向研究所。最开始，我们谁都没说话，后来他对我说：'卡洛，我以前也干过这样的事。'我说：'什么？'他说：'一大早来接人吃早餐，然后为他引路，一起散步去研究所。'我看着他。他说：'是爱因斯坦，他躲过了纳粹来到这里。我接待了他，就像今天接待你一样。'他就是这样，总是很坚定，又总能深深地打动你。他带我参观了他首次和别人谈论原子弹的房间，在那里他跟爱因斯坦谈论给罗斯福写信的事……对不起，话题被这些记忆岔开了。惠勒一直是我心目中的英雄；你可以想象，作为一个年轻人，当英雄写信赞美我时，我会有什么样的感受。我珍藏着他寄给我的所有东西。1995年，他最后一次寄卡片给我，那时我写完了第一篇关系性量子力学的论文。这张卡片上说：'亲爱的卡洛，很高兴你一直出现在我们这个令人费解的世界中。温馨美好的祝愿，约翰。’”

我的眼中浮现出罗韦利与惠勒详谈的情景。我有点担心，如果我们再多说点关于惠勒的事情，我就会像个傻子一样在电话里哭起来，所以我赶紧换了个话题。

“在关系性量子力学中，观察者似乎不可能测量自己。”我说。

“这一点令人着迷，”罗韦利回答说，“这极大地激起了我的好奇心，我已经跟那些对此感兴趣的哲学家谈过了。我一直都没有完全搞清楚这一点。的确，整体关系性视角以某种方式与不可能实现的完全自我测量相关。量子力学的整个结构告诉我们，我们的信息总是有限的。量子力学的世界在本质上是概率世界，我们只能掌握事物的部分信息。从形式上看，如果一个观察者可以对自己进行完全测量，他就违反了量子力学，但我无法讲清楚这一点，虽然这令我着迷。”

“似乎与哥德尔不完全性定理存在一定的联系。”我提出。

“是的，”他说，“绝对是的。我只是还没有弄明白。”

惠勒也一直没弄明白哥德尔问题。他已经感觉到命题逻辑、自我指称和量子力学之间存在着深刻的联系。在他心目中，确定一个命题的真值，比如，“雪是白的”或者“我裤子着火了”，相当于使一个量子波函数坍缩。在他的设想中，假如所有观察者——曾经存在的，还活着的，或者即将存在的——一起将值分配给足够多的布尔是/否命题，我们就可以共同构建宇宙。但是，惠勒方案中的缺陷也前所未有地明晰起来：没有集体性的宇宙。对我来说，我的裤子可能并没着火，但从其他视角来看，它可能恰好着火了。罗韦利优雅地证明了波函数坍缩及命题的真值都取决于观察者。惠勒希望有“合著者”，但实在没有“合著者”。当画出U形图时，惠勒曾假设，回望着自己的巨眼实际上是众多眼睛的化身，无数观察者都凝视着同一个宇宙。巨眼同时包含了所有可能的参考系。但是如果说我从黑洞物理学、视界互补性、自顶向下的宇宙论、火墙悖论，以及现在的关系性量子力学中了解到些什么，那就是：一个宇宙有一只眼睛，基本规则是你每次只能谈论一只眼睛，无论你在赛福安的参考系中，还是在斯困捞的参考系中；在我的参考系中，还是在我父亲的参考系中。观察者永远不可能跨越多个参考系进行观察。如果他们可以跨越参考系的话，物理学就崩溃了。惠勒认为这是一个参与性宇宙，他认为在同一时间可能有多个参与者。对于一个要到所有地方，跟所有人说话，问所有问题的人来说，最糟糕的就是唯我论——一个宇宙中只有一个人（一条蠕虫、一块石头）。

“在各种理由中，爱因斯坦-波多尔斯基-罗森实验是真正有价值的，因为它告诉我们，有两个观察者参与创造实在。”惠勒在他的一篇日记中写道，“我们关注如何往前走，研究两个或更多的观察者，两个或更多的‘系统’，两次或更多次观察，最终希望看到铁柱和混凝纸如何创造实在。”

罗韦利指出：EPR实验表明，不存在能被所有观察者共享的单一实在。每个人都陷在自己的混凝纸世界中。

惠勒知道哥德尔不完全性定理中隐藏着一些东西，一些理解量子力学和宇宙的线索，但他找错了地方：外部。就连哥德尔本人也犯了同样的错误。他并不为不完全性感到担忧，因为他敢肯定，不囿于数学，我们可以判定原本无法判定的事。“这个数学系统不能证明这个句子”，这在系统内不可判定，但是如果从外部看，我们仍然可以说这句话是真的；只不过，这种说法没法用数学表述——你不能在数学之外研究数学。一定还有别的东西，不太能站得住脚的东西，比如“直觉”。哥德尔说过，直觉在判断真伪方面是足够有效的。跟惠勒一样，他希望我们总能从外部赋真值，他相信人类心灵的力量可以弥补数学系统的不足。但鉴于他因噎废食的做法，他算不得乐观主义的化身。

我对物理学的全部了解让我有了这样的直觉：没有外部。你不能走到数学、宇宙，或者实在的外面。它们都是单面的硬币。

惠勒知道宇宙是个单面硬币，但他不想承认这一点。他认为，在个体与集体，内部与外部，自激回路与哥德尔观察者之间存在对峙关系，这种对峙关系是终极的。终极对峙关系深深植根在实在的核心处，是物理学的中心议题，是一个致密的、扭曲的大坑，承载着我们难以想象的宇宙形式。量子力学要求外部观察者令波函数坍缩，但广义相对论摒弃了外部观察者。量子引力必须解决这一悖论，但同时也要遵循斯莫林的名言：宇宙学的第一性原理必须是“宇宙之外为空”。

一个令人难以想象的东西只能从其自身的架构中产生出来。没有外部的东西只能在内部诞生。宇宙必须是一个自激回路，创造的火花就在它的肚子里点燃；宇宙靠一己之力成为自己。如果观察是生存的前提，那么宇宙别无选择，只能去观察自己。

我回想起老爸很多年前说过的一番话：你需要知道一些关于实在的事。我知道，看起来，你和你外面的世界是相互独立的。你能感受到这种分离的状态。但这只是幻象。里就是外，外就是里。我们喜欢认为自己与世界、自然是分离的；我们觉得自己是闯入者——闯入者在某一天神秘地醒来，发现自己在一个外化于自己的宇宙中。但是，我们是宇宙的碎片，是稍纵即逝的东西。正如惠勒所设想的那样，我们就是正在看着自己的宇宙。当我们自己就是镜子时，我们如何照自己呢？

我们身陷宇宙之中，这意味着我们无法在不描述自己的情况下给出宇宙的一致性描述。但是，哥德尔不完全性定理表明，自我指称表述不能在表述它们的系统内被证明。那么，宇宙学的自我指称表述呢？“在……之内”就是我们全部的情况。这根本无法得到证明。在物理学中，“证明”意味着“测量”，而测量就是收集信息。宇宙的哥德尔不完全性似乎限制了我们的信息量。如果自我指称表述不能通过物理测量得到证实，那么观察者就无法测量自己。

正如罗韦利已经向我证实的那样：“[量子力学的]整体关系性视角以某种方式与不可能实现的完全自我测量相关。量子力学的整个结构告诉我们，我们的信息总是有限的。”他不是唯一一个持此类想法的人。布索在论述S矩阵不能描述宇宙学时，也是这么认为的，“当封闭系统中的一部分试图测量另一部分时，就会出现这种情况……显然，如果某设备试图建立某个系统的量子态，那么该设备的自由度不得低于该系统的自由度”。[4]”事实上，科学哲学家托马斯·布鲁尔（Thomas Breuer）使用哥德尔式论证证明了“任何观察者都无法获取或存储足够的信息，所以也无法区分自己所在的系统的所有状态[5]”。

如果大象能够测量自己，让自己的波函数坍缩，那么它就不需要相对于自身之外的任何事物存在——换句话说，它将会在本质上存在。它将不取决于观察者。在自我肯定——也有可能是自我毁灭——的行动中，薛定谔的猫会在任何人打开盒子之前使自己的波函数坍缩。但通过量子力学——通过不确定性关系、互补性、EPR实验——我们可以证明，如果我们假设大象是某种客观的、不取决于观察者的固有存在，**我们就会得到错误的答案。**

通过将一切相对化，罗韦利拒绝以任何形式对观察者和被观察者进行本体论上的区分。他用量子一元论消除了竞争——所有的视角都是可能的参考系，没有哪个更好。这消除了一个看似矛盾的现象，即观察者不能同时是主体和客体，但在某种程度上又恰恰同时是主体和客体。我是**相对于我**的主体。我是**相对于我老爸**的客体。不存在令我同时是主体和客体的上帝视角，因为自我测量是不可能实现的。如果我能测量自己，我将同时是主体和客体，而量子物理学会土崩瓦解。禁止自我测量支持了维特根斯坦的直觉，“主体不属于这个世界；不如说，它是这个世界的边界”。

罗韦利已经向我们表明，只要我们假设可由多个观察者分享的单一实在存在，量子力学似乎就会陷入疯狂。放弃这一概念，所有的量子怪事就开始变得完美。我们可以通过接受物理学所要求的宇宙唯我论来化解第二观察者问题。这并不是埃弗雷特或维格纳曾短暂考虑过的、只有一个绝对观察者的唯我论。有一种极度依赖观察者的唯我论，这种唯我论本身就是取决于观察者的——正如罗韦利强调的，一个参考系中的观察者被另一个参考系中的观察者观察。

但这只有在观察者不能测量自己的情况下才成立。如果观察者能测量自己，量子态就是绝对的，整体逻辑就会变成布尔逻辑，干涉图样就会消失，量子一元论会分裂成一种危险的二元论，雷迪曼的实在论将败给爱因斯坦的实在论，月亮将在不变的天空中保持稳定，而我老爸和我会因为失败而垂头丧气，因为我们实际上是在同一个宇宙中工作，它是“有”，而不是“无”，它的存在永远无法解释。感谢上帝，我们有哥德尔。

一直以来，所有人都认为哥德尔的定理是关于知识极限的、深刻的悲观声明。但是，在“无”的宇宙中，极限正是我们所需要的。

谈到视界，我已经了解了有限视角的潜在影响。视界标志着一个观察者的参考系的边缘，视界面积可表示观察者能够获得的信息量。现在我明白了，在一个内含其观察者的宇宙中，固有的自我指称使观察者的信息具有局限性——观察者的信息是一种逻辑视界。我们的正宇宙常数、我们的德西特视界会是哥德尔不完全性的某种物理表现吗？

我觉得这太有趣了，从“不变”到“取决于观察者”的转变似乎总由这样的发现触发：某些自然特征长期以来被认为是无限的，或被认为等于零，但它们竟是有限的。在相对论中，有限光速——长期以来被认为是无限的——使空间和时间取决于观察者。在量子理论中，长期以来被认为是零的普朗克常数是有限的，它使所有由不确定关系联系在一起的物理特征都取决于观察者。所有人都曾认为，时空中一个区域的熵是无限的，但其实是有限的，这使时空本身取决于观察者。光速、普朗克常数、熵，它们都代表着自然界最根本的极限。这些极限都是线索。如果我们能找到这些极限，我们就可以找到实在。反之则找不到。

惠勒认为，信息是由命题演算的逻辑规则联系起来的二进制位，是构成实在的原子。“逻辑是建筑材料。”他草草写下。但逻辑已经被证明是取决于观察者的——一个参考系中的“对”，在另一个参考系中看起来则像“错”。在特丽贝卡大酒店的休息室中，弗蒂尼·马库普卢曾告诉我，我们需要使用非布尔逻辑——取决于观察者的逻辑——来对每个观察者只有部分信息这一事实进行解释。布尔逻辑是我们通常认为成立的普通逻辑，其基本规则是：如果p为真，那么非p就为假；或者，如果p意味着q而p为真，那么q也为真。还有特别重要的排中律：一个命题p，要么是真的，要么是假的，没有第三种选择。非布尔逻辑——量子逻辑——公然违反排中律。一个命题p，可以为真也可以为假，这取决于你问谁。

但是现在我看到，只有当你比较两个或更多的观察者的观点时，逻辑才变成非布尔逻辑。对任何一个观察者来说，p要么为真，要么为假。只有当我们试图同时从多个参考系来观察p，我们才会违反排中律。经典逻辑告诉我们，一个粒子要么通过这条狭缝，要么通过另一条狭缝。非布尔逻辑提供了第三个选项：粒子同时通过两条狭缝。但问题是，任何观察者都无法看到粒子同时通过两条狭缝。这需要一个不可能的上帝视角，类似于同时从黑洞视界内部和外部观察。盯着狭缝，你会看到粒子只通过一条狭缝。“光子同时沿着两条路径传播”之类的说法是错误的。这类说法假定存在某种单一实在；假定存在一种方式，使事情“实际上是这样”。但是大自然告诉我们事实并非如此。我们所了解的是：当我们比较观察光子路径的两种可能视角时，我们错误地假设存在两种视角共享的单一实在，光子看上去同时沿着两条路径传播，看上去遵循非布尔逻辑。

我们从来没有看到过既活又死的猫。叠加代表着视角的多重性，但根据定义，一个给定的观察者只有一个视角。叠加带有上帝视角的意味。我们从干涉图样中看到了叠加的证据，但正如罗韦利所说，干涉图样是多参考系比较的结果。我现在意识到，关键在于如果实在不取决于观察者，我们就不会看到干涉。所有视角都是等价的，你可以将一个映射到下一个，每个命题值与其他命题值完美地连接在一起，真上真，假上假。在萨斯坎德的FRW宇宙中，视角以同样的方式排列，直线连直线，这是一种代表不变性和终极实在的直线。但是，如果实在在根本上取决于观察者，那就意味着宇宙是“无”，那么我们就需要干涉，干涉能切实消除我们视角之间的分歧。干涉——非布尔逻辑的物理表现——的存在是因为没有什么是实在的；或者说，是因为实在是“无”。这种量子力学的“多参考系”解释使疯狂错乱的双缝实验真正开始变得有意义。

由于存在引力，逻辑必须是非布尔逻辑。引力就像一种逻辑规范力。在广义相对论中，所有观察者的时空局域小块都是平直的，但是当你试图把许多局域小块缝在一起时，它们并不总能准确对齐，最终你会得到一个能产生引力的弯曲时空。同样，当面对量子测量时，每个观察者的局域逻辑都是布尔逻辑——只有当你试图将一个参考系与其他视角拼在一起，形成单一实在时，才会出现非布尔逻辑。各个命题的真值不匹配。正如引力的存在可以解释为什么从其他角度看，惯性观察者在加速；量子干涉的存在可以解释为什么一个真命题从另一个角度看是假的。把局域逻辑缝在一起，它们会创造一个扭曲的逻辑空间。非布尔逻辑是一种虚构的逻辑。

命题：雪是白的。对我来说，真值为：是的。对另一些人来说，真值为：不是。按老派的布尔观点看世界，我们的失配信息能引发灾难。但是物理学现在告诉我们，我们不能同时谈论两件事。它们是非对易的规范副本，是违反量子力学后得到的同一头大象的两个克隆品，是来自同一比特的两个东西。萨斯坎德曾经表示过，一切都源于误用了“和”字。不是对和错——应该是：对或错。布索曾经表示，“量子引力可能不允许我们对宇宙进行单一、客观和完全的描述。它的规律可能取决于观察者——每次不超过一个——所在的参考系[6]”。选择一个参考系。选择一个局域布尔代数。选择一只眼。

这难道不是量子力学一直以来想要告诉我们的事吗？就像不确定性原理。我们不能同时精确地为位置和动量，或时间和能量赋值。“同时”是什么意思呢？就是在一个单一的参考系内。

玻尔和海森堡知道这一切。他们知道互补特征的值是相对于测量装置而言的。他们错在认为一旦一个特征被测量，它的波函数就会坍缩，它的值对所有地方的所有观察者来说都是固定的。如果想让上述错误看法成立，就必须认为观察者是站在物理定律之外的、特别的东西。玻尔正是这么想的，惠勒试图追随他的脚步。但惠勒在内心深处有疑虑，觉得这种看法立不住脚：如果观察设备和被观察系统之间没有区分线，就不可能有基本现象。但是这条区分线就像一个错综复杂的迷宫，从一个角度看，它在观察设备那边，可被认为是观察设备；从另一个角度看，它在被观察系统那边，可被认为是被观察系统。罗韦利最终找到走出迷宫的方法。事实上，换一个参考系，所有的观察者都可以是被观察者。实在从根本上取决于观察者。

爱因斯坦幽灵般的超距作用实在是怪异，因为它是凭空冒出来的。爱因斯坦应该比其他任何人都更了解这一点。他认为，纠缠破坏了定域性，光的速度不可被超越。但是，真正破坏定域性的是他所用的参考系——一个同时包含两个光锥的参考系。当然，爱因斯坦也许不为跨光锥描述物理学感到担心，因为尽管发现从一个参考系到另一个参考系，时间和空间会发生变化，他仍然认为，实在的某些基本特征是不变的。如果他是对的——如果一个电子的自旋对于所有可能的观察者来说总是向上的——那么他的上帝视角就不会引起任何麻烦。但麻烦却出现了。幽灵般的麻烦。出问题的不是定域性，而是实在。尽管爱因斯坦对老派实在论有着异乎寻常的执着，实在的基本特征却并不是不变的。它们取决于观察者。如果你试图从上帝视角对它们加以描述，你会得到错误的答案。

我知道爱因斯坦谈论的是一个宏大的实在论游戏，但我对此表示怀疑。爱因斯坦有没有想过，有些东西看似是不变的，但其实是相对的？

我需要整理一下思绪，把凌乱的材料拼凑在一起，于是我坐上了开往费城的火车。

当我按响父母家的门铃时，迎接我的是沉重的寂静。没有吠叫声，没有哼哼声，也没有摆动的尾巴。凯西蒂十一岁时腿上长了一个葡萄柚大小的肿瘤。它就像马戏团的演员一样抬着那条腿，这种状态持续了将近一年，直到疼得实在受不了了。兽医告诉我们，很难截肢，而且截肢也活不长。当凯西蒂的宇宙走到尽头时，老妈是它身边唯一的观察者。老爸把凯西蒂的碗和链子都放在自己的桌上。当他们告诉我这个消息的时候，我对着手机哭了。一切都是幻觉的想法也没有让我感到安慰。凯西蒂是我所见过的最甜美的幻觉。

我发自内心地渴望回到起点，回到H态，我想让事情变得有意义。“你有没有留下我们最开始讨论宇宙问题时写下的笔记？”我问老爸。

“应该在书斋的某个柜子里，”老爸说，“希望你能找到。”

书斋里，数不清的书堵在书柜门前。我卷起衣袖开始搬书，我把书放在沙发上，放在地板上还能放得下书的地方。这些书堆就像树的年轮一样，记录着我老爸在不同时间的兴趣点。靠前的是最近收集的宇宙学和量子引力方面的书，后面则是相对论和量子力学方面的书，接着是天体物理学和天文学方面的书。终于，我看到了最后一个书堆，这堆书种类很多：爱因斯坦的传记、薛定谔写的《生命是什么？》、鲍勃·迪伦的歌词汇编，还有几本哲学家艾伦·瓦茨写的书，其中一本是《禅之道》。

我翻着泛黄的书页。老爸曾经告诉我，他小时候放暑假时，曾躺在他家后院的吊床上读《禅之道》，那里距后来他和老妈抚养我的那个家只有三千多米。“这本书讲的是自我的幻觉，”老爸曾告诉我，“以及主体与客体的对偶性。我完全被这种思想征服，这种思想看起来如此简单，却又如此深邃。这使我对周围的一切都谨慎小心。那时的我就是这样。一只蜜蜂落在书页上，拉了泡屎，然后飞走了。我将书页上的污渍圈起来，并在空白处写道：‘蜜蜂在此处方便。’”

当老爸跟我讲那段经历时，我却在想，如果有一只蜜蜂在我的书上拉屎，我会怎么做。我很有可能将污渍圈起来，在旁边写下“算术”。我十四岁时偷偷溜出这间屋子，去文了我的第一个文身，老爸毫不知情。有趣的是，认同存在主义，同时又很焦虑的我文了汉字“禅”。我虽然很叛逆，但也想变得更像老爸。老爸的眼中藏着智慧，他有一双褐色的大眼睛，眼尾向下耷拉着，所以他看上去总是一副睡眼惺忪的样子。我的眼睛和老爸的眼睛很像，我认为这不是单纯的基因复制，而是一种神秘的联系。老爸的禅宗式思维使他顿悟，想出了H态。在这样的概念中，“无”和“有”在本体上相等。正是他的H态导致我撒了小谎，有了关于人生、一本书和一个宇宙的梦想。

书上蜜蜂粪便的痕迹让我觉得伤感，我把书轻轻放下，生怕破坏这个痕迹。我挪开了几本佛经和几本关于空间和时间的哲学书，还有几本威廉·卡洛斯·威廉姆斯的诗集。威廉姆斯是我老爸最喜欢的诗人。这可能是因为威廉姆斯的作品中有超现实主义和禅宗的特质，可能是因为威廉姆斯也在宾夕法尼亚大学当过医生，下班回家之后也过另一种生活。他写诗，我老爸追寻宇宙奥秘，在我看来其实是一回事。

当我最终打开书柜门时，我发现了一堆硬皮笔记本。我把它们带回到我的老卧室，趴在床上读起来。

一个笔记本，老爸只用将近四分之一，剩下的是白页；然后他莫名其妙地换新的笔记本用。每个条目都在阐释H态的意义，都在思索一个令人恼怒的问题：为什么会发生变化？

“‘有’和‘无’是对偶的，在极端状态下，它们成为一体……‘有’和‘无’都在H态中。因此，从‘无’中‘显出有’并不是什么概念上的飞跃。但‘无’怎样从无特征空间变成不均匀的、充满特征的、包含万物的宇宙？”老爸写道。

“一切——包括时间、空间、能量和实体——只不过表现了H态在表面上的变化，但H态最终不会改变。”他在另一处写道，“为什么会这样？根据定义，H态具有完美的均匀性，它不会改变。”

最后，老爸拼凑出一个答案：“我们可以用自然界的三个不同的、根深蒂固的理论来解释这个问题。事实上，如果H态不遵循这三个理论，它就违背了基本科学原则。”

首先是热力学第二定律。他写道，H态只有一个组态，H态的熵为零。根据热力学第二定律，熵必须增加。与此同时，因为H态极度均匀，所以它的熵是无限的。“H态既是终极有序的，又是终极无序的；既不是终极有序的，又不是终极无序的！它是两者的混合。因此，终极有序和终极无序是完全一样的！宇宙必须从H态中产生，并最终‘回归’H态。”

其次是对称性破缺。“H态具有完美的均匀性，按照定义，它是完全对称的。一个完全对称的状态是不稳定的……物理学家们已经认识到，对称性破缺使我们这个世界有了特征。如果一切都来自对称性破缺，那么一切都必须源自完全对称的状态：H态。”

再次是量子力学，老爸写道。根据量子力学的定律，宇宙中没有任何东西具有确定的能级，H态也是这样。不确定性原理要求H态放弃其均匀性。量子涨落产生了一种内在的振荡，从而形成了“物性”的基础，就像车轮必须围绕固定中心旋转一样。

“因为一切都是完全相同的，”他写道，“人们无法在H态内分辨精确的位置或时间。没有位置，所有位置都是相同的。没有时间，所有瞬间都是相同的。无论是在空间上，还是时间上，或者在任何其他的维度上，都不会有任何变化。但是，自然界所有的基本定律都表明，这种状态无法持续。它是不稳定的。热力学定律、对称性破缺和量子力学规定了H态从‘无’到‘有’的变化。既然在H态内没有空间或时间，那么这种变化将在全部空间中、全部时间内发生。你可以说，宇宙的起源始于一个点，但它的大小是无限的……均匀性是终极实在。模型是常规实在……‘无’不能存在。它是不稳定的。”

老爸的推理令人印象深刻，与这些年来我所遇到的物理学家的推理完全一样。比如，维尔切克就曾写道：“宇宙中最对称的相位通常是不稳定的。人们可以推测，宇宙在可能存在的最对称的状态下诞生，在这样的状态下，没有物质存在……最终，如果没有其他因素影响的话，不那么对称的相位将作为量子涨落出现……这种事件几乎等同于大爆炸……那么我们对莱布尼茨提出的伟大问题——为什么‘有’存在，而‘无’不存在——的答案就是：‘无’不稳定。[7]”

“无”不稳定，量子涨落将把“无”变为“有”——我们已经了解到，这种看法存在问题。它是一个整体故事，由全知全能的叙事者讲述，这个叙事者拥有不可能存在的上帝视角，拥有处在H态之外的参考系，由此，被定义为没有外部的H态将发生变化。更重要的是，它以量子力学存在为前提，没有回答惠勒的问题：量子何为。

但现在，多亏有罗韦利，我有了初步的答案。“量子何为”与“为什么是非布尔逻辑”是一样的。我现在知道了，非布尔逻辑是虚构的逻辑，当你跨越视界时，当你试图同时从多个角度描述实在时，这种逻辑就会突然出现。因为实在从根本上取决于观察者，所以量子逻辑是非布尔逻辑。不存在一种能描述事物“实际上是什么样”的单一方式，我和老爸各有自己的“实际上”，但不能两者兼有。

由于没有外部，H态不会发生变化。但是从内部来看，它似乎会发生变化，就好像从内部看，“无”就像“有”一样。在内部，光速是有限的，观察者无法看到一切。他们的视角是有界的。当你给H态加上边界时，它就不再是H态。它不再是“无”。它是“有”。

这一思路的问题在于，它需要有限的光速来定义光锥，从而定义观察者的视角。顽固的光速依旧在IHOP餐巾纸上，成为最后一个无法抹掉的、令人费解的成分。**如果说观察者创造实在，那么观察者来自哪里呢？**

我翻着老爸的笔记本，感到沮丧。老爸引用了老子的一句话，并在旁边画了一颗星：“道者，万物之奥。”

几天后的一个早晨，我起床后发现卧室门外的地上放着一篇文章。老爸老妈都去上班了。我昏昏沉沉地拿起文章，上面贴着一张便条：**一条线索？**

我坐回床上开始读文章。这是一位名叫洛朗·诺泰尔（Laurent Nottale）的法国天体物理学家的演讲稿。奇怪的是，这次演讲所属的会议不是关于物理学的，而是关于佛教的。我笑了。物理学与佛教？再加上鲍勃·迪伦和燕麦葡萄干饼干，这就是我老爸的伊甸园。

诺泰尔在演讲中说，相对论是关于“空”的理论，运动之空，时空之空。爱因斯坦最幸福的思想是，一个以自由落体方式运动的人无法感受到自己的重量。“多亏了这一点，”诺泰尔说，“他已经意识到看起来坚实、普遍的引力在本质上并不存在。[8]”它取决于观察者，它最终不是实在的。

“色即是空，空即是色，”诺泰尔引用《心经》说道，“这就是相对论告诉我们的。”

当我看到第十页的时候，我发现老爸标记了一段文字。“色即是空是因为总有可能找到一个参考系，在这个参考系中，事物消失了……事物在适当的参考系中……在自我指称系统中消失……这种看法适用于我们所考虑的任何特性。特性会在适当的参考系中消失。考虑任何你想考虑的东西，比如，颜色、形式、实体、质量、粒子，并把你自己放进其中，放进事物的内部，然后事物就消失了。在颜色之中没有颜色……波长决定颜色，如果你小于某种颜色的波长，这种颜色的概念就不复存在。它完全消失了。如果你处在光中，与它同步运动，那么光和时间就消失了（这正是爱因斯坦在十五岁时搞明白的问题，后来他在这一基础上创立了相对论）。因此，在运动中，没有运动；在位置中，没有位置；在粒子中，没有粒子。[9]”

我把这篇文章放在腿上。真是胡扯。

但就是这样。

这就是答案。

十几岁的爱因斯坦曾经问过，假如你以光速和光一起运动，光会是什么样子。当你换一种思路，思考对于光来说宇宙是什么样子时，会发生什么？光子会看到什么？

根据定义，光在空间中耗尽了它的全部时空商，没留一点给时间。换句话说，它不需要任何时间就能看到全部空间。从我的角度看，一颗距我500万光年的恒星发出的光要花500万年时间才能到达我的眼睛。但是从光的角度看，这一旅程是瞬间完成的。从光的角度看，光速不是光速，光没有速度，光在一瞬间就遍及各处。光子看不到宇宙。光子看到的是一个奇点。

它看到了H态。

我恍然大悟。如此多的东西依赖光速：视界、光锥、信息边界、参考系、观察者。只要光速是不变的，它们就是不变的。

惠勒也曾担心光的不变性。1985年8月27日，他在日记中写道："我的图（U形图）展示了一种自反体系，但至少有一个基本元素，即虚线。"这虚线就是有限的、不变的光速。惠勒的自激回路可以为一切辩解——除了光速。

但是现在，我看到光速不是不变的。它不是实在的。这是实在测试。假如你能找到一个参考系，在这个参考系中某个东西消失了，那么这个东西就不是不变的，而是取决于观察者的。这样的东西不是实在的。诺泰尔指出了光速在哪个参考系中消失：光的参考系。

视界是实在仅存的部分，是沙堡在无边无际、千篇一律的海滩上的最后痕迹，是穿越宇宙历史回溯的虚线，是"有"和"无"之间最后的堡垒。视界是由光构成的。光被加速度和引力冻结在适当的位置。

但是，视界没有视界。

边界没有边界。

边界的边界是零。

那天晚上，我请老爸去我们常去的中餐馆吃饭，正是在那里，他第一次问我关于“无”的问题。

我知道，将自己的生活搞得像首尾呼应的电影一样太老套了。但我感觉应该这样做，这样做能提醒我，我们走了多远，同时也提醒我，几乎什么都没有改变。此外，我知道老爸特别喜欢吃这里的腰果鸡丁。

我们来到餐厅，坐在原来那张桌子旁——我发誓是那张桌子，但也有点怀疑我们都记错了。点餐后，我拿出笔记本。“好吧，”我说，“我把关键线索列出来了。”我逐一把它们读出来。

一:“无”被定义为一个无限、无界的均匀状态。这意味着，“有”被定义为有限、有界的状态。要从“无”到“有”，你需要边界。

二:没有非零守恒量。从某种意义上讲，一切都是“无”。

三:所有物理现象似乎都在边界上被定义，在视界上被定义。

四:只有在单一观察者、单一光锥的参考系中，物理定律才有意义。

五:根据自顶向下的宇宙论和惠勒的延迟选择，给定一个单一参考系，整个取决于观察者的宇宙历史将会展开。

六:视界互补性和全息时空表明，超出我的视界，没有什么是实在的，我的光锥分割出的区域似乎就是实在的全部。

七:我们的宇宙常数是正的，这确保任何给定的参考系都有无法回避的、取决于观察者的边界。宇宙从根本上说是分裂的。你永远也不会看到事情的全部。

八:宇宙微波背景辐射中的低四极矩似乎表明，整个宇宙的大小就是可观测宇宙的大小。

九：量子力学的关系性本质和哥德尔自我指称不可避免的局限性确保一个主体不会成为它自己的参考系中的对象，这转而使世界支离破碎。

十：M理论——迄今为止我们对物理世界最好的描述——似乎没有本体。

十一：实在从根本上取决于观察者。终极实在的每一种可能成分，IHOP餐巾纸上的每一项，都已经被划掉。没有什么是不变的。最终没有什么是实在的。

"这些线索勾画出一张漂亮的、引人注目的图片。"老爸说。

这是一种轻描淡写的说法。整件事有点不可思议，这一切为什么能够如此恰如其分？它们会归于何处？归于"无"？

"你觉得这一切意味着什么？"我问。

"我在思考你正在思考的事，"他说，"一切都是'无'，都是H态，只有当你拥有有限的内部视角时，一切才看起来像'有'。由于不存在外部视角，你只能有一个有限的内部视角。没有外部。但你还是可以通过光的视角、视界的视角进行转化，回到永恒的'无'那里。"

这就是我正在思考的事。老爸将"无"定义为无限、无界的均匀状态包含着两层含义："无"没有外部，并且"无"永远不变。这乍一看好像不太可能——如果不能改变，宇宙如何诞生？但是我在斯莫林的启发下得到了答案：宇宙必须起源于"无"的内部。通过边界给出某个内部参考系，宇宙就诞生了，它的历史从现在延伸到过去。自顶向下的宇宙只相对于其参考系存在。超出参考系，什么都没有。

上帝视角的失败标志着不存在任何超出单一观察者视角的实在。

“如果你从这样一个前提开始——内部参考系通过把无界的‘无’转变为有界的‘有’来创造宇宙——那么你实际上是希望物理学一次只在一个单一参考系内有意义，跨越视界考虑问题是错误的，当你这么做的时候，就会出现无意义的冗余。”我说，“如果单一参考系标志着实在的边缘，你会认为自己看到了某种证据，证明宇宙视界之外什么都没有。”

“像宇宙微波背景中的低四极矩那样的证据？”老爸笑嘻嘻地问道。

我也冲他笑。这是个诱人的前景。

有一点是明确的：存在的关键是边界。最初，我曾担心，单靠光锥我们无法保住“有”。给出无限长的时间，任何给定的光锥都将吞没整个H态，将“有”变回“无”。你似乎需要某些永久的东西，类似暗能量提供的那种永久的边界。但话又说回来，指出观察者不可以测量自己也许就足够了，也许哥德尔不完全性定理和不可能实现的自我测量牵制了“无”，世界总是被切成两半，观察者和被观察者。

要把“无”变为“有”，你需要信息边界，需要有限的信息量使‘万物源于比特’。惠勒在去医院的路上写道：“信息理论的某些特征就在物理学、时空，以及存在本身的底层。如果有人问我的临终遗言是什么，就是这句简短的话。”

我一直想知道，惠勒有那么多深刻的思想，他为什么把这句话作为他对实在本质的遗言。为什么不是自激回路或者边界的边界？为什么是信息？

现在我开始明白信息到底是什么：不对称。要记录一个信息，你需要两个可区分状态：黑色或白色，自旋向上或自旋向下，0或1。你需要二重性。但熵是用来衡量信息缺失的，熵带来对称性。分布均匀的气体是典型的高熵体系，看上去处处相同——高度对称。什么是对称性？对称是描述的冗余，信息的冗余。如果你需要描述一片有五个角的雪花，你只需要其中一个角的信息，然后告诉我一共有五个这样的角。你不需要挨个描述每个角，因为它们只是相同信息的重复。一片有五个角的雪花是对称的，因为一个角的信息被描述了五次。越是对称的东西，包含的信息越少。

老爸的H态中不存在任何分化，是完美对称的状态，这意味着其中没有信息，所以视其为“无”是有道理的。那么，如何从H态获取信息，把“无”变为“有”呢？给“无”加上边界就可以了。边界打破对称性，创造信息。边界取决于观察者，因此它创建的信息也取决于观察者。

楚雷克告诉我们：“在经典物理学中，你可以查明一个系统的状态，然后另一个人也可以查明这个系统的状态，你们意见一致。在量子力学中，这通常是不可能的。”

我现在明白为什么这是不可能的。进行一次量子测量相当于选择一个参考系。在所有可能视角的非布尔叠加中，没有分化，没有信息。量子干涉确保了这一点。当你通过一个单一视角，通过布尔逻辑，通过是或否进行测量时，你就打破了叠加的对称性，并随机产生了一些信息。“这是参与性的工作，”楚雷克说，“这是宇宙诞生的线索。”

“假如这个世界不是量子力学的世界，”我对老爸说，“那么它不可能从'无'中出现。和通常的情况不同，我并不是说量子力学拿着某种你称之为'无'的状态，然后用不确定性原理将'无'变成'有'。这不是什么了不得的想法。这是在假设从一开始就有量子力学。我的意思是，如果世界并不由量子力学描述，那么逻辑将是布尔逻辑，实在将是不变的。所有观察者对命题真值的看法一致。他们对于'什么是真实的'看法一致。他们的观点之间不存在任何干涉，物理学将是经典物理学。但是，当你有了不变性，你就有了'有'，有些事情，你就无法解释了。实在与'无'在本体论的层面上将截然不同，你将陷入不可逾越的、逻辑无法修复的鸿沟。认为宇宙从'无'中诞生，但现在是"有"是没有意义的——这种转换无法进行。假如宇宙本身就是'无'，这一切就说得通了。如果宇宙是'无'，那么最终只有'无'是实在的。没有什么是不变的。这种不变性的缺失以量子力学的面目出现在我们眼前。"

"所以，如果宇宙中有真实存在的东西，如果宇宙是'有'，量子力学就不能描述它了吗？"

"这是我的预感"，我说，"惠勒一直都知道量子是线索。我认为量子在提示我们：实在取决于观察者，一切从根本上说是'无'。"

"你知道柏拉图的洞穴比喻吗？"老爸问，"所有犯人都在山洞里被拴起来，他们无法看到外面的真实世界，只能看到墙上的影子。我们可以消极地猜想，他们永远不知道真实世界是什么样的。但真相是，你必须待在一个有限的参考系内才会拥有实在。如果你没有受束于你的光锥，你会看到'无'，看到H态。"

我点点头。"你本来没有信息。你需要打破对称性这个影子，才能拥有信息，而信息造就了世界。万物源于比特。”

我的兴奋之情溢于言表。很明显：有限的参考系创造出世界的幻象，甚至连参考系本身也是一种幻象。观察者创造了实在，但观察者却不是实在的。观察者之间并不存在本体论上的区别，因为你总能找到一个参考系，让某个观察者在其中消失：参考系本身的参考系，边界的边界。

“如果物理学家有一天发现一个不变量，游戏就玩完了。”老爸若有所思地说，“那将排除掉一个假设：宇宙实际上是‘无’。”

的确。但至少到目前为止，没有不变量，一切都是相对的，都取决于观察者。时空、引力、电磁力、核力、质量、能量、动量、角动量、电荷、维度、粒子、场、真空、弦、宇宙、多元宇宙、光速——它们一个接一个地降级为幻象。实在的表象消失后，只有“无”依然存在。

在我看来，这些结论来得太突然。灯光闪耀，五彩纸屑从天而降，我们仿佛光荣地成为百货店的第一百位顾客。我们来到餐厅。人们欢呼着，围着我们鼓掌。在人群中，我发现了一些熟悉的面孔。裙摆飘逸的是弗蒂尼·马库普卢。在她旁边，我看到卡洛·罗韦利和李·斯莫林。阿兰·古斯背着巨大的黄色背包站在那里。披着长发的詹姆斯·雷迪曼也在那儿。蒂莫西·费里斯站在那里，晃着车钥匙。安迪·阿尔布雷希特边笑边挥手，仿佛在说“别担心”。我一下子就瞥见了巴拿马草帽：是布罗克曼和马特森。在他们身后，我看到《科学美国人》杂志的菲尔。大概一分钟后，我发誓我看到了来自《曼哈顿新娘》的瑞克。一阵骚动之后，我听到萨斯坎德在谈论布朗克斯拐点，我看到他与拉斐尔·布索和汤姆·班克斯站在一起。约瑟夫·波钦斯基和埃德·威滕也在那儿。斯蒂芬·霍金坐在他们旁边的轮椅上。我发现基普·索恩站在后面，他穿着《星际迷航》中的制服。我看到一个头发浓密的人，我猜是楚雷克。在大家脚下有七只老鼠在乱跑，大家笑着大喊："逮到了！"——其中一只老鼠没有尾巴，它的尾巴变成了绷带。突然，人们安静下来，让出一条道，一位老人正慢慢走向我们的餐桌。当他走近时，我看清了，正是惠勒。他先跟老爸握手，然后跟我握手。他笑着，一丝光芒在他眼中闪过。"我跟你说过的，坚持会得到回报。"

而在现实中，餐厅里很安静，世界上还散落着许多悬而未决的问题。在现实中，我们碰杯，微笑，开车回家。

我回到旧卧室里，拿着笔记本蜷缩在床上，我的眼睛追溯着那些线索。

老爸对"无"的定义有可能在本体论的层面填补了"无"和"有"之间的鸿沟。实在的所有成分和实在本身在根本上取决于观察者，这使反向跨越成为可能。我们已经找到了宇宙的秘密：物理学并不是世界背后的机制；世界是幻象，物理学是幻象背后的机制。

然而，很多问题依然存在。目前尚不清楚的是，宇宙学中的新范式——霍金和赫托格自顶向下的宇宙论、班克斯的全息时空，或者其他一些理论——会带来什么。目前还不清楚的是，在M理论的对偶性中还隐藏着哪些新的成分。我们似乎需要正的宇宙常数，以确保"无"看起来像"有"，但是终极理论会独一无二地决定宇宙常数的值吗？还是说，它的值像光速或普朗克常数一样，是无关紧要的？暗物质之谜如何破解？在大型强子对撞机的隧道中，或者在普朗克卫星所绘制的图样中，会不会出现有突破性意义的新数据？

就个人而言，我为所有悬而未决的问题感到高兴——它们意味着老爸和我还没完成任务，我们还在一起解决问题。对我来说，追寻宇宙的奥秘一直伴随着我的成长，我还没有做好长大的准备。

我们每个人都创造了自己的宇宙。我在我的笔记本中写道，当我知道还存在别的参考系，我和老爸在别的参考系中并肩干坏事时，我感到很欣慰。万一有一天需要的话，这将是我在世上的最后一句话。

我回想起那天在普林斯顿，我们第一次闯进物理学会议时的情景。我思考惠勒的四个问题，思考当我们了解一切之后要如何回答这些问题。万物源于比特？是的，但是每个观察者从相同的比特中创造出不同的宇宙，比特本身取决于观察者，比特在有限参考系制造的不对称性中诞生。参与性宇宙？参与性是对的，但宇宙不止一个。每个参考系都有一个参与性宇宙，你每次只能讨论一个宇宙。量子何为？因为实在从根本上取决于观察者。因为观察者从“无”中创造出信息。因为我们不能说事物“实际上是什么样”，不能跨越视界进行描述。存在何为？因为从内部看“无”，“无”看起来像存在。

是时候开始写我的书了。从装订线一直写到边缘，我深吸了一口气。

我不知道该从哪里开始，甚至不知道什么叫做开始。可以说，大约在1995年，我的故事在一家中餐馆里开始，当时，我老爸问了我一个关于“无”的问题。更有可能的是，故事始于大约140亿年前，据说那时，一个被称为宇宙的炽热厚重的东西诞生了。而且，我怀疑那个故事现在才刚刚开始。我知道这听起来怪怪的。不过相信我，更怪的还在后面。

致谢

对那些多年来为我耐心慷慨地花费时间和智慧的物理学家，我已无法用言语来表达我深深的谢意，他们给我的生活带来的深远影响无法估量。我特别要感谢伦尼·萨斯坎德、拉斐尔·布索、弗蒂尼·马库普卢、约瑟夫·波钦斯基、阿兰·古斯、汤姆·班克斯、卡洛·罗韦利、沃尔切赫·楚雷克、基普·索恩、李·斯莫林和詹姆斯·雷迪曼。

要是没有这几位优秀的经纪人——卡廷卡·马特森、约翰·布罗克曼和马克斯·布罗克曼——的帮助，这本书根本不可能面世。他们现在（尴尬地）得知，我想跟他们合作已经很久了。我想感谢他们给我这个机会，帮助我找到自己的声音。

能与兰登书屋的编辑团队合作，我感到非常高兴和荣幸，尤其要感谢我的编辑马克·塔瓦尼，因为当其他人放弃时，他接手了，并一直陪伴着我。如果没有天才文字编辑苏·沃尔高和乐于助人的流程编辑洛伦·诺维克，那么这本书肯定会是一团糟。感谢卢克·登普西——无论他现在身在何处——感谢他从始至终对这本书的信心。

我非常感谢美国哲学学会图书馆的工作人员提供的帮助，特别是查尔斯·格赖芬施泰因为我们查阅约翰·惠勒的日记提供了帮助。感谢图书馆的工作人员为保存这段宝贵的思想史所做的工作。

我特别感谢聪慧、善良、热心的玛吉·麦基，她阅读了整部手稿，并慷慨地提供了宝贵的指导意见。感谢赫斯特·卡普兰鼓励我把故事讲出来。感谢丹·福尔克阅读了这本书的大部分内容，我与他的友谊长达十年，他在物理学上帮了我很多。

感谢《科学美国人》的菲利普·任先生为我开启了新闻记者的职业生涯，也感谢所有才华横溢的编辑和科学记者。我永远对《新科学家》杂志社的大家庭心存感激，尤其感谢迈克尔·布鲁克斯、迈克尔·邦德和瓦莱丽·贾米森多年来支持我，为我奔走。

感谢萨曼莎·墨菲和丽贝卡·罗德里格斯，她们是我的好朋友。感谢温斯顿·洛克对我的信任，感谢乔·基奇为我提供灵感。感谢克里斯蒂娜·肖克·韦斯、斯蒂芬妮·德雷斯纳、凯文·克里根、娜塔莎·维尔利、凯瑟琳·汤姆金森以及所有这些年来与我一起生活，并鼓励我疯狂到底的朋友。

我的家人，特别是我的祖母温妮·盖芙特，对我来说意味着整个世界。我想表达我对威廉·盖芙特长久以来的敬佩，他从来不会低估思想的力量。我无法用语言表达我对哈里和玛丽昂·贝格尔松的爱，他们不再与我在一起，但我至今仍能感觉到他们在帮助我成长。

如果没有我母亲马琳·盖芙特的支持，这次旅程永远无法开始。她和我的哥哥布莱恩·盖芙特一直是我灵感的源泉，是我的好朋友——他们忍受着餐桌上的无数次物理学对话，绝对应该得到某种奖章。

最后，宾夕法尼亚州的中餐馆，我的宇宙冒险的起点，我要冲它大喊一声：我永远不会忘记腰果鸡丁。

词汇表

暗能量：导致宇宙膨胀加速的不明力量，很有可能是爱因斯坦的宇宙常数。

暗物质：一种假想的物质形式。暗物质不通过电磁力或强力相互作用，但人们认为暗物质的引力将恒星固定在星系内。

昂鲁辐射：由依赖观察者的粒子构成的热流，又被称为伦德勒粒子。受伦德勒视界影响，昂鲁辐射相对于加速观察者存在。

奥卡姆剃刀：一个哲学准则，当一个人面对一系列在经验上等价的选择时，最简单的理论通常是正确的。

暴胀：宇宙在一个短暂的时期内快速膨胀，膨胀速度比光速还快，这发生在宇宙诞生后的一万亿分之一秒内。

暴胀场：假想的标量场，存在于宇宙大爆炸后的一瞬间。暴胀场被认为始于假真空态，其衰变引发了暴胀的超光速膨胀。

本体论的结构实在论： 一种哲学立场，认为世界不是由物构成的，而是由数学关系或结构构成的。

本体： 存在之物，实在之构件。

波函数： 量子实验结果的概率分布。波函数对量子态的全部可知信息进行编码。

波粒二象性： 粒子同时也是波。当你测量一个粒子时，它总是粒子；波的一面在量子干涉中可见，量子干涉因相位差而产生。只有波有相位，所以粒子一定是波。不过，相位不是粒子所固有的——它描述了你观察粒子时所在的参考系。

玻色子： 自旋量子数为整数的载力子。例如，光子携带电磁力并且自旋为1，引力子携带引力并且自旋为2。

不变性： 同一性。如果某个特征从一个参考系到另一个参考系不会发生变化，那么该特征具有不变性。

不确定性原理： 对共轭对进行测量时，对其中一个元素的测量越准确（如动量或能量），对另一个元素的测量就越不准确（如位置或时间）。不确定性原理反映了量子算符不对易：测量顺序很重要。这表明量子特征从根本上取决于观察者。

不完全决定性： 一个物理状况有多重的、同样有效的理论解释，我们没有办法确定其下隐藏的真正的实在。结构实在论化解了不完全决定性，因为不同的理论通常具有相同的数学结构，我们由此得到真正的、可知的实在。

测度问题（永恒暴胀）： 在永恒暴胀创造的无限多元宇宙中，所有可能发生的事情都会发生无数次。在这种情况下，我们无法进行任何概率计算，因为所有概率都是无穷大除以无穷大。

测量问题（量子力学）： 一个量子系统在被测量之前同时处在多个状态中，正如干涉现象所证明的那样。但当我们测量这个系统时，我们发现它处在一个单一的状态中。测量意味着什么？为什么我们的测量会对实在造成影响？

超对称：超对称理论认为，玻色子和费米子只是看待单一、统一客体的两种方式。这应该意味着每个已知的玻色子都是一个已知的费米子伪装成的（反之亦然），基本粒子的数量减半。但是这种情况并没有出现。相反，每个已知的玻色子都有一个未知的费米子与之配对（反之亦然），基本粒子的数量翻倍，其中一半还有待被探索。另一方面，如果你使超对称成为一种局域对称，那么超对称可将粒子家族的数量减少到1，并将引力与其他已知力统一起来。

超新星：爆炸中的恒星。

超引力：一种将广义相对论与超对称结合的理论。超对称是一种局域对称——在一个参考系中看起来像玻色子的东西，在另一个参考系中可能看起来像费米子——所以需要一种规范力来修补参考系之间的偏差。这种规范力是引力。

D膜：一种膜，从一个视角看，像是开弦可以在其中终止的空间区域，而从另一个视角看，又像可以移动或可以形成黑洞的物体。

大爆炸：该理论认为，早期的宇宙是高温致密的，然后膨胀、冷却。这就是该理论的全部内容。

德西特/共形场论（dS/CFT）：一个假想出来的反德西特/共形场论（AdS/CFT）模拟物。在dS/CFT中，我们的德西特宇宙中的物理学与宇宙低维边界上的共形场论是对偶的。然而，这种表述将描述一个没有任何观察者能进入的整体宇宙，因为在德西特空间中，任何观察者都被困在有限的、被事件视界包围的区域中。

德西特空间：正的宇宙常数产生向外推的力，使宇宙加速膨胀，使物质的密度被稀释，直到宇宙变空，只剩下宇宙常数。此时，德西特空间形成了。在德西特空间中，每个观察者都被其独有的视界所包围，所以在德西特空间中，没有哪两个观察者能看到同样的宇宙。

德西特视界：在德西特空间中，宇宙加速膨胀。即使时间无限长，光的传播距离也是有限的，因为当光穿过任何给定距离时，距离本身在变大。对于惯性观察者来说，宇宙中有一个区域，从这个区域来的光永远触及不到他。将宇宙的可及部分与黑暗部分分隔开来的事件视界被称为德西特视界。它取决于观察者，与观察者的位置相关。

等效原理：爱因斯坦最幸福的思想。无引力的加速系和有引力的惯性系之间没有区别。换句话说，引力最终不是实在的，它是一种规范力，它导致在惯性系中可见的实在与在加速系中可见的实在失配。

低四极矩：在宇宙微波背景中，在大于60度的尺度上缺乏温度涨落。

叠加：一种物理现象。在叠加中，一个量子系统在同一时间处在多重、互斥的量子态中，比如，"死猫"和"活猫"。我们无法直接测量叠加，因为一旦被测量，叠加便消失了。但我们可以在干涉图样中看到叠加存在的证据。叠加反映出量子理论的非布尔逻辑。

对称性：同一性。系统的对称性确保某些特征在变换中保持不变。

对偶：两个完全不同的物理描述之间一对一的数学等价性。

对易：如果A×B=B×A，则A和B对易。如果A×B≠B×A，则它们不对易。对易关系告诉你顺序是否重要。例如，量子不确定性会告诉你：在一个单一的参考系中，先测量粒子的位置，再测量它的动量，还是先测量它的动量，再测量它的位置，这种顺序很重要，因为你测量的第一个量的精确度越高，你测量的第二个量就越不准确。

多元宇宙：无因果联系的宇宙的全集。

EPR实验：爱因斯坦、鲍里斯·波多尔斯基和纳森·罗森构想的思想实验，三人试图通过这一实验表明量子理论不可能完全描述实在。如果两个粒子的特征（比如说，自旋）是相关的，那么测量其中一个粒子的特征值似乎会立刻决定另一个粒子的特征值，不管粒子之间有多远的距离。三人通过EPR实验得出这样的结论：由于相对论不允许瞬时超距作用存在，那么一定存在着所谓的量子隐变量，使粒子在任何时候都具有被明确定义的值——甚至是在测量之前。贝尔定理表明，局域隐变量的说法是有缺陷的，而卡洛·罗韦利的量子力学关系性解释则通过揭示量子测量的结果取决于观察者，解决了EPR悖论。

反德西特（AdS）空间：在这种空间中，宇宙常数是负的，这使空间弯曲得像马鞍一样。扭曲的几何使光可以在有限的时间内传播到空间的无限远处并返回。在反德西特空间中，所有观察者的光锥重叠在一起，所以所有观察者都看到同样的宇宙。

反德西特/共形场论（AdS/CFT）：胡安·马尔德西纳在1997年的突破性发现。由五个大维度和五个小维度组成的反德西特空间中的弦理论（有引力）完全等同于空间四维边界上的共形场理论（无引力）。等式一边看起来像弦，另一边看起来像粒子；一边看起来像五个大维度，另一边看起来像四个维度。没有哪种描述更真实，所以实在本质的模糊性被引入了，这是全息原理在实际中第一个令人信服的例子。

反粒子：反粒子有与自己对应的普通粒子，两者质量相同，但电荷相反。或者可以说，反粒子是沿着时间的负方向运动的普通粒子。

非布尔逻辑：一种逻辑系统。通过取消排中律，允许既真又假的值出现，非布尔逻辑否定了布尔式的真假非此即彼的逻辑。

非欧几何：一种抛弃欧几里得第五公设——平行线永远不会相遇——的几何体系。广义相对论的弯曲时空由非欧几何描述。

费米子：量子自旋为半奇数的物质粒子，如电子，其自旋为1/2。

弗里德曼-罗伯特-沃克（FRW）空间：一个简单的、均匀的、膨胀或收缩着的宇宙。

干涉图样： 当波相遇时出现的图样，相位在重合处相加，在错位处相消。

哥德尔不完全性定理： 如果一个足够复杂的数学系统——一个能对自身进行表述的数学系统——是相容的，那么它就不可能是完全的。也就是说，它将包含根本无法被证明的表述。

关系性量子力学： 卡洛 · 罗韦利对量子力学的解释，强调了量子测量的观察者依赖性。

观察者： 观察者是参考系，或者也许是参考系之源；观察者在空间中受到有限光速的限制。

惯性观察者： 匀速（而不是加速）运动的观察者。惯性观察者会落入黑洞，在本书中被称为斯困掳。

光锥： 光锥是一种时空区域，覆盖和给定观察者有因果联系的所有东西。如果有什么东西在你的过去光锥中，你可以看到它。如果它在你的过去光锥之外，你就无法看到它——从宇宙诞生到现在，太远的光还没有足够的时间到达你这里。如果有什么东西在你的未来光锥中，你的行动会影响到它。如果它在你的未来光锥之外，那就是永不可触及的。

广义相对论： 爱因斯坦最杰出的成果，通过引入引力场，使惯性观察者和加速观察者地位平等；以精确的方式弯曲时空，将失配的参考系对齐，并确保我们不会错误地把对同一实体的不同描述当成不同的实体。

广义协变性原理： 爱因斯坦的关键理论，认为当我们将时空分割成空间和时间时，不存在最优选择——以任何你想要的方式分割时空，物理学的基本定律都不会改变。在既有加速系又有惯性系的世界中，需要微分同胚变换才能得到广义协变性。

规范： 相位或参考系。

规范玻色子： 一种载有规范力的粒子。

规范对称性：所有规范或参考系生来平等，没有哪个能提供更真实的实在。

规范力：规范力可以解释两个参考系间的失配描述。例如，电磁力的存在使我们不会把对同一电子的两种不同描述——从一个参考系到另一个参考系，同一电子的相位会变化——与两个不同的电子相混淆。

H态：一种无限、无界的均匀状态，也叫“无”。

黑洞：引力强到连光都不能逃逸的时空区域。

黑洞信息丢失悖论：当黑洞通过霍金辐射蒸发并逐渐消失时，跌入其中的东西会面临什么情形呢？如果内部的东西逃逸了，那么爱因斯坦的相对论就是错误的。如果内部的东西没有逃逸，量子力学就是错误的。但相对论和量子力学都没错。

红移：如果一个光子的波长变长，其频率和能量则相应地降低。当光子源远离观察者时——与星系随着宇宙的膨胀远离我们的情形相似——就会发生多普勒红移。当光从其源头向观察者运动时，在空间膨胀或引力的作用下，光也会发生红移。

霍金辐射：当事件视界出现时，空间中空无一物还是充满粒子？观察者们对此意见不一。那些依赖观察者的粒子被称为霍金辐射。

加速度：速度变化量与发生变化所用时间的比值。

加速观察者：加速观察者的运动速度或运动方向是变化的。加速观察者在本书中被称为赛福安。加速观察者位于黑洞之外。

假真空：暂时稳定的状态，但不是系统可能达到的最低能态。如果时间足够长，假真空就会发生衰变，降为最低能态。

景观：弦理论所描述的10^{500}个真空的集合。景观可以通过若干方式形成，在这些方式中，额外的空间维度可以被压缩。每个真空对应它自己的宇宙，有自己的局域物理定律和自己的宇宙常数值。

纠缠：一种量子叠加的形式。处在纠缠中的两个系统由一个单一的波函数描述，这导致信息不在单个系统中，而在系统间的关联中，虽然两个系统在空间中是分开的，但这种关联依然存在。

局域：单一观察者可以进入的区域，在单一光锥的内部。

夸克-胶子等离子体：由自由漫游的夸克和胶子构成的热等离子气体，存在于宇宙的最早期。

粒子：粒子是庞加莱对称性的不可约表示，粒子的概念必须在具有庞加莱对称性的时空——没有引力的平直时空——中才有意义。在引力的作用下，粒子没有独立于观察者的定义。在任何情况下，粒子都绝对不是小球。

量子不可克隆定理：未知的量子态不能被复制。

量子色动力学（QCD）：描述胶子如何通过强力将夸克结合在一起的理论。

量子引力理论：将爱因斯坦的引力理论、广义相对论与量子力学结合起来的万有理论。

量子宇宙学：将量子物理学引入宇宙起源演化研究的理论。量子力学中的测量问题严重冲击了该理论，因为根据定义，宇宙没有外部，所以无法被测量。

流形：局域地看，流形是平直的欧几里得空间，但从整体上看，流形可能是弯曲、扭曲的。广义相对论的关键规则是，要使曲线与直线匹配，你必须让纸弯曲。这张纸就是流形。

伦德勒视界：因观察者加速而生的事件视界。只要观察者继续加速，来自宇宙远处的光线就永远追不上他，这使得宇宙的一部分黑暗且不可被触及，就像黑洞一样。

洛伦兹变换：一种在两个惯性系或两个匀速运动的参考系之间进行变换的方法，通常将一个参考系的时间换成另一个参考系的空间，反之亦然，同时在两个参考系中保持总时空间隔相同。这是狭义相对论的关键工具，可使光速在所有参考系中保持恒定。

洛伦兹对称性：一种对称性，确保以不同速度匀速运动，或相对旋转的惯性系之间具有等效关系。

M理论：量子引力理论的神器之一。这是一个宏大的理论，弦理论的五个版本和十一维超引力只不过是它的影子。它描述一些物体，如粒子、弦和膜，但它们没有一个是它的基本成分。事实上，我们尚不清楚M理论是否有基本成分。

命题：一个陈述句，可被认为是真的或假的，如“地球是圆的”或“2+3=7”。

庞加莱对称性：一种对称性，确保以不同速度匀速运动的惯性系之间，相对旋转的参考系之间，以及处在时空不同位置的参考系之间存在等价关系。这是闵可夫斯基时空的对称性，是爱因斯坦狭义相对论的平直无引力时空的对称性。粒子只有在具有庞加莱对称性的时空中才是不变的。

普查员：伦纳德·萨斯坎德假想的观察者，居住在FRW空间中，是永恒暴胀中的一系列真空衰变的最终产物。普查员的光锥将会不断扩展，这使他在原则上可以测量宇宙中的任何区域，除了测量他自己。

普朗克尺度：极小的尺度（10^{-33}厘米），或者相当于极高的能量（10^{19}电子伏特）。在普朗克尺度上，量子效应对时空的影响变得极端。更小的尺度或更高的能量会使时空坍缩成黑洞，所以普朗克尺度就是边界，超越这个边界，时空就失去了所有的意义。

奇点：时空曲率变得无穷大的地方。广义相对论及空间和时间的所有概念在此处都失去了意义。

强互补性：物理学只在单一观察者的参考系内有意义。从量子力学的角度讲，这意味着每个观察者居住在自己的希尔伯特空间内。

取决于观察者：从不同的参考系观察某物，观察结果会发生变化。

圈量子引力理论：一种量子引力理论，认为时空由面积和体积的离散单位组成。

全息原理：在一个给定的时空区域中，重建物理学所需要的所有信息都可以在该区域的低维边界上被编码。或者也可以说，一个给定时空区域的信息总量一定小于普朗克单位下其边界面积的四分之一。

人择原理：一种似乎有赘述意味的表述，认为我们的宇宙特征必须与我们的生物存在相容。为什么？也许是因为我们生存在多元宇宙之中，不同的宇宙有不同的特征，我们毫不惊奇地发现自己生存在一个可以令我们生存的宇宙中。也许是因为——正如约翰·惠勒所说——宇宙创造观察者，而观察者在创造宇宙中发挥了作用。

认识论：认识论研究什么是可知的，研究我们如何得知一件事，或为何无法得知一件事。

S对偶：将一个弦理论的强耦合机制与另一个弦理论的弱耦合机制等同起来的对偶性，揭示了看似截然不同的弦理论其实是对同一理论——M理论——的不同描述。

S矩阵：一种计算方法，计算粒子相互作用的各种结果的出现概率，要求观察者站在所研究的系统之外。

熵：信息量的测度，用来衡量描述一个物理系统的所有细节所需要的信息量。

时矢：时矢是一种概念，指的是时间只会向前运动。

世界线：观察者穿越时空时的轨迹。

事件视界：时空中光不能穿过的面。视界将时空分隔成没有因果关系的区域。

视界互补性：你可以根据事件视界一侧的内容描述宇宙，也可以根据另一侧的内容描述宇宙，但是不可能兼顾。

守恒量：守恒量的不变性由物理定律确保。所有的实验都表明，宇宙中不存在非零守恒量。

数学结构：一组同构元素，或一个数字的等价表示。

双缝实验：一个经典、疯狂的量子实验。在这个实验中，粒子被射在有两条狭缝的屏上。在屏的另一侧是一块记录粒子落点的感光板。当两条狭缝都打开时，通过双缝的光会在感光板上形成明暗相间的干涉图样，表明光具有波动特性。当单个光子一个个地被发射时，它们逐渐形成与上述干涉图样相同的图样，这个奇怪的事实似乎告诉我们单个光子同时穿过两条狭缝。如果把一个探测器放置在其中一条狭缝处以观测光子的路径，那么光子就只通过一条狭缝，干涉图样消失。

T对偶：一种弦理论的对偶性，它将半径为R的空间和半径为1/R的空间等同起来，将大和小等同起来。它源于弦体验几何学的奇特方式。

同构：一对一的对应关系。例如，二维全息图中的加扰信息与其呈现的三维图像同构。

退相干：一种过程，在这种过程中，量子叠加态（及其干涉图样）因与环境相互作用而被迅速摧毁。这解释了为什么我们看不到既死又活的猫。

万物源于比特：惠勒用这句话来表达他的一种看法：物理对象在本质上只是信息的配置。

威尔金森微波各向异性探测器（WMAP）：美国国家航空航天局的威尔金森微波各向异性探测器是一种空基望远镜，可以测量宇宙微波背景辐射的温度变化。

微分同胚变换：一种通过引入力，比如引力，在错位的点之间进行转换的方法。要使曲线与直线匹配，你必须让纸弯曲。这是广义相对论的关键工具，也是规范变换的一个例子。

唯我论：认为“我”是宇宙中唯一有意识的生物，也是唯一读过这句话的观察者。

维格纳的朋友：在尤金·维格纳的思想实验中，他的朋友在实验室里测量一个原子的状态，使其量子波函数从具有一系列可能性坍缩为单一的事实。而维格纳却站在实验室外面，从他的角度看，原子的波函数并没有坍缩，反而与描述他的朋友的波函数纠缠在一个叠加中。谁是对的呢？波函数坍缩了没有呢？

希尔伯特空间：一种表示量子态的数学向量空间。

希格斯玻色子：希格斯场的激发。

希格斯场：一种交换左右旋粒子的普适场，使粒子具有质量而又不违反规范对称性。

狭义相对论：爱因斯坦的理论。狭义相对论令光速在所有参考系中保持不变，但从一个参考系到下一个参考系，空间和时间间隔可以发生变化，这使所有惯性参考系地位平等。由此，一个观察者所认为的时间，可能是另一个观察者所认为的空间。所有观察者对四维时空间隔的看法是一致的。

弦景观：弦理论所描述的10^{500}个真空的大集合，每个真空都有自己的物理常量值，比如宇宙常数。

弦理论：一种量子引力理论，假定不同类型的基本粒子是一种单一实体——弦——的不同振动形式。超对称弦在九个空间维度上振动。

相位：相位描述相对于给定的观察者，波在自己的周期中传播到了什么位置。相位并不是波所固有的——它定义了观察者观察波时所在的参照系。

虚粒子：一种源自真空的、与其反粒子一起出现的粒子。时间和能量通过量子不确定性被联系在一起，所以时间越精确，能量越不精确。在很短的时间内，大量的能量在真空中波动，根据$E=mc^2$，这也意味着质量。质量以粒子的形式存在，但是这种粒子依赖借来的能量，所以很快就与其反粒子一起消失了——除非这种粒子与其反粒子被事件视界隔开，这时这种虚粒子就变成了真实的粒子，并被称为霍金辐射。

虚拟力：虚拟力源自观察者的视角。由于自然界的四种基本力——引力、电磁力、强力和弱力——都是规范力，所以它们都是虚拟的。

延迟选择实验：延迟选择实验是惠勒版本的双缝实验。在延迟选择实验中，由观察者决定是测量粒子通过双缝时产生的干涉图样，还是测量粒子通过哪条单缝，并由此破坏干涉；这一决定发生在粒子已经通过双缝或单缝之后。换句话说，观察者的测量选择决定了宇宙的历史，而观察者所决定的历史，却又先于观察者的测量选择存在。

因果钻石：某个观察者过去曾触及的和未来将触及的宇宙区域的总和。观察者的过去光锥和未来光锥相交，形状就像钻石一样。

永恒暴胀：根据暴胀理论，宇宙源于一个最终会衰变的假真空，但是，由于不确定性原理，假真空的各个区域不会同时衰变。当一个区域衰变时，其膨胀速度比光速还快，形成一个与原始假真空没有因果关系的气泡宇宙。假真空的剩余区域也会衰变，形成其他气泡。假真空的增长速度比衰变速度快，所以未衰变的区域总是更多，并且永远不会停止产生气泡。任何可行的暴胀理论都必然走向永恒，创造出一个无限多元宇宙。

宇宙：我们必须准备质疑“宇宙”这个词。——约翰·阿奇博尔德·惠勒

宇宙常数：宇宙常数原本是爱因斯坦广义相对论方程中的一项，现在则被认为是真空本身的固有能量。如果它的值是正值，那么它对真空施加负压，导致空间加速膨胀。如果它的值是负值，那么它对真空施加正压，使空间在每一点上都向内收缩。

宇宙微波背景（CMB）：宇宙大爆炸所产生的残余辐射，由光子组成。由于宇宙膨胀，光子的频率已被拉伸到微波区域，并将空的空间加热到2.7开尔文。

整体：包含许多光锥的大尺度描述，比任何一个观察者能看到的尺度都大。

重子：由三个夸克组成的任何粒子，包括原子中心的中子和质子。

自顶向下的宇宙论：斯蒂芬·霍金和托马斯·赫托格关于宇宙学的看法，这一看法认为，观察者可以通过现在的测量，从量子可能性的叠加中选择宇宙的历史。这是惠勒的延迟选择的最大化：当前的观察者创造了137亿年的宇宙历史。

注释

1. 闯进终极实在聚会

[1] Dennis Overbye, "Peering Through the Gates of Time," *New York Times,* March 12, 2002.
[2] Martin Heidegger, "The Quest for Being," in *Existentialism from Dostoevsky to Sartre,* ed. Walter Kauffman (New York: Meridian, 1956), 245.
[3] Henning Genz, *Nothingness: The Science of Empty Space* (Cambridge, MA: Perseus, 1999), 5.
[4] John Archibald Wheeler, *At Home in the Universe* (Woodbury, NY: AIP Press, 1994), 24-26.
[5] John Archibald Wheeler and Kenneth Ford, *Geons, Black Holes and Quantum Foam* (New York: W. W. Norton & Company, 1998), 340-341.
[6] Paul Davies, "John Archibald Wheeler and the Clash of Ideas," in *Science and Ultimate Reality,* eds. John D. Barrow, Paul Davies, and Charles Harper Jr. (Cambridge, UK: Cambridge University Press, 2004), 10.

2. 完美借口

[1] Lee Smolin, *Three Roads to Quantum Gravity* (New York: Basic Books, 2001), 17.
[2] Niels Bohr, "Can Quantum-Mechanical Description of Physical Reality Be Considered Complete?" *Physical Review* 48 (October 15, 1935): 697.
[3] Ibid.
[4] Richard Feynman, *The Feynman Lectures on Physics* (New York: Basic Books, 1965), 3:18-19.

3. 微笑！

[1] Dennis Overbye, "Cosmos Sits for Early Portrait, Gives Up Secrets," *New York Times,* February 12, 2003, A34.
[2] NASA, "WMAP Results," press release 03-064, February 11, 2003.
[3] John Archibald Wheeler, *At Home in the Universe* (Woodbury, NY: AIP Press, 1994), 38.
[4] Michael Brooks, "Life's a Sim and Then You're Deleted," *New Scientist,* July 27, 2002, 48.

4. 延迟选择

[1] John Barrow, "Glitch!" *New Scientist,* June 7, 2003, 44.
[2] Albert Einstein, "Autobiographical Notes," in *Albert Einstein: Philosopher-Scientist,* ed. Paul Arthur Schilpp, *Library of Living Philosophers 7* (Evanston, IL: Library of Living Philosophers, 1949).
[3] Frank Wilczek and Betsy Devine, *Longing for the Harmonies* (New York: W. W. Norton & Company, 1987), 275.
[4] John Archibald Wheeler, *At Home in the Universe* (Woodbury, NY: AIP Press, 1994), 24-26.
[5] Ibid., 27.
[6] Ibid., 45.
[7] Ibid., 306.
[8] Ibid., 282-283.
[9] John Archibald Wheeler, "Time Today," in *Physical Origins of Time Asymmetry,* eds. J. J. Halliwell, J. Pérez-Mercader, and W. H. Zurek (Cambridge, UK: Cambridge University Press, 1994), 19.
[10] John Archibald Wheeler, *At Home in the Universe* (Woodbury, NY: AIP Press, 1994), 42.
[11] Ibid., 309.
[12] Ibid., 310.

5. 薛定谔的耗子

[1] John Worrall, "Structural Realism: The Best of Both Worlds?" *Dialectica* 43, 1-2 (1989): 99-124.
[2] Henri Poincaré, *Science and Hypothesis* (New York: Dover, 1952), 162.

6. 虚拟力

[1] Max Born, "Physical Reality," *Philosophical Quarterly* 3, 11 (1953): 139.
[2] Ibid.,143.
[3] Ibid.,144.
[4] Ibid.

[5] Ibid.,149.

[6] Albert Einstein, "Fundamental Ideas and Methods of the Theory of Relativity, Presented in Their Development," 1920, in *Collected Papers of Albert Einstein* (Princeton, NJ: Princeton University Press, 2002), vol. 7, doc. 31.

[7] Albert Einstein, "Autobiographical Notes," in *Albert Einstein: Philosopher-Scientist,* ed. Paul Arthur Schilpp, *Library of Living Philosophers 7* (Evanston, IL: Library of Living Philosophers, 1949).

[8] Albert Einstein letter to Raymond Benenson, January 31, 1946, Albert Einstein Archives, Hebrew University of Jerusalem.

[9] John Archibald Wheeler, *At Home in the Universe* (Woodbury, NY: AIP Press, 1994), 24-26.

7. 把世界切成碎片

[1] John Archibald Wheeler and Kenneth Ford, *Geons, Black Holes and Quantum Foam* (New York: W. W. Norton & Company, 1998), 314.

[2] Albert Einstein, "On the Method of Theoretical Physics," the Herbert Spencer lecture delivered at Oxford University, June 10, 1933, trans. Don A. Howard in "Einstein's Philosophy of Science," *The Stanford Encyclopedia of Philosophy* (ed. Edward N. Zalta, 2010), plato.stanford.edu/archives/sum2010/entries/einstein-philscience.

[3] Raphael Bousso, "Adventures in de Sitter Space," in *The Future of Theoretical Physics and Cosmology: Celebrating Stephen Hawking's 60th Birthday,* eds. G. W. Gibbons, E. P. S. Shellard, and S. J. Rankin (Cambridge, UK: Cambridge University Press, 2003), 545.

8. 创造历史

[1] Edward Witten, "Reflections on the Fate of Spacetime," *Physics Today,* April 1996, 24-30.

[2] Leonard Susskind, *The Cosmic Landscape* (New York: Little, Brown and Company, 2005), 336.

[3] Steven Weinberg, "Living in the Multiverse," in *Universe or Multiverse*? ed. Bernard Carr (Cambridge, UK: Cambridge University Press, 2007), 39.

[4] Christoph Schönborn,"Finding Design in Nature," *New York Times,* July 7, 2005, A23.

[5] Steven Weinberg, "Living in the Multiverse," in *Universe or Multiverse*? ed. Bernard Carr (Cambridge, UK: Cambridge University Press, 2007), 40.

[6] Jorge Luis Borges, "Covered Mirrors," in *Collected Fictions* (New York: Viking, 1998), 297.

[7] Stephen Hawking and Thomas Hertog,"Populating the Landscape: A Top-Down Approach," *Physical Review D* 73(2006): 123527.

[8] Ibid.

[9] Stephen Hawking, *A Brief History of Time* (New York: Bantam Books, 1988), 141.

[10] Ibid.,144.
[11] John Archibald Wheeler, *At Home in the Universe* (Woodbury, NY: AIP Press, 1994), 126.

9. 宇宙诞生的线索

[1] John Archibald Wheeler and Kenneth Ford, *Geons, Black Holes and Quantum Foam* (New York: W. W. Norton & Company, 1998), 20.
[2] Deborah Byrd, "At Home in the Universe," *Alcade,* Jan./Feb. 1978, 30.

10. 《爱丽丝梦游仙境》那坨屎

[1] Leonard Susskind, *The Black Hole War: My Battle with Stephen Hawking to Make the World Safe for Quantum Mechanics* (New York: Little, Brown and Company, 2008), 254.
[2] Niels Bohr quoted by John Archibald Wheeler, "Quantum Theory Poses Reality's Deepest Mystery," *Science News,* May 12, 2008. www.sciencenews.org/view/generic/id/32008/description/John_Wheeler_1911-2008.
[3] Lewis Carroll, *The Annotated Hunting of the Snark,* ed. Martin Gardner (New York: W. W. Norton & Company, 2006).
[4] Gardner, in Carroll, *Annotated Snark,* xxxviii-xxxix.
[5] Seamus Heaney, *Station Island* (New York: Farrar, Straus and Giroux, 1985), 92-93.
[6] Ibid., 97.
[7] Leonard Susskind, *The Black Hole War: My Battle with Stephen Hawking to Make the World Safe for Quantum Mechanics* (New York: Little, Brown and Company, 2008), 440.

11. 希望创造空间和时间

[1] John Archibald Wheeler, *At Home in the Universe* (Woodbury, NY: AIP Press, 1994), 292.
[2] Eugene Wigner, *Symmetries and Reflections* (Woodbridge, CT: Ox Bow Press, 1967), 179.
[3] Hugh Everett III, "The Theory of the Universal Wavefunction," 1955, in *The Many Worlds Interpretation of Quantum Mechanics,* eds. Bryce De Witt and R. Neill Graham (Princeton, NJ: Princeton University Press, 1973).
[4] John Archibald Wheeler, "Assessment of Everett's 'Relative State' Formulation of Quantum Theory," *Reviews of Modern Physics* 29, 3 (July 1957): 464.
[5] John Archibald Wheeler, *At Home in the Universe* (Woodbury, NY: AIP Press, 1994), 306.

12. 假想的秘密物体

[1] Eugene Wigner, *Symmetries and Reflections* (Woodbridge, CT: Ox Bow Press, 1967), 179.

[2] Jorge Luis Borges, *Collected Fictions* (New York: Viking, 1998), 283–284.
[3] J. R. Minkel, "Strung Out on the Universe: Interview with Raphael Bousso," *Scientific American,* April 7, 2003.
[4] Raphael Bousso, "Cosmology and the S-Matrix," *Physical Review D* 71 (2005): 064024; arXiv:hep-th/0412197.

13. 打破玻璃

[1] Luboš Motl, "Why I Don't Quite Agree with Tom Banks on Eternal Inflation," *The Reference Frame,* October 24, 2011, http://motls.blogspot.com/2011/10/why-i-dont-quite-agree-with-tom-banks.html.

14. 不完全

[1] Ahmed Almheiri, Donald Marolf, Joseph Polchinski, and James Sully, "Black Holes: Complementarity or Firewalls?" arXiv:1207.31323[hep-th], July 13, 2012.
[2] Leonard Susskind, "Complementarity and Firewalls," arXiv:1208.3445[hep-th], August 16, 2012.
[3] Leonard Susskind, "Black Hole Complementarity and the Harlow-Hayden Conjecture," arXiv:1301.4505v1[hep-th],January 18, 2013.

15. 走向边缘

[1] Carlo Rovelli, "Relational Quantum Mechanics," *International Journal of Theoretical Physics* 35 (1996):1637; arXiv:9609002v2[quant-ph].
[2] Jon Cartwright, "Quantum Physics Says Goodbye to Reality," *Physics World,* April 20, 2007.
[3] Carlo Rovelli and Matteo Smerlak, "Relational EPR," April 2006, arXiv:quant-ph/0604064.
[4] Raphael Bousso, "Cosmology and the S-Matrix," *Physical Review D* 71 (2005): 064024; arXiv:hep-th/0412197.
[5] Thomas Breuer, "The Impossibility of Accurate State Self-Measurements," *Philosophy of Science* 62, 2 (June 1995): 197–214.
[6] Raphael Bousso, "Adventures in de Sitter Space" in *The Future of Theoretical Physics and Cosmology: Celebrating Stephen Hawking's 60th Birthday,* eds. G. W. Gibbons, E. P. S. Shellard, and S. J. Rankin (Cambridge, UK: Cambridge University Press, 2003), 545.
[7] Frank Wilczek and Betsy Devine, *Longing for the Harmonies* (New York: W. W. Norton & Company, 1987), 275.
[8] Laurent Nottale, "The Principle of Relativity-Emptiness," lecture given at Bodhicharya's Ringu Tulku Rinpoche Teachings at La Petite Pierre, France, 2009.
[9] Ibid.

扩展阅读

1. 闯进终极实在聚会

Science and Ultimate Reality: Quantum Theory, Cosmology and Complexity, edited by John Barrow, Paul Davies, and Charles Harper. Cambridge University Press, 2004.

2. 完美借口

Three Roads to Quantum Gravity, by Lee Smolin. Basic Books, 2001.

Appearance and Reality: An Introduction to the Philosophy of Physics, by Peter Kosso. Oxford University Press, 1998.

3. 微笑！

Coming of Age in the Milky Way, by Timothy Ferris. Perennial, 1988.

4. 延迟选择

At Home in the Universe, by John Archibald Wheeler. AIP Press, 1994.

5. 薛定谔的耗子

Understanding Philosophy of Science, by James Ladyman. Routledge, 2002.

6. 虚拟力

The Force of Symmetry, by Vincent Icke. Cambridge University Press, 1995.

The Comprehensible Cosmos, by Victor Stenger. Prometheus Books, 2006.

Objectivity, Invariance, and Convention: Symmetry in Physical Science, by Talal Debs and Michael Redhead. Harvard University Press, 2007.

The Scientist as Philosopher: Philosophical Consequences of Great Scientific Discoveries, by Friedel Weinert. Springer, 2005.

Symmetries in Physics, edited by Katherine Brading and Elena Castellani. Cambridge University Press, 2003.

Deep Down Things: The Breathtaking Beauty of Particle Physics, by Bruce Schumm. Johns Hopkins University Press, 2004.

7. 把世界切成碎片

An Introduction to Black Holes, Information and the String Theory Revolution: The Holographic Universe, by Leonard Susskind and James Lindesay. World Scientific, 2005.

The Future of Theoretical Physics and Cosmology, edited by Gary Gibbons, Pau Shellard, and Stuart Rankin. Cambridge University Press, 2003.

A Brief History of Time, by Stephen Hawking. Bantam Books, 1988.

8. 创造历史

The Elegant Universe, by Brian Greene. Vintage Books, 1999.

The Cosmic Landscape: String Theory and the Illusion of Intelligent Design, by Leonard Susskind. Little, Brown and Company, 2005.

Cosmic Jackpot: Why Our Universe Is Just Right for Life, by Paul Davies. Houghton Mifflin, 2007.

The Grand Design, by Stephen Hawking and Leonard Mlodinow. Bantam Books, 2010.

9. 宇宙诞生的线索

Decoherence and the Quantum-to-Classical Transition, by Maximilian Schlosshauer. Springer, 2010.

10. 《爱丽丝梦游仙境》那坨屎

The Black Hole War: My Battle with Stephen Hawking to Make the World Safe for Quantum Mechanics, by Leonard Susskind. New York：Little, Brown and Company, 2008.

11. 希望创造空间和时间

Geons, Black Holes and Quantum Foam: A Life in Physics, by John Archibald Wheeler and Kenneth Ford. W. W. Norton & Company, 1998.

Gödel's Proof, by Ernest Nagel and James R. Newman. New York University Press, 2001.

Gödel, Escher, Bach: An Eternal Golden Braid, by Douglas Hofstadter. Basic Books, 1979.

Symmetries and Reflections: Scientific Essays, by Eugene Wigner. Ox Bow Press, 1967.

12. 假想的秘密物体

The Hidden Reality: Parallel Universes and the Deep Laws of the Cosmos, by Brian Greene. Allen Lane, 2011.

Out of This World: Colliding Universes, Branes, Strings, and Other Wild Ideas of Modern Physics, by Stephen Webb. Copernicus Books, 2004.

The Little Book of String Theory, by Steven Gubser. Princeton University Press,

2010.

╲ *15.* ╱ 走向边缘

Quo Vadis Quantum Mechanics? edited by Nancy Kolenda, Avshalom Elitzur, and Shahar Dolev. Springer, 2005.

京权图字：01-2018-4786

图书在版编目（CIP）数据

爱因斯坦草坪上的不速之客 /（美）阿曼达·盖芙特（Amanda Gefter）著；王菲译．-- 北京：外语教学与研究出版社，2019.12
书名原文：Trespassing on Einstein's Lawn
ISBN 978-7-5213-1480-9

Ⅰ．①爱… Ⅱ．①阿… ②王… Ⅲ．①宇宙－青少年读物 Ⅳ．①P159-49

中国版本图书馆 CIP 数据核字（2020）第 029484 号

出 版 人　徐建忠
项目策划　张　颖
责任编辑　徐晓雨
责任校对　郑树敏
装帧设计　李　高
出版发行　外语教学与研究出版社
社　　址　北京市西三环北路 19 号（100089）
网　　址　http://www.fltrp.com
印　　刷　三河市北燕印装有限公司
开　　本　889×1194　1/32
印　　张　14.5
版　　次　2020 年 4 月第 1 版　2020 年 4 月第 1 次印刷
书　　号　ISBN 978-7-5213-1480-9
定　　价　59.00 元

购书咨询：（010）88819926　电子邮箱：club@fltrp.com
外研书店：https://waiyants.tmall.com
凡印刷、装订质量问题，请联系我社印制部
联系电话：（010）61207896　电子邮箱：zhijian@fltrp.com
凡侵权、盗版书籍线索，请联系我社法律事务部
举报电话：（010）88817519　电子邮箱：banquan@fltrp.com
物料号：314800001